计算机应用基础教程

Windows 7 + Office 2010

第二版

范国娟　亓　婧
郭玉靖　牛　芸
邱军辉　编　著

中国石油大学出版社
CHINA UNIVERSITY OF PETROLEUM PRESS

图书在版编目（CIP）数据

计算机应用基础教程：Windows 7＋Office 2010/范国娟等编著．—2版．—东营：中国石油大学出版社，2018. 7

ISBN 978-7-5636-6098-8

Ⅰ．①计… Ⅱ．①范… Ⅲ．①Windows操作系统－高等学校－教材②办公自动化－应用软件－高等学校－教材 Ⅳ．①TP316.7②TP317.1

中国版本图书馆CIP数据核字（2018）第153414号

书　　名：计算机应用基础教程（Windows 7＋Office 2010）
　　　　　JISUANJI YINGYONG JICHU JIAOCHENG（Windows 7＋Office 2010）

编　　著：范国娟　亓　婧　郭玉靖　牛　芸　邱军辉

责任编辑：魏　瑾

出 版 者：中国石油大学出版社
　　　　　（地址：山东省青岛市黄岛区长江西路66号　邮编：266580）

网　　址：http://www.uppbook.com.cn

电子邮箱：weicbs@163.com

印 刷 者：沂南县汶凤印刷有限公司

发 行 者：中国石油大学出版社（电话 0532－86983437）

开　　本：185 mm × 260 mm

印　　张：15

字　　数：384千

版 印 次：2018年8月第2版　2018年8月第1次印刷

书　　号：ISBN 978-7-5636-6098-8

印　　数：1—5 500册

定　　价：38.00元

前 言

Preface

计算机应用基础教程（Windows 7 + Office 2010）基于工作过程设计，符合当前职业教育课程改革新理念，以任务为载体进行教学，突出工学结合，注重工作过程与教学过程的有机结合，力求在工作过程导向下引领学生学习知识和提高技能，培养良好的职业素养。

全书共分六个学习情境，融合了计算机基础知识、Windows 7 操作系统、Office 2010 办公软件和计算机网络等内容。各学习情境在整体上具有一定的关联性，又基本独立，读者可以根据实际情况调整学习次序，也可以自由组合。每个学习情境由若干任务组成，任务的选取遵循由易到难、由简到繁的原则。教师可以根据学生的知识和能力水平因材施教。每个任务分为“任务描述与分析”“实现方法”“归纳总结”三部分。

本书各学习情境后配有习题，全书最后配有参考答案，可以巩固所学知识。

本书既可作为高职高专院校“计算机应用基础”课程的教材，也可作为参加全国计算机等级考试的复习用书，还可作为办公室工作人员的学习用书或培训教材。

参加本书编写的有亓婧(情境一、情境二)、郭玉靖(情境三)、范国娟(情境四)、牛芸(情境五)、邱军辉(情境六)。在撰写初稿的过程中，曾琦、宋腾飞、罗东华、杨敏、樊冬梅、袁堂青、董珺、王烽杰、吕梁、刘婧、潘珺玲、宋杰、陈曦等做了大量辅助性工作，在此，向他们的辛勤工作表示衷心的感谢。全书由范国娟修订并统稿。

尽管本书经过了反复修改，但因能力有限，书中难免存在不足之处，望广大读者不吝赐教。

作 者

2018 年 3 月

目 录

学习情境一

计算机基础知识

学习情境描述

计算机是一种能够按照事先存储的程序自动、高速进行大量数据运算和各种信息处理的智能电子设备。作为信息化时代的重要产物，计算机有力地推动了人类社会的发展。通过本情境的学习，应该掌握计算机的发展，计算机中数据的表示，计算机的组成及其选购、组装、使用与维护等。本学习情境主要通过以下任务来完成学习目标：

任务一　认识计算机和数码产品

任务二　配置个人计算机

任务一　认识计算机和数码产品

任务描述与分析

计算机是如今人们工作和生活中的重要工具，灵活掌握计算机的应用，能够提高工作效率，改善生活质量。本任务主要是熟悉计算机的发展历史以及数字化原理，认识生活中各种类型的计算机以及数码产品。

实现方法

1. 熟悉计算机的发展

1946 年，世界上第一台电子数字计算机 ENIAC（Electronic Numerical Integrator and Computer，电子数字积分计算机）诞生。ENIAC 由美国宾夕法尼亚大学莫尔工学院制造，占地 170 m^2，重约 30 t，功率近 100 kW，被人们称为"庞然大物"。ENIAC 每秒能进行 5 000 次加法运算，这奠定了电子计算机的发展基础。它的问世标志着电子计算机时代的到来。

若以计算机逻辑器件的变革作为标志，计算机的发展可以分为四个阶段，各个阶段的划分及主要应用领域见表 1-1。

表 1-1　电子计算机发展的四个阶段

阶　段	起止年份	硬件特征	软件特征	应用领域
第一阶段	1946 年～1958 年	电子管	机器语言和汇编语言	科学计算 军事研究
第二阶段	1959 年～1964 年	晶体管	高级语言 简单的操作系统	数据处理 事务管理
第三阶段	1965 年～1970 年	中小规模集成电路	高级语言 功能较强的操作系统 结构化、模块化的程序设计	工业控制 信息处理
第四阶段	1971 年至今	大规模、超大规模集成电路	功能完善的操作系统 数据库系统 面向对象的软件设计方法 网络软件迅速发展	社会各领域

微型计算机是在第四阶段计算机发展的基础上出现的一种新的计算机类型，简称微机。微型计算机是以微处理器为基础，配以内存储器(简称内存)及输入/输出接口电路和相应的辅助电路而构成的计算机，特点是体积小、质量轻、功耗小、可靠性高、价格低廉、易于批量生产、对使用环境要求低等。

随着大规模和超大规模集成电路技术的应用，计算机的结构和功能将向着巨型化、微型化、智能化和网络化的方向发展。

1)台式机

台式机(图 1-1)的主机、显示器等设备一般都是相对独立的，需要放置在电脑桌或专门的工作台上，因此命名为台式机。台式机因其机箱具有空间大、通风条件好、全方位保护硬件不受灰尘的侵害、方便用户使用和进行硬件升级等优势而一直被人们广泛使用。

2)服务器

服务器(图 1-2)是网络环境中的高性能计算机，它侦听网络上的其他计算机(客户机)提交的服务请求，并提供相应的服务，为此，服务器必须具有承担服务并且保障服务的能力。服务器通常分为文件服务器、数据库服务器和应用程序服务器。相对于普通个人计算机而言，服务器在稳定性、安全性、性能等方面都要求更高，因此 CPU、芯片组、内存、磁盘系统等硬件和普通个人计算机有所不同。

图 1-1　台式机

图 1-2　服务器

3)笔记本电脑

笔记本电脑(图 1-3)的英文名称为 Notebook，又称手提电脑或膝上型电脑，是一种小型、可携带的个人计算机。虽然与台式机相比笔记本电脑有着相似的结构组成(显示器、键盘、鼠标、CPU、内存和硬盘),但是笔记本电脑的优势还是非常明显的,其主要优点有体积小、质量轻、携带方便。一般的笔记本电脑的质量只有2 kg左右,无论是外出工作还是旅游,都可以随身携带,非常方便。超轻、超薄是时下笔记本电脑的主要发展方向,但这并没有影响其性能的提高和功能的丰富。

4) **超级计算机**

超级计算机(图1-4)通常是指由成百上千甚至更多的处理器(机)组成的、能完成普通个人计算机和服务器不能完成的大型复杂课题的计算机。超级计算机是计算机中功能最强、运算速度最快、存储容量最大的一类计算机,多用于国家高科技领域和尖端技术研究,是国家科技发展水平和综合国力的重要标志。

图1-3 笔记本电脑

图1-4 “天河一号”超级计算机

5) **掌上电脑**

掌上电脑(图1-5)又称为PDA(Personal Digital Assistant),是辅助个人工作的数字工具,主要提供记事、名片交换及行程安排等功能。按使用来分类,PDA分为工业级PDA和消费品PDA。工业级PDA主要应用在工业领域,常见的有条码扫描器、RFID(Radio Frequency Identification)读写器、POS(Point of Sale)机等;消费品PDA的种类比较多,有智能手机、平板电脑、手持游戏机等。智能手机(图1-6)具有独立的操作系统,可以由用户自行安装应用软件、游戏等第三方服务商提供的程序,通过此类程序不断对手机的功能进行扩充,并可以通过移动通信网络来实现无线网络接入。

图1-5 掌上电脑

图1-6 智能手机

2. 熟悉计算机中的常用数制

按进位的原则进行计数的方法称为进位计数制,数的进位计数制称为数制。日常生活中最常用的是十进制,同时,也会采用其他进位计数制,如六十进制(60秒为1分钟)、十二进制(12个月为1年)等。计算机是由电子元件构成的,而电子元件比较容易实现两种稳定的状态,因此计算机中采用的是二进制。为了书写方便和简化表示，还常用到八进制和十六进制。常用进制如表 1-2 所示。

表 1-2　常用进制

进位制	二进制	八进制	十进制	十六进制
进位原则	逢二进一	逢八进一	逢十进一	逢十六进一
基　数	2	8	10	16
数　码	0, 1	0, 1, 2, …, 7	0, 1, 2, …, 9	0, 1, 2, …, 9, A, …, F
位　权	2^i	8^i	10^i	16^i
表示形式	B	O	D	H

3. 熟悉不同进制数之间的转换

1）其他各进制数转换为十进制数

其他各进制数转换为十进制数，按各进制相应的权值展开来计算。例如：

$$101101B = 1\times2^5 + 0\times2^4 + 1\times2^3 + 1\times2^2 + 0\times2^1 + 1\times2^0$$
$$= 32 + 0 + 8 + 4 + 0 + 1$$
$$= 45D$$

$$7FH = 7\times16^1 + 15\times16^0$$
$$= 112 + 15$$
$$= 127D$$

2）十进制数转换为其他各进制数

十进制数转换为其他各进制数时，需要将整数部分和小数部分分别进行转换。转换方法：整数部分除基取余，小数部分乘基取整。

例如，将 25D 转换成二进制数，有：

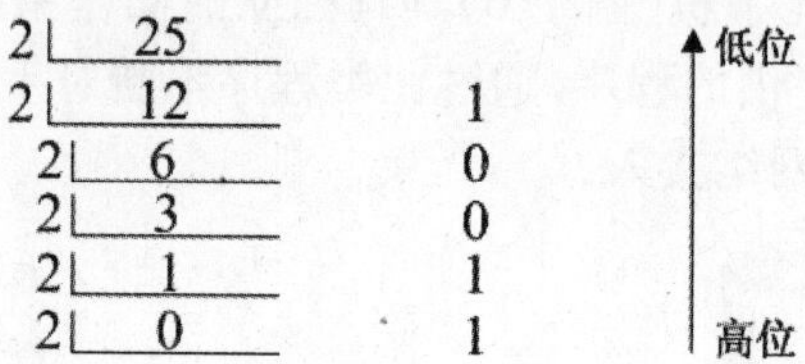

即 25D = 11001B。

又如，将 0.25D 转换成二进制数，有：

```
      0.2 5
×         2          高位
      0.5 0 ------0
×         2
      1.0 0 ------1   低位
```

即 0.25D = 0.01B。

3）二进制数与八进制数、十六进制数之间的互换

3 位二进制数对应 1 位八进制数，4 位二进制数对应 1 位十六进制数，所以二进制数与八进制数及十六进制数之间的互换非常简单。

二进制数转换为八进制数时，以小数点为界，分别向左、右每3位为一组(不足可补零)对应地转换为八进制数的相应数码。二进制数转换为十六进制数时，也以小数点为界，分别向左、右每4位为一组(不足可补零)对应地转换为十六进制数的相应数码。

例如，将1010010.11B转换成八进制数和十六进制数，有：

1010010.11B = 001 010 010.110 = 122.6O

1010010.11B = 0101 0010.1100 = 52.CH

即1010010.11B = 122.6O = 52.CH。

八进制数和十六进制数转换为二进制数时，八进制数、十六进制数的每个数位只要对应展开成相应3位、4位二进制数即可。

4. 熟悉字符编码

字符是人与计算机在交互过程中不可缺少的重要信息，要使计算机能处理、存储字符信息，必须用二进制数“0”和“1”对字符进行编码。常用的字符编码有ASCII码、汉字编码等。

1) ASCII码

ASCII(American Standard Code for Information Interchange)码是美国标准信息交换代码，后成为国际标准。基本ASCII码采用7位二进制数对英文大小写字母、阿拉伯数字、标点符号及控制字符等进行编码，共有128个字符，其中：96个可见字符可以进行打印和显示，包括数字字符10个、英文大小写字母52个以及其他字符34个；另外32个是不可见的控制字符。

2) 汉字编码

计算机处理汉字的方式比较复杂，必须用不同的二进制代码来表示汉字及中文中使用的符号，即对汉字进行编码。目前通用的汉字编码标准为《信息交换用汉字编码字符集——基本集》，代号为“GB 2312—80”，这种编码称为国标码。国标码字符集中收录了汉字和图形符号共7 445个，其中一级汉字3 755个、二级汉字3 008个、图形符号682个。

在计算机内部，汉字编码和西文字符编码是共存的，为了防止混淆，必须使它们具有不同的表示形式。所以实际在计算机内部存储汉字时，需对国标码稍做变动，一般是将国标码的两个字节的最高位均设为“1”，而ASCII码所占字节最高位为“0”，这样计算机就可以区分汉字和西文字符。经过变动的国标码称为汉字机内码，是汉字在计算机内部的实际表示形式。

在计算机内输入英文字母，对多数人来说都不成问题，但是要输入汉字就没那么简单，要使计算机接收汉字，必须根据汉字的某种特征，利用键盘上的字母或数字对每个汉字进行编码，根据编码的规则从键盘上输入相应的汉字编码，计算机根据输入的编码识别汉字。汉字编码主要由音码、形码、音形码三大类组成，如拼音就是一种音码，五笔字型就是一种形码。目前，人们已经研究出了多种汉字编码方案，其中使用最为广泛的就是微软拼音输入法、智能ABC输入法、搜狗拼音输入法和五笔字型输入法。

5. 熟悉数码技术

在电子技术中，被传递、加工和处理的信号可以分为两大类：一类是模拟信号，这类信号无论是从时间上还是从大小上都是连续变化的。用以传递、加工和处理模拟信号的技术叫作模拟技术。另一类是数字信号，这类信号无论是从时间上还是大小上都是离散的，或者说是不连续的。用来传递、加工和处理数字信号的技术叫作数字技术。数字技术由于在运算、存储等环节中要借助计算机对信息进行编码、压缩、解码等，因此也称为数码技术。数码技术发展十分迅速，在电子数字计算机、数控技术、通信设备、数字仪表以及生活各领域中，都得到了越来越广泛的应用。

1）数字多媒体播放器（MP5）

数字多媒体播放器（图1-7）的核心功能就是利用地面及卫星数字电视通道实现在线数字视频直播收看和下载观看等功能，同时，MP5内置硬盘，使用者可以将MP3音乐、网络电影、DVD大片、电视连续剧以及自己喜欢的照片统统纳入其中。MP5采用了软硬协同多媒体处理技术，能够用相对较低的功耗、技术难度和费用，使产品具有很高的协同性和扩展性。将ARM11微处理器平台应用于手持多媒体终端，其主频最高可达1 GHz，能够播放多种视频格式，比如AVI，ASF，DAT以及RM，RMVB等。

2）数码相机

数码相机（图1-8）又称为数字相机（Digital Camera，DC），是一种利用电子传感器把光学影像转换成电子数据的照相机。数码相机是集光学、机械、电子于一体的产品。它集成了影像信息的转换、存储和传输等部件，可以实现数字化存取、与电脑交互处理和实时拍摄等功能。光线通过镜头或者镜头组进入相机，通过成像元件转化为数字信号，数字信号通过影像运算芯片储存在存储设备中。数码相机的成像元件是电荷耦合器件CCD或者互补金属氧化物半导体CMOS，特点是光线通过时，能将不同的光线转化为不同的电子信号。

图1-7　数字多媒体播放器

图1-8　数码相机

3）液晶显示器

液晶显示器（图1-9）简称LCD（Liquid Crystal Display）。采用LCD作为显示屏的电视机称为液晶电视，一般采用的是TFT型的LCD面板，其主要构成包括背光源、偏光板、彩色滤光膜、玻璃基板、薄膜晶体管、配向膜、液晶材料等。LED电视是指完全采用LED（发光二极管）作为显像器件的电视机，一般用于低精度显示或户外大屏幕。目前市场上所有的家用LED电视实际上都是液晶电视的一种。

图1-9　液晶显示器

归纳总结

21世纪是信息革命的时代，信息科技仍将是最活跃、发展最迅速、影响最广泛且最深刻的科技领域。计算机已广泛应用于军事、科研、经济、文化等各个领域，成为人们不可缺少的好帮手。随着科技的发展，未来将出现一些新型计算机，如生物计算机、光子计算机、量子计算机等，人们将体验数字化时代生活。

任务二　配置个人计算机

任务描述与分析

一个完整的计算机系统由硬件系统和软件系统两大部分组成。硬件系统是计算机系统中物理装置的总称，软件系统是指在计算机硬件上运行的各种程序、数据和相关的文档资料等。本任务主要是认识生活中个人计算机硬件和软件的组成，熟悉个人计算机的选购、组装以及个人计算机的使用及维护。

实现方法

1. 认识计算机系统

计算机是信息处理工具，能够处理的信息包括文本、数值、声音、影像等。对于输入到计算机中的数据，计算机一般先将其存储起来，在需要加工处理时，再对存储的数据进行具体的操作，最后输出。在发展过程中，计算机均采用美籍匈牙利数学家冯·诺依曼提出的运算器、控制器、存储器、输入设备和输出设备组成的体系结构。冯·诺依曼还明确了计算机内部采用“存储程序”和“程序控制”方式，将指令和数据同时存放在存储器中，通过执行指令直接发出控制信号控制计算机的操作。

2. 认识微型计算机的硬件系统

家庭和小型公司使用的一般是微型计算机，也叫个人计算机(PC)。微型计算机系统的外观如图1-10所示，由显示器、主机、键盘、鼠标等硬件组成，具有多媒体功能的计算机还配有音箱、话筒等硬件。除此之外，计算机还可以外接打印机、扫描仪、数码相机等设备。用户通过键盘和鼠标输入文本和命令，经过主机处理后，可以通过显示器和打印机输出结果。键盘和鼠标是常用的输入设备，显示器和打印机则属于输出设备。存储器分为外存储器和内存储器，硬盘和光盘属于外存储器，内存储器安装在主板上。

图1-10　微型计算机系统

1）主板

主板，也称主机板（Mainboard）、系统板（Systemboard）或母板（Motherboard），它是计算机的核心部件，是各部分硬件相互连接的桥梁。典型的主板结构如图 1-11 所示。主板上的主要部件有 CPU 插座、芯片组、内存插座、总线（PCI 等）扩展槽、驱动器接口、外设接口（键盘接口、鼠标接口、串行通信接口、并行通信接口、USB 接口等）、电源插座、音频接口、网络接口、显示接口等。

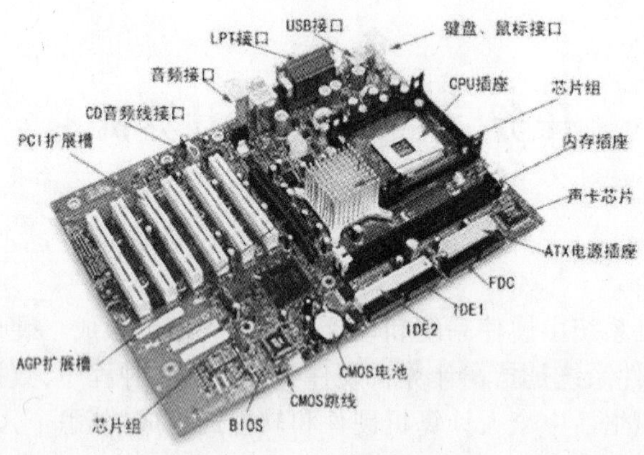

图 1-11　典型的主板结构

目前市场上主流主板的生产厂商主要有华硕、技嘉、微星等。性能优良的主板能够将 CPU、内存储器等相关部件的性能和潜力更好地发挥出来，在选购过程中要注意主板的制造工艺、升级和扩充、散热性等因素。

2）微处理器

微处理器（MPU）也叫 CPU。CPU 包含计算机的控制器和运算器，是整个计算机的控制指挥中心。现今主流的 CPU 品牌主要有 Intel（图 1-12）、AMD 等。计算机的性能在很大程度上由 CPU 的性能决定，而 CPU 的性能主要体现在其运行程序的速度上。影响计算机运行速度的性能指标包括 CPU 的工作频率、缓存容量、指令系统和逻辑结构等参数。

3）内存储器

内存储器简称内存（Memory），用于暂时存放 CPU 中的运算数据以及与硬盘等外部存储器交换的数据。只要计算机在运行，CPU 就会把需要运算的数据调到内存中进行运算，运算完成后再将结果传送出来。内存一般采用半导体存储单元，包括随机存储器（RAM）、只读存储器（ROM）以及高速缓冲存储器（Cache）。目前较为主流的内存品牌主要有金士顿、宇瞻（图 1-13）等。衡量内存的指标主要有容量和存取速度。内存容量的计量单位是 MB（兆字节）或 GB（千兆字节）。1 GB = 1 024 MB，1 MB = 1 024 KB，1 KB = 1 024 Byte。一般来说，内存容量越大，计算机的性能越好。内存的规格、型号间接反映了内存的存取速度。内存的规格、型号必须和主板相匹配。

图 1-12　Intel 公司生产的 CPU

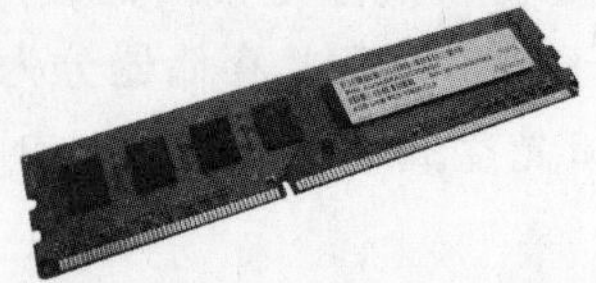

图 1-13　宇瞻内存

4）外存储器

外储存器是指除计算机内存及CPU缓存以外的存储器，此类存储器一般断电后仍然能保存数据。常见的外存储器有硬盘、光盘、移动存储器等。

硬盘具有磁盘容量大、读写速度快、价格便宜、密封性好、可靠性高、使用方便等特点。目前市场上主流的硬盘品牌有希捷（图1-14）、西部数据等。选购硬盘时，考虑的基本因素主要是接口、容量、速度、稳定性、缓存、发热问题和售后服务等。

光盘存储容量大，价格低廉，保存时间长，适宜保存数据量大的信息，如声音、图像、动画、视频等多媒体信息。常见的光盘有只读光盘（CD-ROM，DVD-ROM）、一次性可写光盘（CD-R，DVD-R，DVD＋R）、可擦写光盘（CD-RW，DVD-RW）等。光盘必须放入光盘驱动器（简称光驱）中才能使用，常用的光盘驱动器为DVD-ROM，CD-ROM，CD-R，CD-RW，DVD-ROM，DVD-R，DVD-RW等类型。目前市场上的主流光驱品牌有先锋（图1-15）、华硕、三星等。

图1-14 希捷硬盘

图1-15 先锋光驱

移动存储器是指通过微机的外部接口进行数据读写的存储器，主要包括U盘、移动硬盘、闪存卡等，如图1-16所示。目前市场上主流的U盘品牌有金士顿、朗科、索尼等，移动硬盘品牌有希捷、东芝、西部数据等，闪存卡品牌有闪迪、金士顿等。

图1-16 U盘、移动硬盘、闪存卡

选购移动存储器时应该注意：第一，根据需求选择容量合适、性能稳定、读写速度快的产品；第二，选择知名大厂的产品，以保证日后完善的售后服务和技术支持；第三，在满足基本需求的前提下，还可以选择带有辅助功能的产品，如启动功能、杀毒功能、加密功能、写保护功能等。

5）输入/输出设备

微机中常用的输入设备有键盘、鼠标、光笔、扫描仪、数字化仪、麦克风、触摸屏等，输出设备有显示器、打印机、绘图仪、音箱等。

键盘是人机对话最基本的输入设备。键盘根据接触方式分为机械式键盘和电容式键盘。机械式键盘由于机械式触点容易磨损和接触不良，一般使用寿命不长；电容式键盘的特点是击键声音小，手感较好，寿命长，现在一般都用电容式键盘。通过键盘，用户可以将命令、程序、数据等输入到计算机中，计算机根据接收到的信息做出相应的处理。键盘的布局如图1-17所示。

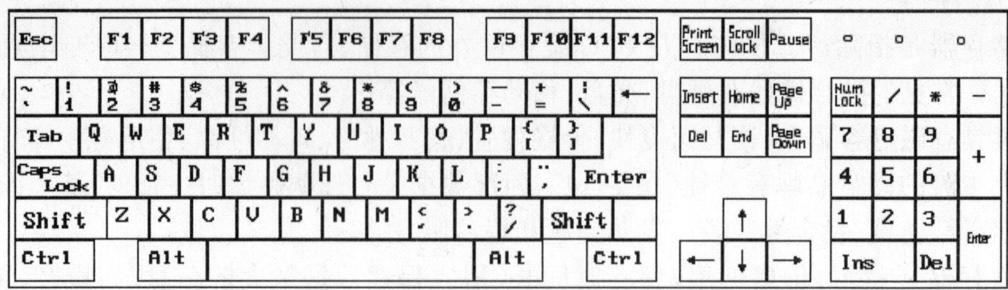

图 1-17　键盘布局

各按键的功能如表 1-3 所示。

表 1-3　各按键的功能

类　型	按键名称	基本功能
功能键	F1 键 ~ F12 键	功能随操作系统或程序不同而不同，如在 Windows 系统中，F1 键可开启系统帮助窗口
字符键	字母键	A ~ Z，共 26 个英文字母
	数字键	0 ~ 9，共 10 个数字。每个数字键与一个特殊字符共用一个键
	退格键	通常有“←”或“Backspace”标记，作用是使光标向左退一个字符的位置
	回车键	通常有“Enter”标记。按下此键标志着一个命令的执行或一个语句的结束
	制表键	标有“Tab”标记。按下此键，光标向右移动一个制表位
	空格键	键盘上最长的一个按键，主要用于输入空格
控制键	Caps Lock 键	用于大写和小写字母之间的切换
	Shift 键	换挡键，用于输入上挡键字符或者进行字母的大小写转换
	Alt 键	用于程序菜单控制，也可以与其他按键联合使用
	Ctrl 键	必须和其他按键配合使用，如 Ctrl+C 组合键为复制选定内容
	Esc 键	用于退出当前状态
	Print Screen 键	用于将当前屏幕信息直接输出到打印机或者放到剪贴板中
	Pause 键	用于暂停命令的执行，按任意键继续执行命令
	Scroll Lock 键	按该键一次进入滚动锁定状态，此时按光标上移键或下移键会将屏幕上的内容上移或下移一行，再按一次该键可退出滚动锁定状态
编辑键	光标键	既能输入数字，又能移动光标，通过 Num Lock 键切换
	箭头键	共↑、↓、←、→四个，↑、↓键用于光标上移或下移一行，←、→键用于光标左移或右移一个字符的位置
	Home 键	用于将光标移到屏幕的左上角或者所在行的首字符左侧
	End 键	用于将光标移到所在行最后一个字符的右侧
	Page Up 键	向上移动一个屏幕
	Page Down 键	向下移动一个屏幕
	Insert 键	插入键，按该键一下进入插入状态，再按一下解除插入状态
	Delete 键	删除键，通常有“Delete”或“Del”标记，作用是删除光标后面的字符，右侧字符自动补位

鼠标是操作计算机的主要设备之一，分有线和无线两种。鼠标的使用是为了使计算机的操作更加简便，以代替键盘烦琐的指令，适合菜单式命令的选择和图形界面的操作。

选购键盘和鼠标时，一定要注意键盘和鼠标的手感。一套好的键盘和鼠标不但可以提供舒适的手感，还能够在很大程度上减轻双手的疲劳，从而大大减少肌肉软组织损伤的概率。

扫描仪是将捕获的图像转换成计算机可以显示、编辑、存储和输出的格式的数字化输入设备，如图 1-18 所示。照片、文本页面、图纸、美术图画、照片底片、菲林软片，甚至纺织品、标牌面板、印制板样品等三维对象都可作为扫描对象。扫描仪能够将原始的线条、图形、文字、照片、平面实物转换成可以编辑及加入文件中的数字形式。常见的扫描仪品牌有佳能、惠普、中晶等。

显示器是将电信号转换成可视信号的设备，是计算机向用户显示信号的外部设备，是微机不可缺少的输出设备。目前使用的显示器主要是液晶显示器。常见的显示器品牌主要有三星、LG、戴尔等。显示器通过显示卡（简称显卡，如图 1-19 所示）与计算机主机相连。显卡的功能是将需要显示的信息转换成适合显示器使用的信号，并向显示器提供行扫描信号，控制显示器的正确显示。目前市场上的显卡品牌主要有铭瑄、微星、盈通等。

音箱是指将音频信号变换为声音的一种设备，音箱主机箱体或低音炮箱体内自带功率放大器，对音频信号进行放大处理后由音箱本身回放出声音。音箱要通过声卡连接至主机才能正常工作。声卡是实现声波 / 数字信号相互转换的一种硬件，如图 1-20 所示。目前，绝大多数主板已集成声卡功能，一般不需要额外购置。如有特殊要求，也可单独购置声卡。目前市场上的声卡品牌有创新、德国坦克等。

图 1-18 扫描仪

图 1-19 显卡

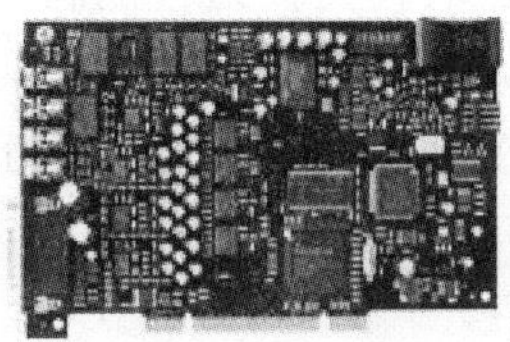
图 1-20 声卡

打印机是计算机的输出设备之一，用于将计算机的处理结果打印在相关介质上。打印机按工作原理可分为击打式打印机和非击打式打印机。击打式打印机靠机械动作实现印字，如点阵式打印机，工作时噪音较大；喷墨打印机、激光打印机属于非击打式打印机，在印字过程中无机械击打动作，噪声较小，印字质量高。各种打印机如图 1-21 所示，目前市场上的打印机品牌有佳能、惠普、爱普生、联想等。

（a）击打式打印机

（b）喷墨打印机

（c）激光打印机

图 1-21 打印机

3. 认识微型计算机的软件系统

1) 系统软件

(1) 操作系统。

操作系统(Operating System)是最基本、最重要的系统软件,它负责管理计算机系统的各种硬件资源(如CPU、内存空间、磁盘空间、外部设备等),并且负责解释用户对机器的管理命令,使其转换为机器的实际操作。常见的操作系统有DOS,Windows,Linux,UNIX等。Windows操作系统是微软公司推出的“视窗”计算机操作系统。随着计算机硬件和软件系统的不断升级,微软的Windows操作系统也在不断升级,从16位、32位到64位操作系统,从最初的Windows 1.0到大家熟知的Windows 95,Windows NT,Windows 98,Windows 2000,Windows Me,Windows XP,Windows Server,Windows Vista,Windows 7,Windows 8(如图1-22所示)等各种版本的持续更新,微软一直致力于Windows操作系统的开发和完善。

Windows 8

图1-22 Windows 8操作系统

(2) 计算机语言。

计算机语言又称程序设计语言,是人机交流信息的一种特定语言,一般可分为三类:机器语言、汇编语言和高级语言。机器语言由二进制代码“0”和“1”组成,是能够被计算机识别和直接执行的语言。汇编语言是面向机器的语言,用自然符号(助记符)来表示计算机的各种基本操作及参与运算的操作数,是符号化的机器语言。高级语言接近自然语言,易于理解。目前,计算机高级语言已有上百种之多。高级语言有面向过程和面向对象之分。传统的高级语言一般是面向过程的,如Basic,Fortran,Pascal,C,FoxPro等。随着面向对象技术的发展和完善,面向对象的程序设计方法和程序设计语言以其独有的优势得到普遍推广和应用,并有完全取代面向过程的程序设计方法和程序设计语言的趋势。目前流行的面向对象的程序设计语言有Visual Basic,Visual Fortran,Visual C++,Delphi,Visual FoxPro,Java等。高级语言Visual C++的开发界面如图1-23所示。

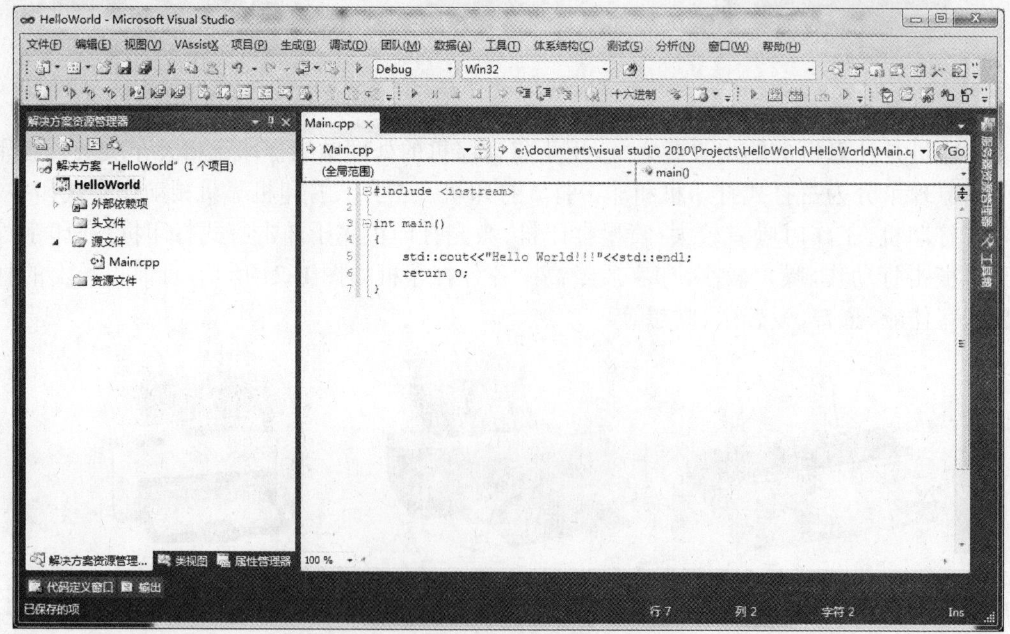

图1-23 Visual C++开发界面

2）应用软件

应用软件是为了解决各种实际问题而设计的计算机程序，通常由计算机用户或专门的软件公司开发。办公软件是最常用的应用软件之一。办公软件是指可以进行文字处理、表格处理、幻灯片制作、简单数据库处理等方面工作的软件，包括微软 Office 系列、金山 WPS 系列、永中 Office 系列、致力协同 OA 系列等办公软件。目前办公软件的应用范围很广，大到社会统计，小到会议记录、数字化办公，都离不开办公软件的鼎力协助。目前办公软件正朝着操作简单化、功能细化等方向发展。另外，政府用的电子政务系统、税务部门用的税务系统、企业用的协同办公软件，都可称为办公软件。微软 Office 系列办公软件各个产品组件的图标如图 1-24 所示。

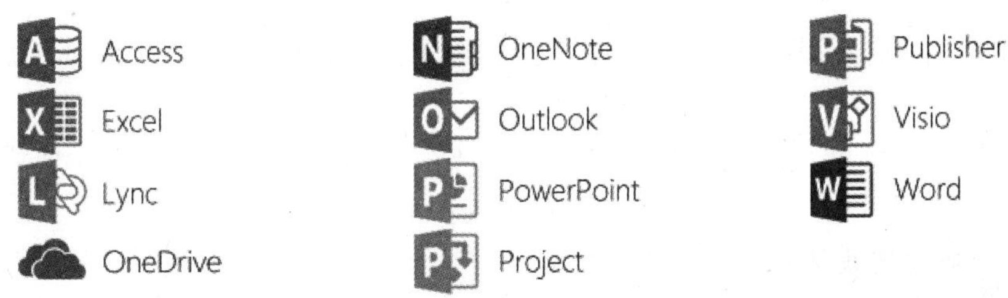

图 1-24 微软 Office 系列办公软件各个产品组件图标

4. 熟悉微型计算机的组装

1）组装注意事项

（1）认真阅读说明书。

（2）配件要轻拿轻放，避免碰撞，尤其是硬盘。

（3）不要先连接电源线，通电后不要触摸机箱内的部件。

（4）插拔各种板卡时切忌盲目用力，以免损坏板卡。

（5）在拧紧螺丝时要用力适度，避免损坏主板或其他部件。

（6）在连接机箱内部连线时一定要参照主板说明书进行，以免接错线造成意外。

（7）要防静电。每个人身上都可能带有静电，静电在释放的瞬间有可能会击穿所接触的配件上的电子元件。提前释放静电的方法是：接触大块的接地金属物（如自来水管）或用水洗手。另外，在装机时不要穿化纤类的衣服。

2）组装的基本步骤

（1）电源的安装：主要是对机箱进行拆封，将电源安装到机箱中。

（2）CPU 的安装：在主板的 CPU 插座上插入安装所需的 CPU，并且安装上散热风扇。

（3）内存的安装：将内存插入主板的内存插座中。

（4）显卡、声卡与网卡的安装：根据显卡、声卡与网卡总线选择合适的插槽。

（5）主板的安装：将主板安装到机箱中。

（6）驱动器的安装：主要针对硬盘、光驱进行安装。

（7）机箱与主板间的连线：包括各种指示灯、电源开关线的连接，PC 喇叭的连接，以及硬盘和光驱电源线和数据线的连接。

（8）盖机箱盖（理论上在安装完主机后，就可以盖上机箱盖了，但为了方便此后出问题时进行检查，最好先不加盖，而是等系统安装完毕后再盖）。

(9) 输入设备的安装:连接键盘、鼠标。

(10) 输出设备的安装:安装显示器。

(11) 重新检查各个接线,准备进行测试。

(12) 给机器加电,若显示器能够正常显示,则表明安装正确,此时可以进入 BIOS 进行系统初始设置。

5. 熟悉微型计算机的使用及维护

1) 计算机的日常维护与使用技巧

(1) 操作系统及常用软件安装完成后,制作一个干净、无毒、完整的备份,必要时用来快速恢复系统。

(2) 及时修补系统及软件漏洞,及时升级杀毒软件,定期查杀病毒,预防和减少病毒的感染。

(3) 将程序与数据分别存储在不同的磁盘中,以防止重新安装或恢复系统时破坏数据。

(4) 良好的接地系统和定期对设备除尘,可减少许多"莫名其妙"的故障。

2) 计算机病毒及其清除

计算机病毒是人为设计的一组计算机指令或者代码,以各种形式隐藏在计算机系统中,影响计算机系统的运行效率,具有破坏硬件、毁坏数据、窃取用户数据及个人信息等功能,并能进行自我复制、自我传播。计算机病毒具有破坏性、传染性、潜伏性、可触发性、隐蔽性等特征,一般通过移动存储设备、计算机网络、点对点通信系统和无线信道等进行传播。

在使用计算机的过程中,我们可以通过以下方式进行病毒的清除:

(1) 重启计算机,按 F8 键进入"带网络的安全模式",对系统进行升级、打补丁,并对杀毒软件进行升级,利用杀毒软件进行在线杀毒。也可以以病毒现象、特征为关键字,利用搜索引擎进行搜索,按步骤进行手工杀毒。

(2) 在计算机系统刚装好时,利用一键还原程序备份系统。当发现病毒后,如果用杀毒软件清除不了病毒,可用一键还原程序还原系统。还原后再升级杀毒软件,打补丁,重新备份系统盘。

归纳总结

计算机是一种能对信息进行自动存储、高速计算、自动处理的电子设备。它一般由硬件系统和软件系统组成,两者互相依存,只有硬件和软件相结合,才能使计算机正常运行并发挥作用。

➢课后习题≺

一、填空题

1. 世界上第一台电子数字计算机是________________,组成该计算机的基本电子元件是________________。

2. B5H = ________________D = ________________B = ________________O。

3. 冯·诺依曼结构计算机的工作原理是________________和________________。

4. 计算机系统由______________和______________两大部分组成。
5. CPU是由______________和______________组成的。
6. 内存储器可分为______________和______________。
7. 计算机当前正在运行的程序和数据主要存放在______________中。
8. 管理和控制计算机系统全部资源的软件是______________。
9. 在计算机内部,计算机能够直接执行的程序语言是______________。
10. 计算机病毒具有破坏性、传染性、______________、可触发性、隐蔽性等特征。

二、单项选择题

1. 在计算机应用领域里,____是其最广泛的应用方面。
   A. 过程控制　　B. 科学计算
   C. 数据处理　　D. 计算机辅助系统
2. 自1946年第一台计算机问世以来,计算机的发展经历了四个阶段,它们是____。
   A. 低档计算机、中档计算机、高档计算机、手提计算机
   B. 微型计算机、小型计算机、中型计算机、大型计算机
   C. 组装机、兼容机、品牌机、原装机
   D. 电子管计算机、晶体管计算机、中小规模集成电路计算机、大规模及超大规模集成电路计算机
3. 计算机最重要的工作特征是____。
   A. 高速度　　B. 高精度
   C. 存储程序和程序控制　　D. 记忆力强
4. CAD是计算机的主要应用领域,它的含义是____。
   A. 计算机辅助教育　　B. 计算机辅助测试
   C. 计算机辅助设计　　D. 计算机辅助管理
5. 将使用高级语言编制的源程序翻译成计算机可执行代码的软件称为____。
   A. 汇编程序　　B. 编译程序
   C. 管理程序　　D. 服务程序
6. 某公司自行开发的工资管理系统,按计算机应用的类型划分,它属于____。
   A. 科学计算　　B. 辅助设计
   C. 数据处理　　D. 实时控制
7. 下列有关计算机病毒的说法不正确的是____。
   A. 计算机病毒分为引导型病毒、文件型病毒、复合型病毒等
   B. 计算机病毒中也有良性病毒
   C. 计算机病毒实际上是一种计算机程序
   D. 计算机病毒是由于程序的错误编制而产生的
8. 计算机中的所有信息都是以____的形式存储在机器内部的。
   A. 字符　　B. 二进制编码
   C. BCD码　　D. ASCII码
9. 计算机存储和处理数据的基本单位是____。
   A. bit　　B. Byte　　C. GB　　D. KB
10. 目前计算机的发展经历了四个阶段,高级语言出现在____。

A．第三阶段　　B．第一阶段
C．第二阶段　　D．第四阶段

11．特定专业应用领域(如图形、图像处理等)使用的计算机一般是____。
A．工作站　　B．大型主机
C．巨型机　　D．笔记本电脑

12．将一个十进制正整数转化为二进制数时，采用的方法是____。
A．乘 2 取余法　　B．除 2 取整法
C．乘 2 取整法　　D．除 2 取余法

13．X 是二进制数 111001101，Y 是十进制数 455，Z 是十六进制数 1DD(X，Y，Z 都是无符号数)，则下列不等式正确的是____。
A．Z>Y>X　　B．Z>X>Y
C．X>Z>Y　　D．X>Y>Z

14．在计算机系统中，“字节(Byte)”的描述性定义是____。
A．把计算机中的每个汉字或英文单词分成几个部分，其中每一部分就叫一个字节
B．度量信息的最小单位，是一位二进制位所包含的信息量
C．在存储、传送或操作时，作为一个单元的一组字符或一组二进制位
D．通常由 8 位二进制位组成，可代表一个数字、一个字母或一个特殊符号，也常用来度量计算机存储容量的大小

15．有关计算机内部的信息表示，下列叙述不正确的是____。
A．ASCII 码是由美国制定的一种标准编码
B．我国制定的汉字标准代码在计算机内部是用二进制表示的
C．计算机内部的信息表示有多种标准
D．计算机内部的汉字编码全部由中国制定

16．从本质上说，GB 2312—80 之类的国标码属于____。
A．拼音码　　B．机内码
C．交换码　　D．字形码

17．GB 2312—80 中收录了____个汉字和图形符号。
A．682　　B．6 763
C．12 000　　D．7 445

18．MB 是计算机的存储容量单位，1 MB 等于____。
A．1 024 千字节　　B．1 024 个字节
C．1 024 个二进制符号　　D．1 024 个汉字

19．存储一个汉字内码所需的字节数是____。
A．8 个　　B．2 个　　C．4 个　　D．1 个

20．计算机中的____在关机后，其中的内容就会丢失。
A．RAM　　B．ROM
C．EPROM　　D．ROMBIOS

21．关于计算机语言，下列叙述不正确的是____。
A．高级语言是独立于具体的机器系统的语言
B．汇编语言对于不同类型的计算机基本上不具备通用性和可移植性

C. 高级语言是先于低级语言诞生的

D. 一般来讲，与高级语言相比，机器语言程序执行的速度较快

22. 在有关计算机软件、程序和文档的描述中，下列叙述不正确的是____。

A. 文档是了解程序所需的资料说明

B. 程序是计算任务的处理对象和处理规则的描述

C. 软件、程序和文档都必须以文件的形式存放在计算机的磁盘中

D. 软件是指计算机系统中的数据、程序和有关的文档

23. 以下各类媒体属于表示媒体的是____。

A. 图像编码　　B. 扫描仪

C. 声音　　D. 键盘

24. 计算机病毒由安装部分、传染部分和____组成。

A. 加密部分　　B. 破坏部分

C. 计算部分　　D. 衍生部分

25. 在计算机系统中，操作系统的主要作用不包括____。

A. 提高系统资源的利用率

B. 提供方便友好的用户界面

C. 预防和消除计算机病毒的侵害

D. 提供软件的开发与运行环境

26. ____可使计算机从外部获取信息。

A. 存储器　　B. 运算器

C. 输入设备　　D. 输出设备

27. ____是指挥、控制计算机运行的中心。

A. 输入 / 输出设备　　B. 显示器

C. 运算器　　D. 控制器

28. 1 GB是1 MB的____倍。

A. 1 024　　B. 1 000

C. 100　　D. 10

29. 计算机病毒通过____传播。

A. 相邻的两台计算机　　B. 带计算机病毒的U盘或网络

C. 长时间使用计算机　　D. 计算机硬件故障

30. 计算机的核心部件是____。

A. CPU　　B. 显示器

C. 硬盘　　D. 键盘

31. 计算机的指令主要存放在____中。

A. CPU　　B. 微处理器

C. 主存储器　　D. 键盘

32. 计算机内部进行算术与逻辑运算的部件是____。

A. 硬盘驱动器　　B. 运算器

C. 控制器　　D. RAM

33. 微型计算机的硬件系统主要包括：微处理器、____、输入设备、输出设备。

A．运算器　　B．控制器
C．存储器　　D．主机

34．____是计算机的外部设备。
A．打印机、鼠标和辅助存储器
B．键盘、光盘和 RAM
C．ROM、硬盘和显示器
D．主存储器、硬盘和显示器

35．已知字母“n”的 ASCII 码是 6EH，字母“r”的 ASCII 码是____。
A．74H　　B．56H　　C．72H　　D．67H

36．CPU 与____一起构成计算机的主机部分。
A．运算器　　B．运算器和控制器
C．控制器　　D．存储器

37．____是主板中最重要的部件，是主板的灵魂，决定主板所支持的功能。
A．电源　　B．芯片组　　C．扩展槽　　D．总线

38．按照计算机病毒的特有算法分类，病毒可以划分为伴随型、寄生型和____病毒。
A．脚本型　　B．木马型　　C．黑客型　　D．蠕虫型

39．在 R 进制数中，能使用的最小数字符号为____。
A．0　　B．R　　C．1　　D．$R-1$

三、多项选择题

1．计算机技术的发展趋势是________。
A．网络化　　B．微型化　　C．巨型化
D．智能化　　E．普及化

2．计算机病毒可以通过________途径传播。
A．移动存储设备　　B．点对点通信系统　　C．计算机网络
D．键盘　　E．不可移动的计算机硬件

3．关于汉字输入码，下列叙述正确的是________。
A．汉字输入码是由国家统一规定的
B．汉字输入码与汉字内码在一般情况下是不相同的
C．汉字输入码是为了输入汉字而编制的代码，也称为汉字外部码
D．汉字输入码可分为流水码、音码、形码和音形结合码四种
E．五笔字型、全拼码、自然码、区位码都是汉字输入码

4．关于计算机软件，下列描述正确的是________。
A．软件包括系统软件和应用软件
B．软件就是计算机系统中的程序
C．软件可以使用户在不了解计算机本身内部结构的情况下使用计算机
D．软件是用户和机器的接口
E．软件是指计算机运行所需的程序、数据和有关文档资料的总和

5．下列关于操作系统的描述中，正确的有________。
A．通过硬件可以改变操作系统的类型
B．操作系统是开放系统，英文缩写是 OS（Open System）

C. 操作系统属于系统软件

D. 早期的计算机没有操作系统

E. 操作系统是用户和计算机硬件之间的桥梁

6. 从管理角度来说，以下预防和抑制计算机病毒传染的做法中，正确的是________。

A. 对系统中的数据和文件要定期进行备份

B. 任何新使用的软件或硬件必须先检查

C. 定期检测计算机上的磁盘和文件并及时清除病毒

D. 谨慎使用公用软件和硬件

E. 对所有系统盘和文件等关键数据要进行写保护

7. 在计算机产品中，我国的自主品牌有________。

A. 银河　　B. 戴尔　　C. 联想

D. 曙光　　E. 清华同方

8. 在 Windows 7 中，利用“科学型计算器”可以进行________。

A. 统计分析

B. 简单的四则运算

C. 三角函数运算

D. 八进制和二进制数据之间的相互转换

E. 十进制和十六进制数据之间的相互转换

9. 按运行环境分，操作系统的类型有________。

A. 网络操作系统　　B. 专用操作系统　　C. 批处理操作系统

D. 实时操作系统　　E. 分时操作系统

10. 下列微机部件中，________是在主板上的。

A. 微处理器 CPU

B. 内存

C. 基本输入 / 输出系统 BIOS

D. CMOS 芯片

E. 硬盘

11. 下列计算机部件中，________包含在主机内。

A. 运算器　　B. 控制器　　C. 随机存储器

D. 只读存储器　　E. 鼠标

12. 计算机语言处理程序包括________。

A. 汇编程序　　B. 编译程序　　C. 存储程序

D. 解释程序　　E. 控制程序

13. 下列计算机应用领域中，________是属于辅助工程的。

A. CAD　　B. AI　　C. CAM

D. CAT　　E. USB

14. 关于微型计算机，正确的说法是________。

A. 外存储器中的信息不能直接进入 CPU 进行处理

B. 系统总线是 CPU 与各部件之间传送各种信息的公共通道

C. 光盘属于外部设备

D. 家用电脑不属于微机

E. 鼠标、键盘属于输出设备

四、判断题

1. 加强网络道德建设,有利于加快信息安全立法的进程。 ( )

2. 为有效防止计算机犯罪,我们不仅要从技术上采取安全措施,还要在行政管理方面采取一些安全手段。 ( )

3. 数字计算机只能处理数字。 ( )

4. 有些计算机病毒变种可以使检测、清除该变种源病毒的反病毒软件失效。 ( )

5. 10110001.101B = B1.AH。 ( )

6. 字长越长,计算机的速度就越慢,精度也越低。 ( )

7. 计算机的高级语言可以分为解释型和编译型两大类。 ( )

8. 绿色软件和非绿色软件的安装和卸载完全相同。 ( )

9. 记录汉字字形通常有点阵法和矢量法两种方法,分别对应点阵码和矢量码两种编码。 ( )

10. USB 的含义是:通用串行总线。 ( )

11. 各种办公自动化软件都属于系统软件。 ( )

12. 计算机运行的快慢只与 CPU 有关。 ( )

13. 计算机的主板结构与 CPU 的类型没有关系。 ( )

14. 人们常说的扩内存指的是增加 ROM 芯片。 ( )

15. 微型计算机的运算器、控制器及内存储器的总称是主机。 ( )

16. 微机配置高速缓冲存储器可以解决 CPU 和内存储器之间速度不匹配的问题。 ( )

17. 计算机软件由程序、数据和文档组成。 ( )

18. 汇编语言和机器语言都属于低级语言,之所以称为低级语言是因为用它们编写的程序可以被计算机直接识别和执行。 ( )

19. 管理和控制计算机系统全部资源的软件是应用软件。 ( )

20. 要使用外存储器中的信息,应先将其调入内存。 ( )

学习情境二

Windows 7 操作系统

学习情境描述

Windows 7 是微软公司的一款图形用户界面操作系统，于 2009 年 10 月正式发布。Windows 7 凭借可靠的性能、强大的功能、友好的用户界面、稳定的运行环境，成为目前的主流操作系统。通过本情境的学习，应该掌握 Windows 7 桌面系统的设置、文件和文件夹资源的管理、使用控制面板设置 Windows7 系统的硬件资源等。本学习情境主要通过以下三个任务来完成学习目标：

任务一　认识 Windows 7 操作系统

任务二　管理计算机文件资源

任务三　设置计算机硬件资源

任务一　认识 Windows 7 操作系统

任务描述与分析

Windows 7 操作系统是人们操作和使用计算机的平台。本任务主要是学习 Windows 7 操作系统的桌面、任务栏、“开始”菜单的设置，个性化系统模式的定制，以满足个人工作、生活的需要。

实现方法

1. 启动与退出 Windows 7

1）*启动 Windows 7*

按压计算机主机箱的电源开关，计算机通电并开始启动，出现 Windows 7 的载入界面，载入完成后出现桌面，表明 Windows 7 启动成功，如图 2-1 所示。

图 2-1　Windows 7 启动成功的界面

2）Windows 7 的退出

在切断计算机电源之前，一定要先关闭所有的应用程序，并退出 Windows 7，否则未保存的文件和正在运行的程序可能会遭到破坏。如果用户未退出 Windows 7 就切断电源，下次启动 Windows 7 时，Windows 7 系统将认为上次关机时执行了非法操作，因此会自动执行磁盘扫描程序修复可能发生的错误。退出 Windows 7 应按下列步骤进行：

（1）关闭所有打开的应用程序。

（2）单击任务栏左侧的“开始”按钮，打开“开始”菜单。

（3）单击“关机”按钮右侧的箭头，则弹出以下关机项，根据需要进行选择：

① 切换用户：允许另一用户登录计算机，系统中仍保存着原用户离开时的状态，该用户打开的应用程序不会被关闭。这样可以保证多个用户互不干扰地使用计算机。

② 注销：当用户不再使用计算机时，可注销 Windows 7 账户，回到登录界面，以便让其他用户继续使用。

③ 锁定：系统将自动向电源发出信号，切断除内存外所有设备的供电，系统中运行着的所有数据保存在内存中。

④ 重新启动：先退出 Windows 系统，然后重新启动计算机，可以再次选择用户后进入 Windows 7 系统。

⑤ 睡眠：内存数据被保存在硬盘上，然后切断除内存外所有设备的供电。

⑥ 休眠：计算机把当前的内容写入硬盘，然后进入完全关闭电源的低耗能状态。

2. 调整与使用桌面

1）Windows 7 桌面上的图标

启动 Windows 7 后的整个屏幕称为桌面，桌面由两部分组成：图标显示区兼工作区和任务栏。除任务栏之外的大部分区域都是图标显示区兼工作区。桌面上的每个图标分别代表不同的对象，它为用户提供了快速执行程序或打开窗口的方法。Windows 7 桌面上的图标通常有“计算机”“网络”“回收站”“Internet Explorer”等，用户可以根据需要随时在桌面上添加或删除图标。

（1）计算机：它是 Windows 7 的系统管理程序。利用它可以对计算机进行文件管理，更改计算机的软硬件配置。

（2）网络：如果计算机连接到网络上，它用来显示共享计算机、打印机和网络上的其他资源。

（3）回收站：它用于暂时保存被用户删除的硬盘上的对象，如文件、文件夹或快捷方式等。如果文件被误删除，还可以在这里将文件还原到原处。

（4）Internet Explorer：它是用来浏览和阅读网页的程序。

对桌面上的图标可以通过鼠标拖动改变它们的当前位置，还可以右击桌面空白处，在弹出的快捷菜单中选择“查看”，对当前桌面的图标进行设置。

2）桌面主题

Windows 7 为用户提供了一系列桌面主题，每一个主题包含了不同的桌面背景、快捷图标样式、鼠标形状等设置。要使用桌面主题，可以在桌面空白处右击，在弹出的快捷菜单中选择“个性化”命令，打开“个性化”设置的“更改计算机上的视觉效果和声音”窗口，如图 2-2 所示。在窗口中，有不同风格的主题可供选择。

图 2-2　“更改计算机上的视觉效果和声音”窗口

3. 调整任务栏

Windows 7 的任务栏是用于打开程序和浏览计算机的一种工具，通常放置在屏幕底端，如图 2-3 所示，显示正在运行的任务，便于用户切换。

图 2-3　任务栏

任务栏由以下几部分组成：

（1）“开始”按钮  ：单击此按钮可以打开“开始”菜单，执行启动程序、获取帮助、切换用户、关闭计算机等任务。

（2）快速启动区  ：包括一些常用程序的按钮，单击这些按钮可运行相应的程序。快速启动区中显示的图标可以自行增减，也可以建立自己的快速启动区。

（3）应用程序区  ：显示运行中的应用程序的任务栏按钮，单击这些按钮可以在程序窗口之间进行切换。

（4）输入法指示器 ：在这里选择或设置输入法。输入法指示器可以随意移动，也可以附着在任务栏右侧。

（5）托盘区 ：显示发生一定事件时的通知图标，也可以显示时间和快速访问程序的快捷方式。

（6）“显示桌面”按钮 ：将鼠标停留在该按钮上时，所有打开的窗口都会透明化，这样可以快捷地浏览桌面，单击该按钮则切换到桌面。

用户可以根据需要设置任务栏外观和“开始”菜单属性，以实现个性化的用户界面。右击任务栏的未用区域，在弹出的快捷菜单中选择“属性”命令，打开“任务栏和「开始」菜单属性”对话框，选择其中的“任务栏”选项卡，则显示图 2-4 所示的对话框。

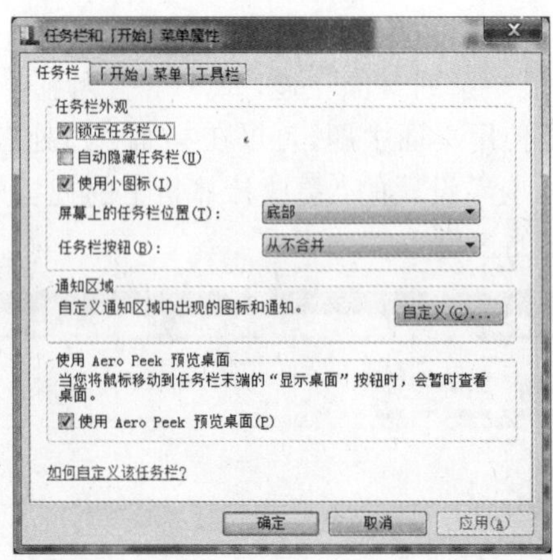

图 2-4 “任务栏和「开始」菜单属性”对话框的“任务栏”选项卡

在图 2-4 所示的对话框中，可以设置任务栏外观，也可以定制驻留程序所在的通知区域。对话框的“任务栏外观”选项组包含以下设置任务栏外观效果的选项：

（1）锁定任务栏：保持现有任务栏的外观，避免意外改动。

（2）自动隐藏任务栏：当任务栏未处于使用状态时，将自动从屏幕下方退出。鼠标移动到屏幕下方时，任务栏重新回到原位置。

（3）使用小图标：将任务栏上的程序图标以小图标的样式显示。

（4）屏幕上的任务栏位置：默认是“底部”，单击下拉按钮，选择“顶部”“左侧”或“右侧”，可将任务栏放置在桌面的上方、左侧或右侧。

（5）任务栏按钮：通过下拉菜单选取，可将同一应用程序的多个窗口进行组合管理。

4. 定制“开始”菜单

在 Windows 7 中，可以通过“开始”菜单完成几乎所有的操作。使用目的不同，用户所进行的操作也有所不同，为了使所有用户都能方便、灵活地使用 Windows 7，该系统提供了定制“开始”菜单的功能，即用户可以根据自己的需要修改“开始”菜单中的内容。具体操作步骤如下：

（1）在任务栏的空白处右击，在弹出的快捷菜单中选择“属性”命令，打开图 2-4 所示的“任务栏和「开始」菜单属性”对话框，选择“「开始」菜单”选项卡，如图 2-5 所示。

（2）在图 2-5 中，单击“自定义”按钮，打开图 2-6 所示的“自定义「开始」菜单”对话框，用户可以根据自己的需要对其中的项目进行编辑。

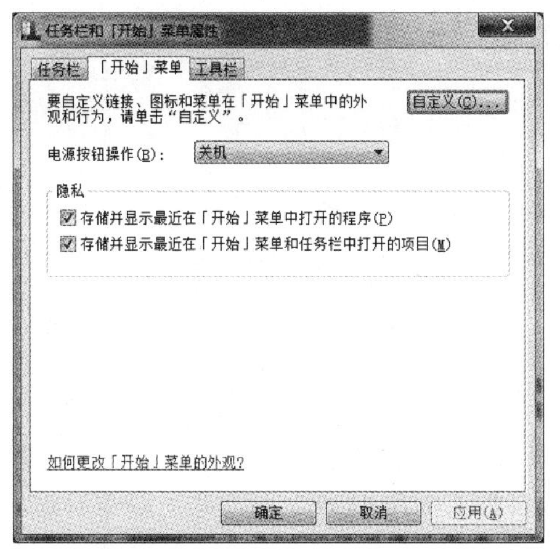

图 2-5 “任务栏和「开始」菜单属性”对话框的“「开始」菜单”选项卡

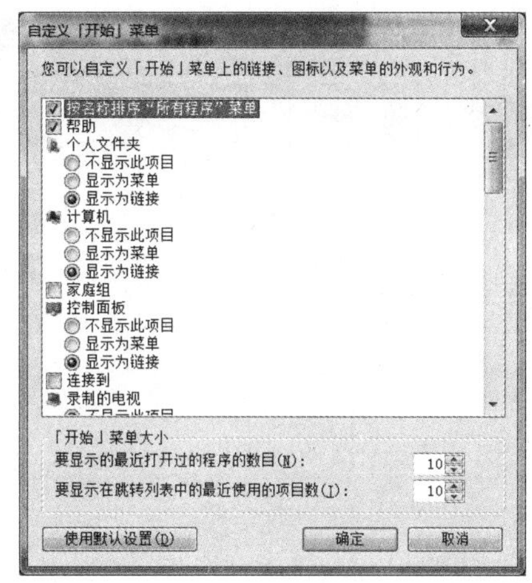

图 2-6 “自定义「开始」菜单”对话框

归纳总结

Windows 7 操作系统提供了丰富的系统菜单，让每个应用程序或文档都有自己的图标，用户无须记忆或输入命令，只要通过鼠标点击图标或选择相应功能菜单项就能完成各种计算机管理和应用。

任务二 管理计算机文件资源

任务描述与分析

文件与文件夹的管理是 Windows 的核心任务。Windows 资源管理器是完成这类管理的行之有效的重要工具。本任务将通过 Windows 资源管理器窗口菜单、工具按钮等元素，学习使用 Windows 资源管理器管理文件和文件夹。

实现方法

1. 认识 Windows 7 窗口

1）Windows 7 窗口的组成

Windows 7 中的大部分操作都是在窗口中进行的。窗口具有通用性，它们的操作方法大致相同。图 2-7 所示的是一个典型的 Windows 7 窗口。

（1）标题栏：显示应用程序或文件的名称。

（2）菜单栏：位于标题栏下面，列出了应用程序中可供使用的菜单命令。

（3）工具栏：位于菜单栏下面，其中的按钮可以执行常用的命令。在 Windows 系统中，程序的窗口功能虽然不同，但是一些工具图标的样式及其用途都是相同的。

(4) 工作区:工作区占据了窗口的大部分区域,它是用户完成工作的位置。

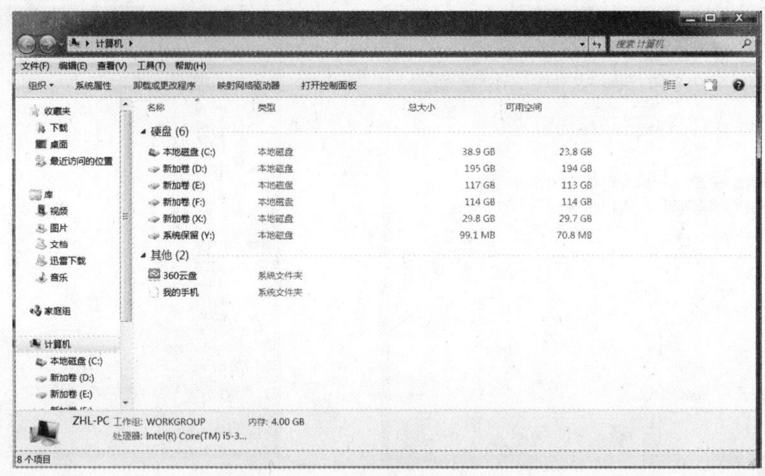

图 2-7 Windows 7 窗口

此外:窗口的底部一般都有状态栏,在窗口中操作时,状态栏将显示各种有用的信息;当工作区的信息不能完全显示出来时,窗口下面和右面还会出现水平和垂直滚动条,操作滚动条可以查看窗口未显示出来的内容;使用窗口右上角的三个按钮可以完成窗口最小化、最大化(还原)和关闭的操作。

2) Windows 7 窗口的操作方法

在 Windows 平台上,应用软件的窗口功能各异,但窗口的风格相近,窗口的基本操作方法也相同,只要学会其中几个窗口的操作方法,就可以举一反三地在其他窗口中使用。在 Windows 7 中可以用鼠标、键盘通过图标、菜单和工具栏按钮等对窗口进行操作。本书只介绍鼠标操作方法,其他操作可利用系统帮助自学。

(1) 调整窗口大小。

用鼠标拖动窗口的边框,即可改变窗口的大小。

(2) 移动窗口。

将鼠标指针移动到窗口的标题栏上,拖动窗口,屏幕上出现移动的窗口轮廓虚线,表示将要放置的位置,释放鼠标,窗口就被放在了新的位置。

(3) 窗口的最小化、最大化、还原和关闭。

① 窗口的最小化:单击窗口右上角的"最小化"按钮或执行窗口控制菜单中的"最小化"命令,窗口将缩小为任务栏上的按钮,但该窗口应用程序仍在运行。若单击任务栏中对应的程序按钮,这个应用程序窗口又会重新出现在屏幕上。

② 窗口的最大化:单击窗口右上角的"最大化"按钮或执行窗口控制菜单中的"最大化"命令,窗口将撑满整个屏幕。

③ 窗口的还原:对于最大化的窗口,单击右上角的"还原"按钮,则窗口恢复至原大小。

④ 窗口的关闭:单击窗口右上角的"关闭"按钮或执行窗口控制菜单中的"关闭"命令,即可关闭窗口。

(4) 窗口之间的切换。

当多个窗口同时打开时,单击要切换到的窗口中的某一点,或单击要切换到的窗口的标题栏,可以切换到该窗口;在任务栏上单击某窗口对应的按钮,也可切换到该按钮对应的窗口；利用 Alt＋Tab 和 Alt＋Esc 组合键也可以在不同窗口间切换。

（5）在桌面上排列窗口。

在任务栏空白处单击鼠标右键，在弹出的快捷菜单中单击“层叠窗口”“堆叠显示窗口”和“并排显示窗口”命令即可排列窗口。

2. 认识文件与文件夹

Windows 7 是一个面向对象的文件管理系统，文件是最小的数据组织单位，文件夹是 Windows 操作系统用来存放文件或其他文件夹的存储单位。

1）文件

文件是指存放在外存储器上的一组相关信息的集合，用户使用和创建的文档都可以称为文件。文件一般具有以下属性：

（1）文件中可以存放文本、程序、声音、图像、视频和数据等信息。

（2）文件名具有唯一性。同一个磁盘中的同一目录下绝不允许有重复的文件名。

（3）文件具有可转移性。文件可以从一个磁盘复制到另一个磁盘，或者从一台计算机复制到另一台计算机。

（4）文件在磁盘中要有固定的位置。用户要访问文件时，必须通过路径来获得文件的位置。路径一般由存放文件的驱动器名、文件夹名和文件名组成。

文件是由图标和文件名组成的。同一种类型的文件具有相同的图标。每个文件都有一个确定的文件名，由文件主名和扩展名组成。如某安装程序的文件名为“Setup.exe”，表示其文件主名为“Setup”，扩展名为“exe”。

在 Windows 7 中，文件主名和扩展名之间用字符“.”隔开。通常扩展名由 1 ～ 4 个合法字符组成，最多可由 255 个字符组成，用来说明文件所属的类型。常见的扩展名如表 2-1 所示。

表 2-1　常见的扩展名

扩展名	文件类型	扩展名	文件类型	扩展名	文件类型
exe	可执行程序	htm	超文本文件	bmp	位图文件
com	系统程序	pptx	PowerPoint 文档	accdb	Access 数据库
bat	批处理文件	hlp	帮助文件	dll	动态链接库
c	C 语言源程序	docx	Word 文档	dbf	Visual FoxPro 表
txt	文本文件	wav	声音文件	pdf	Adobe Acrobat 文档
rar	WinRAR 压缩文件	xlsx	Excel 文档	java	Java 语言源程序

通常情况下，文件主名应该见名知义，与文件的内容相关，扩展名用来区分文件的类型，借助扩展名通常可以判定打开该文件应使用的应用程序。例如，当双击扩展名为“txt”的文件时，操作系统将打开“记事本”应用程序。

2）文件夹

为了便于对文件进行存取和管理，系统引入了文件夹的概念。文件夹是存储程序、文档及其他文件夹的地方。多数情况下，一个文件夹对应一块磁盘空间。当打开一个文件夹时，它以窗口的形式呈现在屏幕上，关闭它时，则收缩为一个图标。用户在保存文件时可以选择文件夹，还可以方便地实现文件的移动、复制和删除。每一个文件夹中还可以再创建文件夹，称为子文件夹，这样可以更加方便、细致地分类保存。

文件夹可以帮助用户将计算机文件组织成特定的目录，其形状就像一棵倒挂的树，称为树形目录。对文件夹中的文件进行操作时，系统需要知道文件的位置，对文件位置的描述称为路径。文件的路径是从根目录出发，一直到所要找的文件的一条目录途径，途经的各个子文件夹之间用反斜线符号“\”连接。对于每一个文件，其完整的文件说明由四部分组成：盘符、路径、文件主名和扩展名。前两项表示文件存储的位置。驱动器由盘符和冒号构成，如“C:”和“D:”分别表示 C 盘和 D 盘。

文件说明的形式为：

[d:][path]filename[.ext]

“d:”表示驱动器，“path”表示路径，“filename”表示文件主名，“ext”表示扩展名，“[ ]”表示该项目在命令中可以省略。例如，“D:_user\C1\abc.txt”表示“abc.txt”文件的位置在 D 盘的“_user”文件夹下的“C1”文件夹中。

3. 熟悉文件与文件夹的基本操作

利用 Windows 资源管理器和“计算机”窗口均可以对文件和文件夹进行操作，包括对文件或文件夹的选择、复制、移动、删除、重命名和搜索以及设置属性和快捷方式等基本操作。打开 Windows 资源管理器窗口可采用以下两种方法：

（1）单击“开始”按钮，选择“所有程序”菜单中的“附件”命令，在出现的级联菜单中选择“Windows 资源管理器”命令。

（2）右键单击“开始”按钮，在出现的快捷菜单中选择“打开 Windows 资源管理器”。

1）文件夹的新建

启动 Windows 资源管理器后，首先要定位需要新建文件夹的位置，打开新建文件夹的上一级文件夹，如果要在 D 盘根目录下新建一个文件夹，则单击该磁盘驱动器将其打开，然后选择图 2-8 所示的“文件 / 新建”级联菜单中的“文件夹”命令，或者在内容窗格的空白处右击，在弹出的快捷菜单中选择“新建”级联菜单中的“文件夹”命令，建立一个临时名称为“新建文件夹”的新文件夹，输入新文件夹的名称，如“_user”，单击空白处或者按 Enter 键确认。这样就在 D 盘的根目录下新建了一个名为“_user”的子文件夹。

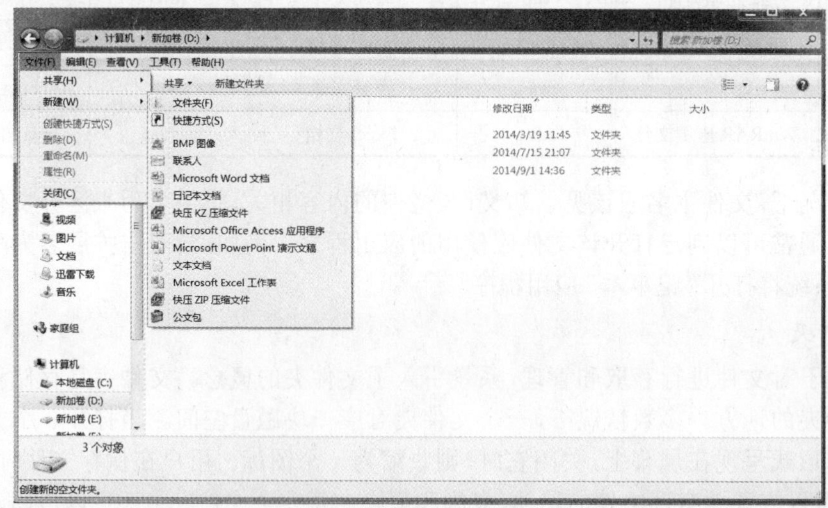

图 2-8 文件夹的新建

2）文件或文件夹的选择

在对文件或文件夹进行重命名、复制、移动和删除等操作时，选择的操作对象可以是一个，也可以是多个。

（1）选择单个文件或文件夹：单击要选择的文件或文件夹，此时该文件或文件夹呈反白显示，表示该文件或文件夹被选择。

（2）选取连续的多个文件或文件夹：如果所要选取的文件或文件夹的排列位置是连续的，可单击第一个文件或文件夹，然后按住 Shift 键的同时单击最后一个文件或文件夹，即可一次性选取多个连续的文件或文件夹。也可以用鼠标拖放来选定连续的多个文件或文件夹，即在要选定的第一个文件或文件夹的左上角按下鼠标，然后拖动鼠标至最后一个文件或文件夹的右下角后释放鼠标。

（3）选取不连续的多个文件或文件夹：如果要选择多个不连续的文件或文件夹，可按住 Ctrl 键，依次单击要选定的文件或文件夹，如图 2-9 所示。

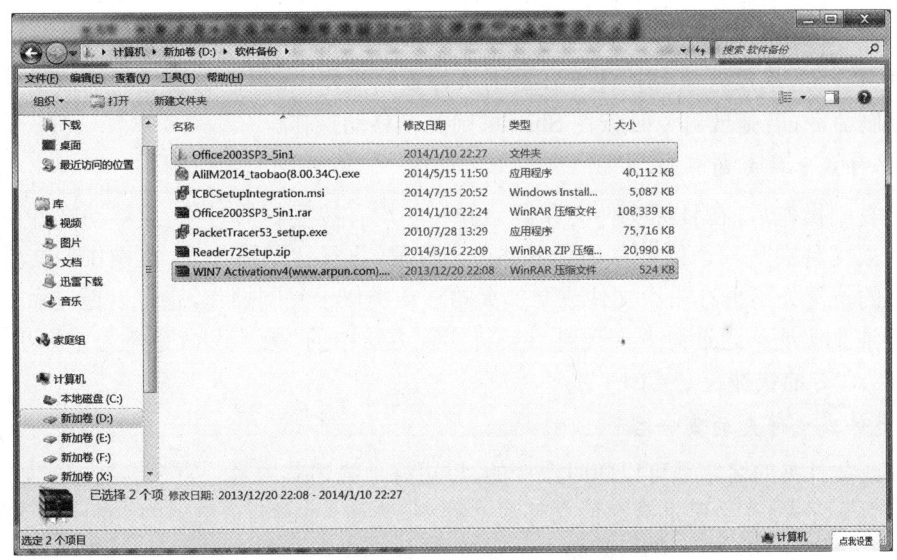

图 2-9 选取不连续的多个文件或文件夹

（4）全部选定和反向选择：Windows 资源管理器的“编辑”菜单中提供了“全选”和“反向选择”两个用于选取文件或文件夹的命令。前者用于选取当前文件夹中的所有文件和文件夹，相当于键盘上的快捷键 Ctrl＋A；后者用于选取那些在当前文件夹中没有被选中的对象。

（5）取消选择：如果只取消部分已选择的文件或文件夹，可以在按住 Ctrl 键的同时，依次单击要取消的文件或文件夹；如果要取消所有被选择的文件或文件夹，可以在内容窗格中的任意空白处单击。

3）文件或文件夹的复制

复制文件或文件夹是用户常用的操作，复制文件或文件夹有多种方法，可以通过菜单或工具栏的命令进行复制，也可以通过鼠标拖放来复制。

（1）利用命令实现复制的步骤如下：

① 打开 Windows 资源管理器，选择要复制的文件或文件夹。

② 选择“编辑”菜单中的“复制”命令；也可以选中文件或文件夹后，在右键快捷菜单中选择“复制”命令或者按快捷键 Ctrl＋C。

③ 打开目标文件夹。

④ 选择"编辑"菜单中的"粘贴"命令;也可以在文件夹中的任意空白处,选择右键快捷菜单中的"粘贴"命令或者按快捷键 Ctrl+V,完成复制操作。

用户选定要复制的文件或文件夹后,也可利用"编辑"菜单中的"复制到文件夹"命令,在"复制项目"对话框中完成复制操作。

(2) 利用鼠标拖放实现复制的步骤如下:

① 打开 Windows 资源管理器,选择要复制的文件或文件夹。

② 按住鼠标左键拖动选中的文件或文件夹,指向要复制到的目标文件夹,释放鼠标完成复制操作。

用户选定要复制的文件或文件夹后,也可以按住鼠标右键拖动,指向要复制到的目标文件夹时,释放鼠标,在弹出的快捷菜单中选择"复制到当前位置"命令。

在鼠标的拖动过程中,鼠标指针的右下角会显示一个加号,这就表示当前执行的是复制操作,如果没有这个加号就表示执行的是移动操作。至于鼠标拖放操作到底是执行复制操作还是移动操作,取决于源文件夹和目标文件夹的位置关系:在同一磁盘上拖放文件或文件夹执行移动命令,若拖放对象时按住 Ctrl 键则执行复制操作;在不同磁盘之间拖放文件或文件夹执行复制命令,若拖放对象时按住 Shift 键则执行移动操作。

4) 文件或文件夹的移动

执行复制操作后,在目标文件夹和源文件夹中均有被复制的对象,而移动文件或文件夹是将文件或文件夹从一个位置移动到另外一个位置,执行移动操作后,被操作的文件或文件夹在原来的位置处不再存在。文件或文件夹的移动类似于复制操作,也可以通过命令和鼠标拖动的方法来实现。通过命令实现时只要将实现方法中的"复制"命令换为"剪切"命令即可,"剪切"命令的快捷键是 Ctrl+X。

5) 文件或文件夹的重命名

文件或文件夹的名字是可以随时改变的,以更好地描述其内容。重命名的方式如下:

(1) 菜单方式:选中要重命名的文件或文件夹,选择"文件"菜单中的"重命名"命令。

(2) 右键方式:右击要重命名的文件或文件夹,在弹出的快捷菜单中选择"重命名"命令。

(3) 两次单击方式:选中要重命名的文件或文件夹,再在文件或文件夹的名字位置处单击,此时,文件或文件夹的名字呈反白显示,输入新的名字后,按 Enter 键或单击空白处确认。

注意:重命名文件时不要轻易修改文件的扩展名,以便能使用正确的应用程序打开文件。

6) 文件或文件夹的删除

在生活中,人们可以将不用的文稿和文件扔到废纸篓中,而当再次需要时,又可以从废纸篓中将其捡回来。在 Windows 中,回收站就类似于日常生活中的废纸篓。用户可以将不用的文件删除,即扔到回收站中。当用户误删除了文件时,可以将删除的文件从回收站中还原。如果用户要查看"回收站"窗口,双击桌面上的"回收站"图标,即可打开回收站,其窗口与 Windows 资源管理器窗口基本相同。

(1) 删除文件或文件夹。

如果要删除文件或文件夹,可执行如下操作之一:

① 右击要删除的文件或文件夹,在弹出的快捷菜单中选择"删除"命令。

② 选定要删除的文件或文件夹后,选择"文件"菜单中的"删除"命令。

③ 选定要删除的文件或文件夹后，按 Delete 键。

④ 直接把要删除的文件或文件夹拖放到回收站中。

以上操作均会打开“删除文件”或“删除文件夹”对话框，单击“是”按钮，即可删除选定的文件或文件夹。

将文件或文件夹删除到回收站后，文件或文件夹并未从硬盘上清除，只是由原文件夹的位置移动到回收站文件夹中。如果误删除了文件，可以将该文件从回收站中找回来。如果确实要删除文件，可以再将文件从回收站中删除，此时文件将从硬盘上被彻底删除。

（2）还原文件或文件夹。

如果要恢复被删除的文件或文件夹，首先打开“回收站”窗口，选定要恢复的文件或文件夹，选择“文件”菜单中的“还原”命令，或者右击选中的文件或文件夹，在弹出的快捷菜单中选择“还原”命令，即可从回收站中将文件或文件夹恢复到原来的位置。

（3）清空回收站。

如果确认回收站中的文件或文件夹已无用，就可以将其从回收站中删除，以收回硬盘空间。在“回收站”窗口中，选中要删除的文件或文件夹，选择“文件”菜单中的“删除”命令。利用“文件”菜单中的“清空回收站”命令，或在桌面的“回收站”图标上右击，在弹出的快捷菜单中选择“清空回收站”命令，将删除回收站中所有的文件或文件夹。

注意：从 U 盘或移动硬盘中删除的文件或文件夹不会被送到回收站，它们将被永久删除。如果用户在执行删除操作的同时按 Shift 键，将跳过回收站直接永久删除文件，此时将弹出对话框，询问是否确定要永久删除，单击“是”按钮，就会将文件从硬盘上彻底删除。

无论是移动、删除还是重命名操作，都只能在文件或文件夹没有被别的应用程序使用的时候进行。如果文件或文件夹正在被别的应用程序使用，例如，Word 正在使用的文档文件，就不能进行移动、删除或重命名操作。

7）文件或文件夹的搜索

Windows 7 有很强的搜索功能，通过 Windows 资源管理器中的“搜索”功能，可以实现快捷、高效地查找文件或文件夹。

在 Windows 资源管理器窗口的右上方有搜索栏，借助搜索栏可快速搜索到指定的文件信息，如图 2-10 所示。Windows 7 系统的搜索是动态的，当用户在搜索栏中输入第一个字符的时刻，搜索工作就开始了。

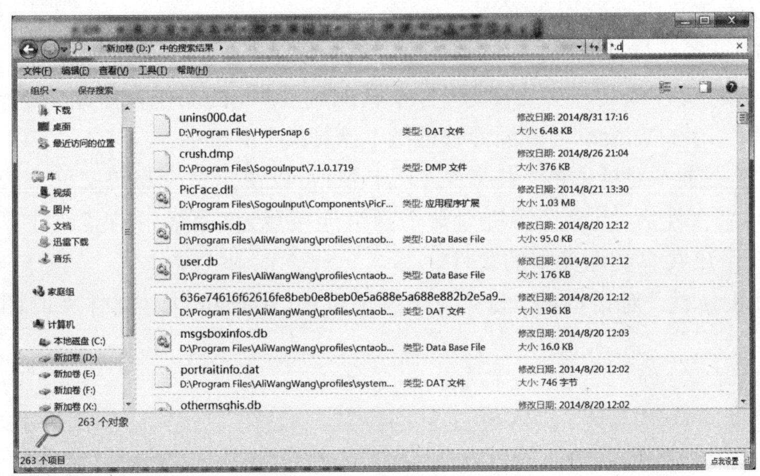

图 2-10 搜索文件或文件夹

在搜索栏中如果不输入文件名,则默认是对所有指定类型的文件进行搜索。文件名中可以使用通配符“?”和“*”。通配符“?”用于代替文件名中的任一字符,而通配符“*”则用于代替文件名中任意长度的字符串。

例如:要找出扩展名为“txt”的所有文件,则用“*.txt”来表示文件名,这样就会快速找到该类型的所有文件;“w??.docx”表示以字母“w”开头,后跟两个字符的DOCX类型的文件;而“*.*”则表示所有文件。如果要搜索多个文件名,那么在输入时可以使用分号、逗号或空格作为分隔符。

Windows 7的搜索栏为用户提供了大量的搜索筛选器,可以利用类型、大小、修改时间等属性信息进行辅助搜索,找到相关的文件或文件夹。

8)设置文件或文件夹的属性

无论是文件夹还是文件都有属性,这些属性包括文件或文件夹的类型、位置、大小、占用空间、创建时间、只读、隐藏等。

在要设置属性的文件或文件夹上右击,在弹出的快捷菜单中选择“属性”命令,将打开“属性”对话框,如图2-11和图2-12所示。在对话框的“常规”选项卡中,可以了解到文件或文件夹的多方面的信息,包括类型、位置、大小、创建时间、可设置的属性等。

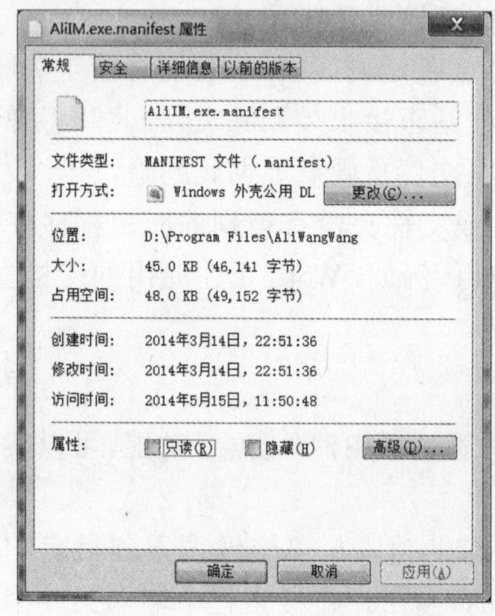

图2-11 “文件属性”对话框

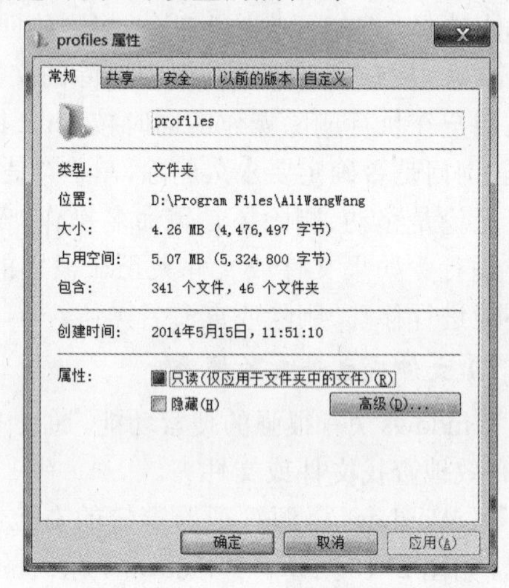

图2-12 “文件夹属性”对话框

文件或文件夹可以设置以下属性:

(1)只读:设置此属性后,文件只能读取,不能修改和存储。

(2)隐藏:将文件或文件夹隐藏起来,设置此属性后,在操作系统默认的设置中,该文件或文件夹将不显示在Windows资源管理器或“计算机”窗口中。

在“文件夹属性”对话框的“共享”选项卡中,可以决定是否将该文件夹设置为共享。文件夹设置了共享属性后,当该计算机与某个网络连接后,该网络中的其他计算机可以通过网络来查看或使用该共享文件夹中的文件。

在“文件夹属性”对话框的“自定义”选项卡中,用户可以对文件夹的图标等信息进行设置。

归纳总结

通过 Windows 7 的资源管理器可以查看计算机中的所有资源，特别是它提供的树形文件系统结构，使用户能更清晰、直观地管理计算机中的文件和文件夹。

任务三 设置计算机硬件资源

任务描述与分析

控制面板提供了丰富的专门用于更改 Windows 的外观和行为方式的工具。本任务主要是根据自己的需要，设置计算机的鼠标、键盘、输入法、日期和时间的显示格式以及进行程序的安装和卸载。

实现方法

1. 启动控制面板

要打开控制面板，可以单击“开始”按钮，然后选择“控制面板”选项。控制面板有两种视图：类别视图和经典视图。

在类别视图下，控制面板有 8 个大项目，如图 2-13 所示。

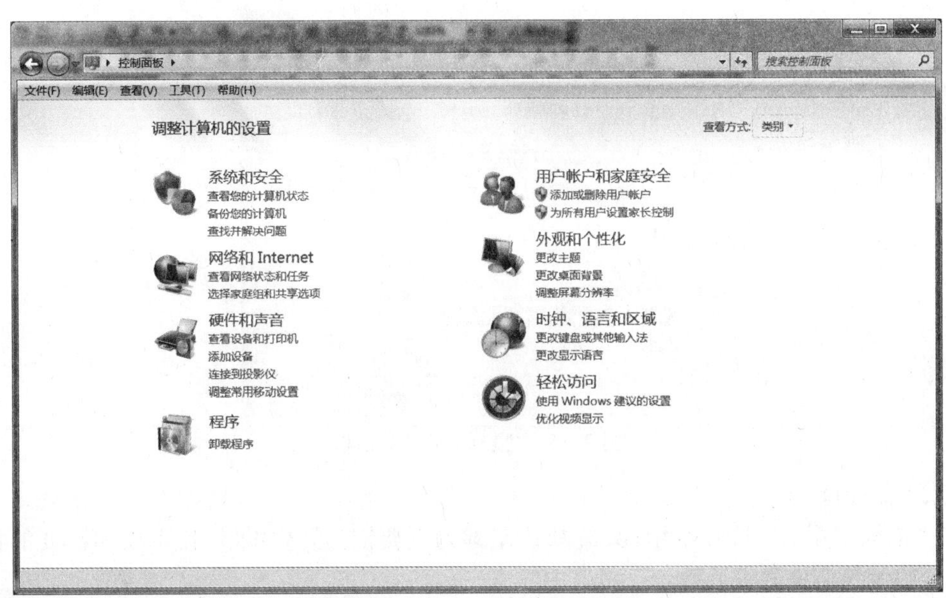

图 2-13 控制面板的类别视图

单击“控制面板”窗口中“查看方式”的下拉按钮，选择“大图标”或“小图标”，可切换至控制面板的经典视图，如图 2-14 所示。在经典视图下集成了若干个小项目的设置工具，几乎涵盖了 Windows 系统的所有方面。

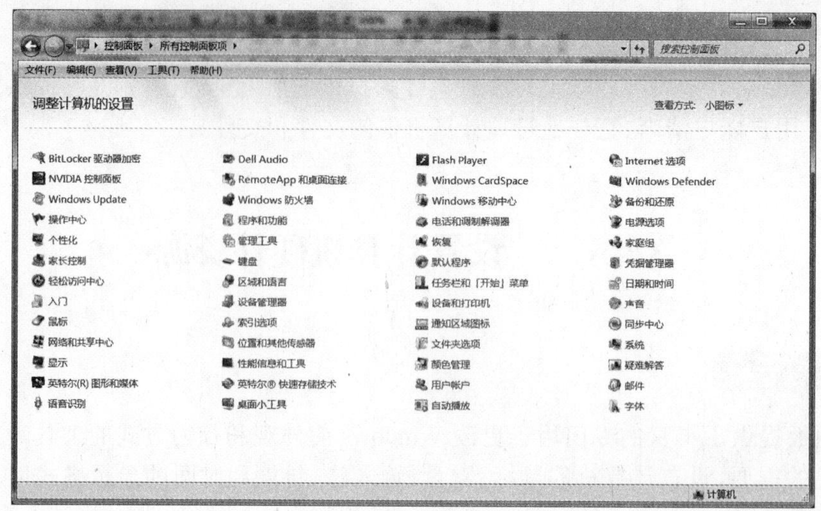

图 2-14　控制面板的经典视图

2. 设置鼠标

在使用计算机的过程中，几乎所有的操作都要用到鼠标，在安装 Windows 7 时系统已自动对鼠标进行过设置，但这种默认的设置可能并不符合用户个人的使用习惯，用户可以按个人的喜好对鼠标进行一些调整。

在控制面板的经典视图中，双击“鼠标”图标，打开“鼠标属性”对话框，如图 2-15 所示，在以下选项卡中进行相关设置：

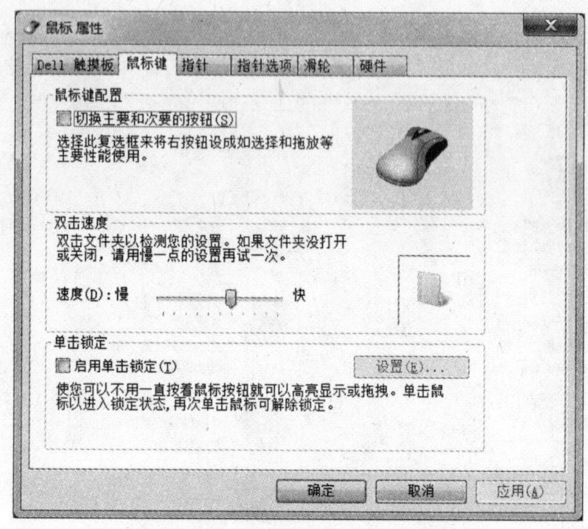

图 2-15　“鼠标属性”对话框

(1)“鼠标键”选项卡。

在“鼠标键配置”选项组中，系统默认左键为主要键，若选中“切换主要和次要的按钮”复选框，则设置右键为主要键。

在“双击速度”选项组中，拖动滑块可调整鼠标的双击速度，双击旁边的文件夹可检验设置的速度。

在“单击锁定”选项组中，若选中“启用单击锁定”复选框，则在移动项目时不用一直按着鼠标键就可实现。单击“设置”按钮，在弹出的“单击锁定的设置”对话框中可调整实现单击锁定需要的按鼠标键或轨迹球按钮的时间。

(2)“指针”选项卡。

“方案”下拉列表框中提供了多种鼠标指针的显示方案，用户可以选择一种喜欢的鼠标指针方案。

在“自定义”列表框中显示了所选方案中鼠标指针在各种状态下显示的样式，若用户对某种样式不满意，可通过“浏览”按钮，选择一种喜欢的鼠标指针样式，应用到所选鼠标指针方案中。

如果希望鼠标指针带阴影，可选中“启用指针阴影”复选框。

(3)“指针选项”选项卡。

在“移动”选项组中，可通过拖动滑块调整鼠标指针的移动速度。

在“对齐”选项组中，选中“自动将指针移动到对话框中的默认按钮”复选框，则在打开对话框时，鼠标指针会自动放在默认按钮上。

在“可见性”选项组中：若选中“显示指针轨迹”复选框，则在移动鼠标指针时会显示指针的移动轨迹，拖动滑块可调整轨迹的长短；若选中“在打字时隐藏指针”复选框，则在输入文字时将隐藏鼠标指针；若选中“当按 CTRL 键时显示指针的位置”复选框，则按 Ctrl 键时会以同心圆的方式显示指针的位置。

3. 调整键盘

调整键盘的操作分以下几个步骤：

(1) 在控制面板的经典视图中，双击“键盘”图标，打开“键盘属性”对话框。

(2) 打开“键盘属性”对话框的“速度”选项卡，如图 2-16 所示。

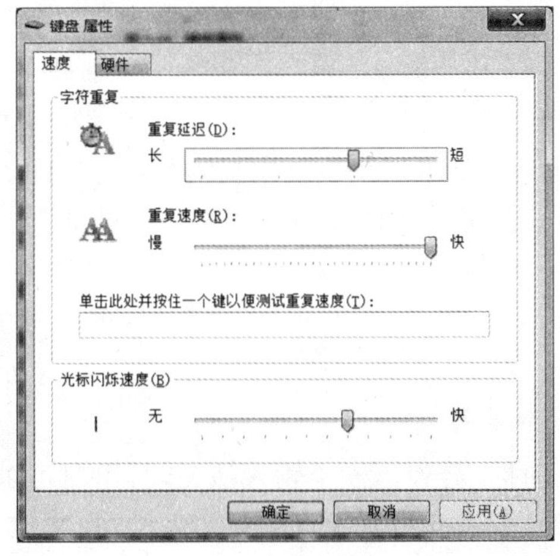

图 2-16 “键盘属性”对话框的“速度”选项卡

在“字符重复”选项组中：拖动“重复延迟”滑块，可调整在键盘上按住一个字符键需要多长时间才开始重复输入该字符；拖动“重复速度”滑块，可调整输入重复字符的速度。

在“光标闪烁速度”选项组中，拖动滑块，可调整光标的闪烁速度。

(3) 单击“确定”按钮。

4. 使用中文输入法

在 Windows 7 工作环境中，同样可以利用各种汉字编码系统完成汉字的输入，但前提是系统中已经安装了相应的输入法。

1)中文输入法的安装

Windows 7 中的输入法分为两大类,即内置输入法和外挂输入法。内置输入法是 Windows 7 安装时提供的输入法,如智能 ABC、全拼、双拼和微软拼音输入法等。外挂输入法不是系统直接提供给用户的,如搜狗输入法,用户必须拥有该输入法的安装文件,然后执行安装文件才能安装相应的输入法。

对已经安装的输入法可以通过“添加”或“删除”操作使其可用或不可用。

添加一种输入法的操作分以下几个步骤:

(1)右击任务栏的输入法图标,在弹出的快捷菜单中选择“设置”命令,打开“文本服务和输入语言”对话框,如图 2-17 所示。

(2)单击“添加”按钮,打开“添加输入语言”对话框,如图 2-18 所示。

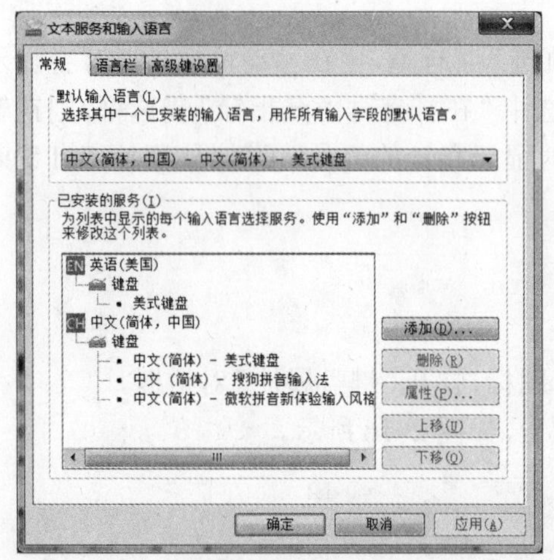

图 2-17 “文本服务和输入语言”对话框

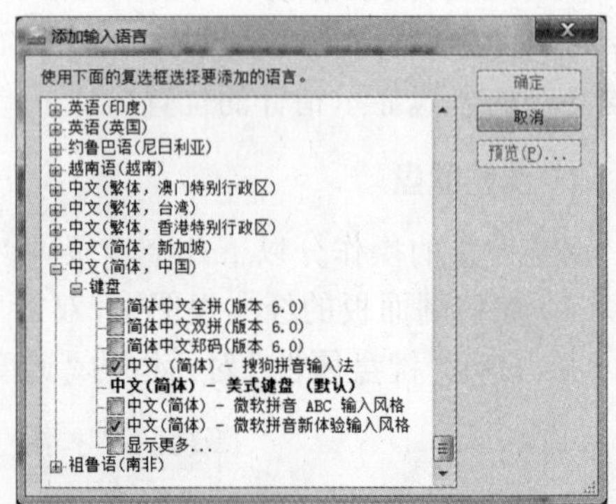

图 2-18 “添加输入语言”对话框

(3)在“添加输入语言”对话框的列表框中找到“中文(简体,中国)”选项,选择要添加的输入法,然后单击“确定”按钮,返回“文本服务和输入语言”对话框。

(4)单击“确定”按钮,即可在 Windows 7 中添加相应的输入法。

在图 2-17 所示的“文本服务和输入语言”对话框中,单击“删除”按钮,可将用户不使用的输入法删除。

2)中文输入法的选择和启动

单击任务栏的输入法图标,会弹出一个输入法列表,用户可以从中选择所需要的汉字输入法。反复按键盘上的 Ctrl+Shift 组合键可切换输入法,反复按 Ctrl+Space 组合键可启动和关闭中文输入法。

5. 设置系统日期和时间

在任务栏的右端显示由系统提供的时间和日期,将鼠标指向时间,稍微停顿即会显示系统日期。若用户需要更改日期和时间,可执行以下步骤:

(1)双击时间,或者在控制面板的经典视图中双击“日期和时间”图标,打开“日期和时间”对话框。

(2)单击“日期和时间”对话框“日期和时间”选项卡中的“更改日期和时间”按钮,如图 2-19 所示,设置日期和时间。

在“日期和时间”对话框的“附加时钟”选项卡中可以设置显示其他时区的时钟。在“日期和时间”对话框的“Internet 时间”选项卡中可以设置计算机与 Internet 时间服务器同步。

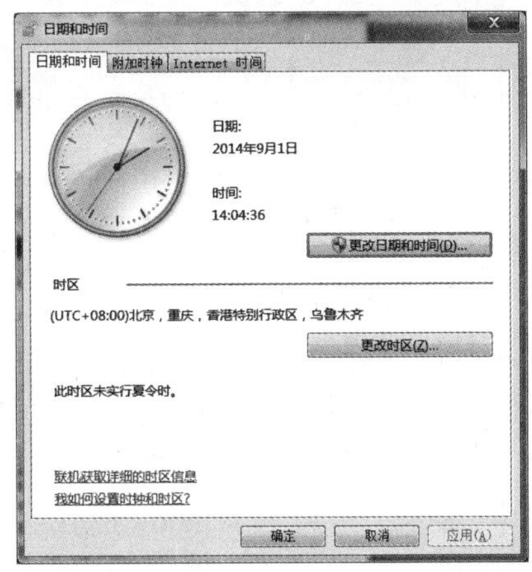

图 2-19 “日期和时间”对话框的“日期和时间”选项卡

6. 安装和卸载 Windows 程序

在控制面板的经典视图中，双击“程序和功能”图标，打开图 2-20 所示的“卸载或更改程序”窗口，可卸载或更改程序、打开或关闭 Windows 功能等。

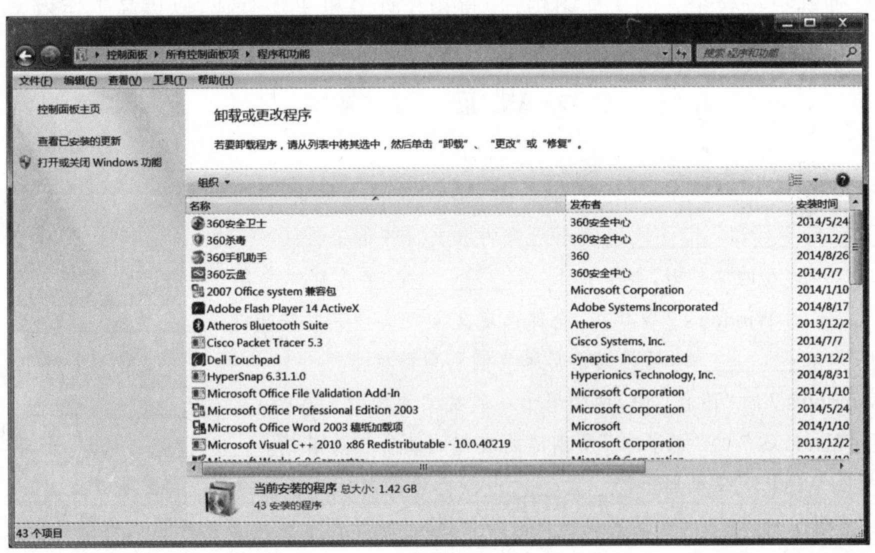

图 2-20 “卸载或更改程序”窗口

1）卸载或更改程序

在“卸载或更改程序”窗口中，选中要卸载或更改的程序，单击“文件”菜单中的“卸载 / 更改”选项，即可卸载或重装这个程序。

2）打开或关闭 Windows 功能

在“卸载或更改程序”窗口的左上方单击“打开或关闭 Windows 功能”，打开“Windows 功能”窗口，如图 2-21 所示。

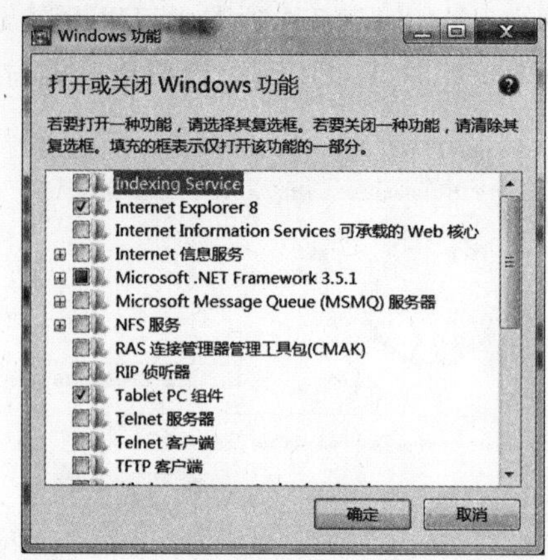

图 2-21 “Windows 功能”窗口

在“Windows 功能”窗口中，显示了可用的 Windows 功能，当鼠标移到某一个功能上时，会显示该功能的具体描述。勾选某项功能，单击“确定”按钮即可进行添加；如果取消组件的复选框，单击“确定”按钮，会关闭此组件的功能。

归纳总结

控制面板是配置计算机软硬件环境的工具。用户可以使用控制面板的有关工具进行个性化设置，使其更符合个人的工作习惯，使得操作计算机更加有趣，以提高工作效率。

课后习题

一、填空题

1. ________和________是管理文件和文件夹的工具。
2. 选定不连续的文件时，要先按下________键，再分别单击各个文件。
3. 在打开的 Windows 7 窗口中，全部选定文件或文件夹的快捷键是________。
4. 按下________键，可将当前屏幕复制到剪贴板上。
5. Windows 7 的“附件”中，两个用于一般文字处理的工具是________和________。
6. 用 Windows 7 的“记事本”所创建的文件的缺省扩展名是________。
7. 利用 Windows 7 桌面上的________图标可以浏览计算机的软硬件配置情况。
8. 组合键________可以完成窗口间的切换，相当于用鼠标单击任务栏上的图标按钮。
9. 文件路径可以采用两种方式来指定：一是采用________路径，二是采用________路径。
10. ________文件夹中包含了计算机的几乎所有硬件和软件设置的图标，打开某个图标就可以设置与图标相连的对象和属性。

二、单项选择题

1. 若微机系统需要热启动，应同时按下组合键____。

   A. Ctrl+Alt+Break　　B. Ctrl+Esc+Delete

   C. Ctrl+Alt+Delete　　D. Ctrl+Shift+Break

2. 启动 Windows 7 系统时，要想直接进入最小系统配置的安全模式，按____。

A. F7键　　B. F8键　　C. F9键　　D. F10键

3. 在“记事本”或“写字板”窗口中,对当前编辑的文档进行存储,可以使用____快捷键。

A. Alt+F　　B. Alt+S

C. Ctrl+S　　D. Ctrl+F

4. Windows 7的目录结构采用的是____。

A. 树形结构　　B. 线形结构

C. 层次结构　　D. 网状结构

5. 在Windows 7中,如果想改变窗口的大小,可以通过拖放____来实现。

A. 标题栏　　B. 窗口角

C. 滚动条　　D. 菜单栏

6. 在Windows 7中,为了查找文件名以字母“A”打头的所有文件,应当在Windows资源管理器窗口的搜索框内输入____。

A. A　　B. A*　　C. A?　　D. A#

7. 在Windows 7中,为了查找文件名以字母“A”打头、后跟一个字母的所有文件,应当在Windows资源管理器窗口的搜索框内输入____。

A. A　　B. A*　　C. A?　　D. A#

8. 控制面板的主要作用是____。

A. 调整窗口　　B. 设置系统配置

C. 管理应用程序　　D. 设置高级语言

9. 下列带有通配符的文件名,能表示文件“abc.txt”的是____。

A. *bc.?　　B. a?.*　　C. ?bc.*　　D. ?.?

10. 要在屏幕上隐藏任务栏,应在“任务栏和「开始」菜单属性”对话框的“任务栏”选项卡中选择____。

A. 不被覆盖　　B. 总在前面

C. 自动隐藏任务栏　　D. 显示时钟

11. 搜索文件时,要搜索的文件名中可以使用____。

A. 通配符“?”　　B. 通配符“*”

C. 两者都可以　　D. 两者都不可以

12. 在Windows 7中,当屏幕上有多个窗口时,那么活动窗口____。

A. 可以有多个

B. 只能是固定的窗口

C. 是没有被其他窗口盖住的窗口

D. 是一个标题栏颜色与众不同的窗口

13. Windows资源管理器中,反向选择若干文件的方法是____。

A. Ctrl+单击选定需要的文件

B. Shift+单击选定需要的文件,再单击“编辑”菜单中的“反向选择”

C. 用鼠标直接单击选择

D. Ctrl+单击选定不需要的文件,再单击“编辑”菜单中的“反向选择”

14. 对Windows 7应用程序窗口快速重新排列的方法是____。

A. 通过标题栏按钮实现

B. 通过任务栏快捷菜单实现

C. 用鼠标调整和拖动窗口实现

D. 通过“开始”菜单中的“设置”命令实现

15. 配合使用下面的____键可以选择多个连续的文件。

A. Alt　　B. Tab　　C. Shift　　D. Esc

16. 使用下列____快捷键可以实现复制文件和粘贴文件。

A. Shift+C, Shift+V　　B. Shift+V, Shift+C

C. Ctrl+V, Ctrl+X　　D. Ctrl+C, Ctrl+V

17. 关于文件名,下列表述错误的是____。

A. 文件名不能含有以下字符:\、/、:、*、?、“、<、>、|

B. 同一个文件夹中不能有名字相同的文件

C. 修改文件名的快捷键是 F2 键

D. 文件的名字不可以是汉字

18. 在 Windows 7 中,添加/删除输入法、设置默认输入法、设置输入法热键等操作都是在____中进行的。

A. “添加或删除程序”对话框

B. 语言栏

C. “文本服务和输入语言”对话框

D. “更改文字服务”对话框

19. 在 Windows 资源管理器窗口中,单击文件夹树中的文件夹图标,则____。

A. 在左窗格中扩展该文件夹

B. 在右窗格中显示该文件夹中的子文件夹和文件

C. 在左窗格中显示子文件夹

D. 在右窗格中显示该文件夹中的文件

20. 要在计算机中播放多媒体文件,用户必须在计算机中安装____硬件设备。

A. 网卡　　B. 声卡

C. 麦克风　　D. 以上都是

21. 从控制面板中打开“键盘属性”对话框后,通过该对话框不能进行的设置是____。

A. 重复延迟　　B. 光标闪烁速度

C. 重复速度　　D. 指针的移动速度

22. 下列选项中不能通过“显示属性”对话框进行设置的是____。

A. 调整分辨率　　B. 调整亮度

C. 校准颜色　　D. 设置桌面图标

23. 从控制面板中打开“文件夹选项”对话框后,通过该对话框不能进行的设置是____。

A. 指定浏览文件夹的方式

B. 指定文件的属性

C. 设置是否显示/隐藏文件

D. 指定项目的打开方式是鼠标单击还是双击

24. 在 Windows 资源管理器窗口中,“文件”菜单中的“关闭”选项是用来____的。

A. 关闭所选文件　　B. 关闭左窗格

C．关闭右窗格　　D．关闭Windows资源管理器

25．Windows 7系统中，在搜狗输入法的工具栏上，若使用软键盘，则应该用鼠标左键单击____。

A．中英文标点切换按钮　　B．各种输入法切换按钮

C．软键盘按钮　　D．中英文输入法切换按钮

26．下列关于硬件驱动程序的说法正确的是____。

A．Windows 7可以识别所有的硬件设备，因此不需安装驱动程序

B．硬件设备只有正确安装了驱动程序后才能正常使用

C．硬件设备不需要驱动程序也可正常使用

D．Windows 7中所有硬件设备都必须由用户安装驱动程序

27．在Windows资源管理器中，创建文件和文件夹的快捷方式，可以使用____菜单。

A．查看　　B．编辑　　C．帮助　　D．文件

28．在Windows 7中，回收站是____中的一块区域。

A．内存　　B．硬盘　　C．软盘　　D．高速缓存

29．Windows 7的“计算机”默认窗口中，有____的图标和各驱动器的图标。

A．计划任务　　B．共享文档

C．我的文档　　D．打印机

30．鼠标的指针形状在屏幕上变成沙漏状，表明____。

A．Windows正在执行某处理任务，请用户稍等

B．Windows执行的程序出错，终止其执行

C．等待用户键入Y或N，以便继续工作

D．提示用户注意某个事项，并不影响计算机继续工作

31．在Windows 7环境中，当窗口非最大化时，用鼠标拖动标题栏，可以____。

A．变动该窗口上边缘，从而改变窗口大小

B．移动该窗口

C．放大该窗口

D．缩小该窗口

32．在Windows 7中，当程序因某种原因陷入死循环或程序无响应时，结束该程序较好的方法是____。

A．按Ctrl+Alt+Delete键，然后选择“结束任务”结束该程序的运行

B．按Ctrl+Delete键，然后选择“结束任务”结束该程序的运行

C．按Alt+Delete键，然后选择“结束任务”结束该程序的运行

D．直接重启计算机结束该程序

33．Windows 7的剪贴板是____中的一块区域。

A．内存　　B．硬盘　　C．软盘　　D．高速缓存

34．输入法中“全角”和“半角”方式的主要区别在于____。

A．“全角”下的英文字母与汉字输出时同样大小，“半角”下则为汉字的一半大

B．“全角”下不能输入英文字母，“半角”下不能输入汉字

C．“全角”下只能输入汉字，“半角”下只能输入英文字母

D．“半角”下输入的汉字为“全角”下输入汉字的一半大

35．在Windows资源管理器窗口中，文件夹树中的某个文件夹左边的“+”表示____。

A. 该文件夹含有隐藏文件　B. 该文件夹为空
C. 该文件夹含有子文件夹　D. 该文件夹含有系统文件

36. 在 Windows 7 中,当一个应用程序窗口被最小化后,该应用程序____。
A. 终止运行　B. 暂停运行
C. 继续在后台运行　D. 继续在前台运行

37. 创建 Windows 7 中的文件名或文件夹名,最多可输入____个字符。
A. 32　B. 8　C. 255　D. 不限

38. 要关闭正在运行的程序窗口,可以按____键。
A. Alt+Ctrl　B. Alt+F3
C. Ctrl+F4　D. Alt+F4

39. 在 Windows 7 的许多应用程序的"文件"菜单中,下列关于保存文件的说法正确的是____。
A. "保存"命令只能用原文件名存盘,"另存为"命令不能用原文件名存盘
B. "保存"命令不能用原文件名存盘,"另存为"命令只能用原文件名存盘
C. "保存"命令只能用原文件名存盘,"另存为"命令也能用原文件名存盘
D. "保存"和"另存为"命令都能用任意文件名存盘

40. Windows 7 中快捷方式和文件本身的关系是:快捷方式____。
A. 和文件本身没有明显的关系
B. 是文件的备份
C. 就是文件本身
D. 是在文件原位置和新位置之间建立的一个链接关系

三、多项选择题

1. 在 Windows 7 中,几个任务间切换可用键盘命令________。
A. Alt+Tab　B. Shift+Tab　C. Ctrl+Tab
D. Alt+Esc　E. Ctrl+Alt

2. 下列有关剪贴板的说法中,正确的有________。
A. 它是内存中的一个缓冲区
B. 它可以存储文本、图像和声音
C. 它是一个在 Windows 程序或文件之间传递信息的临时存储区
D. 在应用程序中可用 Paste(粘贴)命令将信息复制到剪贴板
E. 它是硬盘中的一个区域

3. 在 Windows 7 中,可以直接运行的文件有________。
A. EXE 文件　B. SYS 文件　C. BAT 文件
D. DLL 文件　E. LNK 文件

4. 下列关于鼠标指针形状的表述正确的是________。
A. 沙漏形状的指针表示系统工作忙
B. 箭头形状的指针表示对圆形等对象的精确定位
C. "I"形的指针表示对文字对象的输入定位
D. "X"形的指针表示该区域禁止操作
E. 手形的指针表示可跳转的网页链接

5. Windows 资源管理器中的右窗格一般是用来显示________的窗格。

A．驱动器　　B．文件　　C．文件夹
D．文件内容　　E．文本

6．在 Windows 7 控制面板中有________对象，双击对象可以简单、直观地改变系统的设置。
A．附件　　B．区域和语言　　C．程序和功能
D．剪贴板　　E．鼠标

7．在 Windows 7 中，对磁盘的管理主要包括________。
A．磁盘格式化　　B．磁盘的检查和备份
C．磁盘的拆卸与安装　　D．磁盘清理
E．碎片整理

8．Windows 7 系统的关机项有________。
A．切换用户　　B．注销　　C．锁定
D．重新启动　　E．睡眠

9．下列关于子目录的说法正确的是________。
A．子目录是根据用户需要建立的
B．子目录名的命名规定与文件名相同
C．书写命令时子目录可用“.”表示
D．不同子目录下允许存放相同文件名的文件
E．子目录是系统建立的

10．在 Windows 7 中，对话框分为________。
A．模式对话框　　B．文本框　　C．复选框
D．非模式对话框　　E．单选框

11．关于文件名，正确的描述有________。
A．文件夹不能和文件重名
B．同一文件可以存放在磁盘的不同位置
C．同一磁盘中，文件不能重名
D．每个文件都有一个唯一的名字
E．同一文件夹中，文件不能重名

12．关于文件夹的描述，正确的有________。
A．文件夹的图标是固定专用的，不能更改
B．磁盘上的目录结构是树形结构
C．每个磁盘都有根目录，如果不需要可以由用户删除
D．早期在 DOS 操作系统中，把文件夹称为目录
E．文件夹中可以存放文件，也可以再建文件夹，甚至可以包含打印机等

13．关于 Windows 资源管理器，正确的描述有________。
A．在附件中可以打开 Windows 资源管理器
B．利用 Windows 资源管理器可以打开某个文件夹
C．右击“回收站”图标可以打开 Windows 资源管理器
D．右击“计算机”图标可以打开 Windows 资源管理器
E．用 Windows 资源管理器可以打开某个 Word 文档

14．Windows 7 的本地安全策略主要包括________。

A. 密码策略　　B. IP安全策略
C. 账户策略　　D. 审核策略
E. 用户权限分配

15. 使用控制面板中的"卸载或更改程序"功能,可以________。
A. 更改或删除程序　　B. 查看已安装的更新
C. Windows Update　　D. 打开或关闭 Windows 功能
E. 修复程序

四、判断题

1. 若路径中的第一个符号为"\",则表示路径从根目录开始,即该路径为相对路径。 (　)
2. 用户可以在桌面上任意添加新的图标,也可以删除桌面上的任何图标。 (　)
3. 桌面上的图标可根据需要移动到桌面上的任意位置。 (　)
4. 任务栏的作用是快速启动、管理和切换各个应用程序,不能任意隐藏或显示任务栏和改变它的位置。 (　)
5. 当改变窗口大小时,若窗口中的内容显示不全,会自动出现垂直或水平滚动条。 (　)
6. 若要卸载磁盘上不再需要的软件,可以直接删除软件的目录和程序。 (　)
7. 在屏幕适当位置单击鼠标右键,都会弹出一个菜单项内容相同的快捷菜单。 (　)
8. 在 Windows 7 中,如果有多人使用同一台计算机,可以自定义多用户桌面。 (　)
9. 在 Windows 7 中,用直接拖曳应用程序图标到桌面的方法即可创建快捷方式。 (　)
10. 对话框和窗口的最小化形式是一个图标。 (　)
11. 操作系统是一种最常用的应用软件。 (　)
12. 用鼠标移动窗口,只需在窗口中按住鼠标左键不放,拖曳鼠标使窗口移动到预定位置后释放鼠标左键即可。 (　)
13. 在 Windows 7 桌面上删除一个文件的快捷方式丝毫不会影响原文件。 (　)
14. 在 Windows 7 系统中,回收站被清空后,"回收站"图标不会发生变化。 (　)
15. 用控制面板中的"日期和时间"功能修改的日期和时间信息保存在计算机的 CMOS 中。 (　)
16. 文件是操作系统中用于组织和存储各种文字材料的形式。 (　)
17. 文件的扩展名可以用来表示该文件的类型,不可以省略。 (　)
18. Windows 7 支持长文件名或文件夹名,且其中可以包含空格。 (　)
19. 在搜索文件时,通配符"?"代表文件名中该位置上的所有可能的多个字符。 (　)
20. 当前目录是系统默认目录,开机启动后是不可被用户改变的。 (　)

学习情境三

文字排版处理

学习情境描述

通过本情境的学习，应熟练掌握Word 2010的基本操作，如文本的输入、编辑、格式化，掌握表格的创建与应用、文档页面的排版、图文混排以及高级排版处理，了解Word 2010的域、公式及其应用等。本学习情境主要通过以下五个任务来完成学习目标：

任务一　文本编辑

任务二　文档格式化

任务三　制作电子小报

任务四　制作个人求职简历

任务五　长文档排版

任务一　文本编辑

任务描述与分析

Word 2010是Microsoft Office 2010中常用的应用程序之一，主要用来创建、编辑、排版、打印各种文档，能够实现图文混排。

本任务要求通过一篇文档的录入和编辑，熟练掌握文档的新建、打开、保存、退出，熟悉Word 2010的窗口组成，能够利用该软件编辑文本，如文本的选择、移动、复制、删除、查找和替换、拼写和语法检查、字数统计等。具体要求如下：

（1）启动Word 2010。

（2）录入文本《奥运会的来历》原文。

（3）练习文本的选择。

（4）插入文档标题“奥运会的来历”，并在文档标题起始处加入特殊符号“★”。

（5）将正文的第3段文本前移，成为正文第2段。

（6）将文中的“奥林匹克”全部替换为“Olympic”。

（7）将文中的数字“2008”修订为“2000”，且显示标记的最终状态。

（8）进行拼写和语法检查后统计文档的字数。

（9）以文件名“任务一：奥运会的来历”保存在D盘“学习情境三”文件夹中。

《奥运会的来历》参考原文：

奥运会的全称是奥林匹克运动会，“奥林匹克”一词源于希腊的地名“奥林匹亚”。奥林匹亚位于雅典城西南360千米的阿尔菲斯河山谷，这里风景如画，气候宜人。古希腊人在这里建起了许多神殿，因此，古人把这块土地叫作阿尔菲斯神城，也称圣地奥林匹亚，依当时的信念，它象征着和平和友谊。

1896年，在奥运祖师顾拜旦的努力下，在希腊的雅典举办了第一次现代奥运会，有来自14个国家的245名运动员参加。此后，参赛运动员、参赛国家和比赛项目与日俱增，在2008年澳大利亚的悉尼奥运会上，有来自199个国家的10 000多名运动员参赛，成为全球最盛大的聚会，奥运会提出的“更快、更高、更强”精神，体现了现代人追求幸福生活的精神。

1893年，在法国巴黎召开的第一次国际性体育协商会议上，正式讨论了创办奥林匹克运动会的问题，没有成功。但顾拜旦不灰心，第二年年初，他向许多国家的体育组织发出公开信，继续提出他的主张及要讨论的问题。此信引起许多国家体育组织的重视，终于促成在巴黎召开第一次国际体育会议，会上决定召开“恢复奥林匹克运动会代表大会”。

本任务的效果图如图3-1所示。

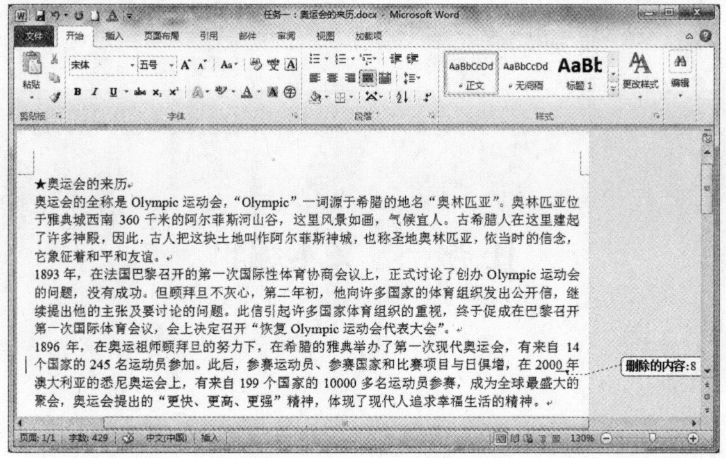

图3-1　任务一效果图

实现方法

1. 熟悉Word 2010的工作环境

1）Word 2010的启动

启动Word 2010常用以下两种方法：

（1）通过“开始”菜单启动。

在任务栏中单击“开始／所有程序／Microsoft Office/Microsoft Office Word 2010”选项，即可启动Word 2010。

（2）通过快捷方式启动。

直接双击桌面或其他位置的“Microsoft Word 2010”快捷方式图标，也可以启动 Word 2010。

2）Word 2010 窗口的组成

启动 Word 2010 应用程序之后，屏幕上就会出现 Word 窗口，如图 3-2 所示，它由标题栏、快速访问工具栏、选项卡、文档窗口以及状态栏等组成。各组成部分的作用介绍如下：

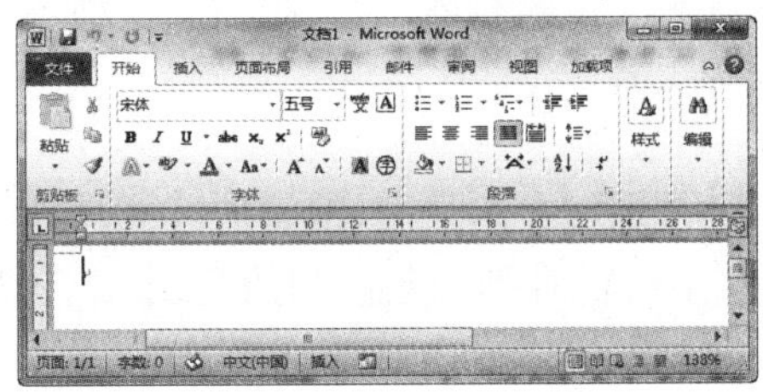

图 3-2　Word 窗口

（1）标题栏。

标题栏位于窗口最上方，左边有控制菜单图标和快速访问工具栏，中间显示文件名称和程序名称，右边有“最小化”“还原 / 最大化”和“关闭”按钮。

（2）快速访问工具栏。

如用户需要经常访问某些命令，不必每次单击选项卡，可以使用快速访问工具栏。通常情况下，快速访问工具栏出现在标题栏的左侧，功能区的上方。也可以选择在功能区下方显示快速访问工具栏，为此，只需右击快速访问工具栏，然后选择“在功能区下方显示快速访问工具栏”即可。

默认情况下，快速访问工具栏包含“保存”“撤销”和“恢复”三个命令按钮，可以通过添加其他常用命令来自定义快速访问工具栏。要从功能区向快速访问工具栏添加一个命令，可右击该命令，然后选择“添加到快速访问工具栏”。如果单击快速访问工具栏右侧的下拉按钮，则会看到一个下拉菜单，其中包含了用户可能想要放置到快速访问工具栏中的其他命令。

Word 2010 中有一些命令未显示在功能区中。在大多数情况下，只有通过将它们添加到快速访问工具栏，才能访问这些命令。右击快速访问工具栏，然后选择“自定义快速访问工具栏”，会出现“Word 选项”对话框，可以对快速访问工具栏进行自定义，如图 3-3 所示。

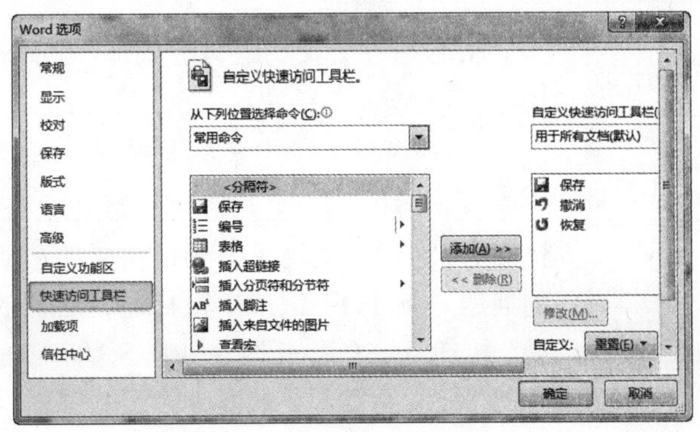

图 3-3　“Word 选项”对话框

（3）选项卡。

Word 2010 的操作命令以选项卡的形式布局在功能区中，常见的选项卡有“文件”“开始”

"插入""页面布局""引用""邮件""审阅""视图""加载项"等。选项卡下面为功能区,功能区进一步分组布局命令,一些命令按钮旁有下拉按钮,含有相关的功能选项。功能区的右下角有扩展按钮,可调出该区域功能的对话框。

(4) 文档窗口。

在启动 Word 2010 应用程序时,会自动打开名为"文档 1"的窗口,用户可以在其中输入、编辑、修改和查看文档。文档窗口和 Word 应用程序的标题栏合二为一,可以单独关闭文档窗口。文档窗口中的空白区域是文本编辑区,在文档窗口的周围设置了用来编辑和处理文档的滚动条、标尺、按钮以及各种工具。

① 文本编辑区。

文档窗口中的文本编辑区是进行文本录入、编辑的区域,此区域不仅可以录入文字,也可以插入图形、图像和表格。其中可以看到一条闪动的竖线"|",称为光标,也称为插入点,光标所在的位置就是当前文档要输入的位置。

② 滚动条。

滚动条可用来滚动文档,将文档窗口之外的文本移到窗口可视区域中。要显示滚动条,只要在图 3-3 中单击"高级"选项卡,在"显示"组勾选"显示水平滚动条"或"显示垂直滚动条"项即可。

在文档窗口中单击垂直滚动条下方的"选择浏览对象"按钮,将弹出一个菜单,该菜单中有 12 个项目,如查找、定位、按图形浏览等,用于选择不同的浏览对象。

在水平滚动条的下方有五个"显示方式切换"按钮,分别是页面视图、阅读版式视图、Web 版式视图、大纲视图、草稿,用于改变文档的视图方式。

③ 标尺。

在 Word 2010 中,标尺的作用是非常大的,有了标尺,可以轻松地调整边距,改变段落的缩进值,设置行距、表格的行高及列宽和进行对齐方式的设置等。

在 Word 2010 中,标尺默认是不显示的,用以下两种方法之一可以显示标尺:

第一种方法:在"视图 / 显示"组勾选"标尺"项。

第二种方法:垂直滚动条最上方的标志为显示 / 隐藏标尺的标志,在未显示标尺的情况下单击该标志可以让标尺显示出来。

(5) 状态栏。

状态栏位于文档窗口的底部,显示文档的有关信息(如页码、字数统计、语言等)。

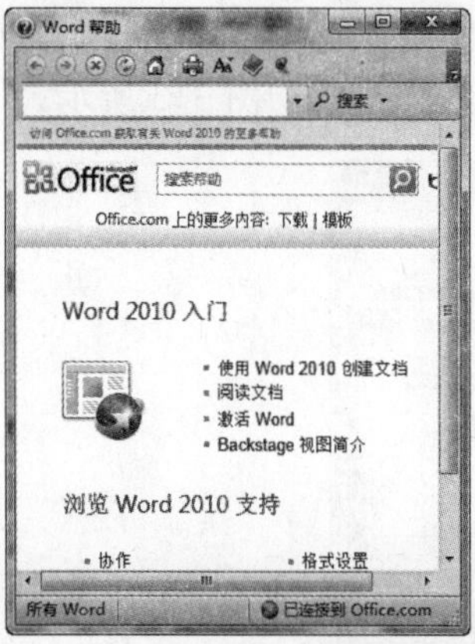

3) 在 Word 2010 中获取帮助

Word 2010 提供了完善的帮助系统,不论是初学者还是提高者,均可以从这里得到所需要的帮助,解决应用中所遇到的问题。按下 F1 键或单击标题栏右侧的"Microsoft Word 帮助"按钮,会打开图 3-4 所示的"Word 帮助"窗口。在其中的"搜索帮助"文本框中输入关键词,单击"搜索"按钮,则会找到相关主题。

图 3-4 "Word 帮助"窗口

4) Word 2010 的退出

退出 Word 2010 的方法通常有以下五种:

（1）单击 Word 窗口中标题栏最右侧的“关闭”按钮。

（2）打开“文件”选项卡，选择“退出”命令。

（3）双击 Word 窗口中标题栏最左侧的控制菜单图标。

（4）按 Alt＋F4 组合键。

（5）单击 Word 窗口中标题栏最左侧控制菜单中的“关闭”命令。

2. 录入文本

录入文本之前，首先要新建或打开一个 Word 文档。

1）新建文档

新建 Word 2010 文档通常有以下几种方法：

（1）启动 Word 2010 应用程序时，系统会自动创建一个名为“文档 1”的新文档。

（2）使用快捷键来新建文档，即在 Word 窗口中按 Ctrl＋N 键，建立一个新的空白文档。

（3）在 Word 窗口中使用“文件”选项卡中的“新建”命令来建立新的空白文档。可以利用“可用模板”和“Office.com 模板”创建不同类型的 Word 文档。

（4）在桌面或文件夹等的空白处单击鼠标右键，在快捷菜单中单击“新建”命令，从级联菜单中选择“Microsoft Word 文档”，新建一个 Word 文档。

2）打开文档

打开 Word 2010 文档的方法如下：

（1）在 Word 2010 窗口中利用“文件”选项卡中的“打开”命令，或使用快捷键 Ctrl＋O 键，都可以显示“打开”对话框，如图 3-5 所示，用户可以选择打开不同目录下的 Word 文档。

图 3-5　“打开”对话框

（2）双击已经存在的 Word 文档，可以启动 Word 并打开该文档，在文档窗口中显示文档内容。

3）输入文本

选择合适的输入法，在文本编辑区的插入点处录入文本《奥运会的来历》，随着文字的录入，插入点自动向后移动。

当用户输入的文字到达右边界时，Word 会自动换行。如果需要在到达右边界之前换行，可使用 Shift＋Enter 键；如果需要在到达右边界之前另起一段，则直接按 Enter 键。

在输入文本的过程中，难免会出现错误和重复的输入，此时将插入点定位到要删除的文本的位置，按 Backspace 键可以删除插入点之前的字符，按 Delete 键则可以删除插入点之后的字符。如果要删除的文本比较多,可以首先选中要删除的文本,然后按 Delete 键将选中的文本删除。

Word 2010 提供两种编辑模式,即“插入”模式和“改写”模式。两者的切换可以通过 Insert 键来实现,也可以通过单击文档窗口中状态栏的“改写”或“插入”按钮实现。默认情况下,在 Word 2010 文档中输入文本时处于“插入”模式。在“插入”模式下,输入的文字出现在插入点所在位置,而该位置原有的字符将依次向后移动。在“改写”模式下,输入的文字将依次替代其后面的字符,以实现对文档的修改。“改写”模式的优点在于即时覆盖无用的文字,节省文本的空间,尤其对一些格式已经固定的文档,“改写”模式将不会破坏原有 Word 文档的格式且节省时间。

3. 选择文本

如果要对文档的某部分进行复制、移动、删除、更改格式等操作,首先要先选中这些内容。基本的选择方法是:在要选定的文字开始处按住鼠标左键不放,拖动鼠标到结束处放开。被选定的文本将反白显示。

若要取消选定,可在选中部分之外单击鼠标左键。

在实际应用中,可以根据需要使用鼠标、键盘以及鼠标和键盘配合的方式选定文本。

1) 选定一行

将鼠标指针移到待选行最左侧的文本选定区,鼠标指针变为向右倾斜的空心箭头形状,单击左键,则该行被选中。

2) 选定一段

方法一:将鼠标指针置于待选段最左侧的文本选定区,双击鼠标左键。

方法二:鼠标指针在待选段中任意位置处连续三击。

3) 选定连续多行

方法一:在文本选定区按下鼠标左键拖动。

方法二:先选定第一行,再利用滚动条将鼠标指针移到最后一行的文本选定区位置,按住 Shift 键的同时单击。

4) 选定连续多段

在文本选定区双击鼠标(第二次击键后不要松开),然后拖动。

5) 选定不连续文本

用上述方法先选中部分文本,然后按住 Ctrl 键选中其他不连续的文本。

6) 选定一个矩形区域

先按住 Alt 键,再将鼠标指针移到待选区域的一角,按住左键拖动至待选区域的对角。

7) 选定全文

方法一:使用快捷键 Ctrl+A。

方法二:单击“开始 / 编辑 / 选择 / 全选”命令。

方法三:在文本选定区处三击鼠标左键。

方法四:在文本选定区按住 Ctrl 键并单击鼠标左键。

8) 选定一个词

移动鼠标指针至文本中,双击可以选中一个词(或单字)。

9）选定一个句子

按住 Ctrl 键，在一个句子的任意位置处单击鼠标左键。

10）选定任意连续区域

单击选定文字开始处，然后在结尾处按住 Shift 键并单击鼠标左键。

4. 移动插入点、插入特殊符号

1）移动插入点

编辑文档时，经常需要移动插入点，单击鼠标即可定位插入点的位置。此外用户也可以利用键盘上的方向键和编辑键在文档中移动插入点的位置。表 3-1 列出了利用键盘按键移动插入点的操作方法。

表 3-1　利用键盘按键移动插入点

键盘按键	插入点的位置
方向键↑	向上移动一行
方向键↓	向下移动一行
方向键←	向左移动一个字符
方向键→	向右移动一个字符
Page Up 键	向上移动一页
Page Down 键	向下移动一页
Home 键	移动到行首
End 键	移动到行末
Ctrl＋Home 键	移动到文档开始
Ctrl＋End 键	移动到文档末尾

直接单击《奥运会的来历》的文本起始处或按 Ctrl+Home 键，将插入点移到文本开始处，输入文档标题“奥运会的来历”，然后按下 Enter 键，正文另起一段。

2）插入特殊符号

在本任务中，要在文档标题前插入特殊符号“★”，可以按以下步骤进行：

（1）将插入点移到文档标题开始处。

（2）单击“插入 / 符号 / 符号”按钮，在下拉菜单中选择“其他符号”命令，出现图 3-6 所示的“符号”对话框。

（3）对话框中显示了可供选择的符号，用鼠标单击所需的符号，再单击“插入”按钮，即可在插入点处插入该符号。

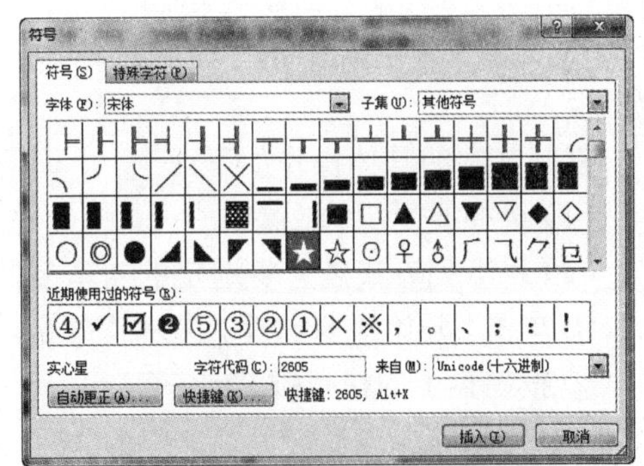

图 3-6　“符号”对话框

（4）插入符号后，单击“关闭”按钮，关闭对话框。

5. 移动和复制文本

1）剪贴板

Microsoft Office 2010 提供的剪贴板在 Word 中以任务窗格的形式出现，它具有可视性，允许用户存放24个复制或剪切的内容,且在Microsoft Office系列软件中,剪贴板的信息是共用的。利用剪贴板,可以在Microsoft Office文档内或文档之间进行复制和移动操作。

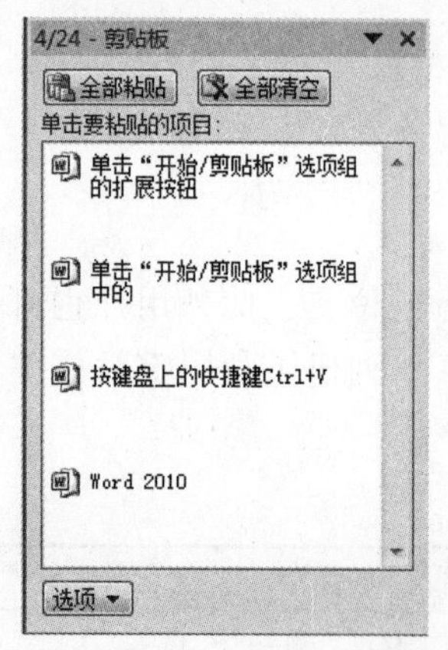

图3-7 "剪贴板"任务窗格

单击"开始/剪贴板"组的扩展按钮,则打开"剪贴板"任务窗格,如图3-7所示。

"剪贴板"任务窗格显示了当前剪贴板中的内容。当在Word中执行"剪切"或"复制"操作时,就会把相应的内容存放到剪贴板中,右击某个项目,则会弹出一个快捷菜单,可以选择把该项目粘贴到文档中或者从剪贴板中删除。

单击"剪贴板"任务窗格中的"全部粘贴"命令按钮,可将剪贴板中的全部信息粘贴到目标位置;单击"全部清空"命令按钮,即可将剪贴板中的信息全部清空。

2)文本的移动

(1)选择要移动的文本,如本任务中正文的第3段。

(2)用下列方式之一将选定的文本移动到剪贴板中:

① 单击"开始/剪贴板/剪切"命令。

② 按键盘上的快捷键Ctrl+X。

③ 单击右键,选择快捷菜单中的"剪切"命令。

(3)将插入点移到要粘贴文本的位置,如本任务中正文的第2段起始处。

(4)用下列方式之一将剪贴板中的内容放到目标位置:

① 单击"开始/剪贴板/粘贴"命令。

② 按键盘上的快捷键Ctrl+V。

文本的移动也可在选定文本后,直接按住鼠标左键拖动,将其移动到目标位置。

3)文本的复制

在文档的编辑过程中,如果有重复的内容要输入,无须每次都重复输入,可复制已输入的内容,然后粘贴到目标位置。文本的复制和文本的移动类似,相同点都是利用剪贴板来交换信息,不同点是文本的复制是将选定的文本备份到剪贴板,而文本的移动是将选定的文本移动到剪贴板。

复制文本的具体操作如下:

(1)选择要复制的文本。

(2)用下列方式之一将选定的文本复制到剪贴板中:

① 单击"开始/剪贴板/复制"命令。

② 按键盘上的快捷键Ctrl+C。

③ 单击右键,选择快捷菜单中的"复制"命令。

(3)将插入点移动到要粘贴文本的位置。

(4)用下列方式之一将剪贴板上的内容放到目标位置:

① 单击"开始/剪贴板/粘贴"命令。

② 按键盘上的快捷键Ctrl+V。

文本的复制也可以在选定文本后,按下Ctrl键的同时按住鼠标左键拖动,将其复制到目标位置。

6. 查找和替换文本

用户在对一个文件进行编辑时，经常要用到“查找和替换”功能，使用 Word 2010 的“查找和替换”功能，不仅可以查找和替换字符，还可以查找和替换字符格式(例如字体、字号、颜色等格式)。

1）文本的查找

(1) 单击“开始 / 编辑 / 查找 / 高级查找”命令，打开“查找和替换”对话框，单击对话框的“查找”选项卡，如图 3-8 所示。

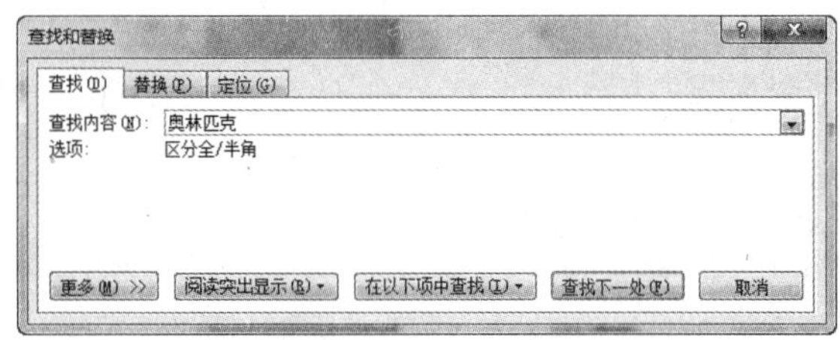

图 3-8　“查找和替换”对话框的“查找”选项卡

(2) 在对话框的“查找内容”框中输入要查找的文本，如本任务要求的文本“奥林匹克”。

(3) 单击对话框中的“查找下一处”按钮开始查找，找到的内容将反白显示。

2）文本的替换

(1) 在“查找和替换”对话框中，单击“替换”选项卡，如图 3-9 所示。

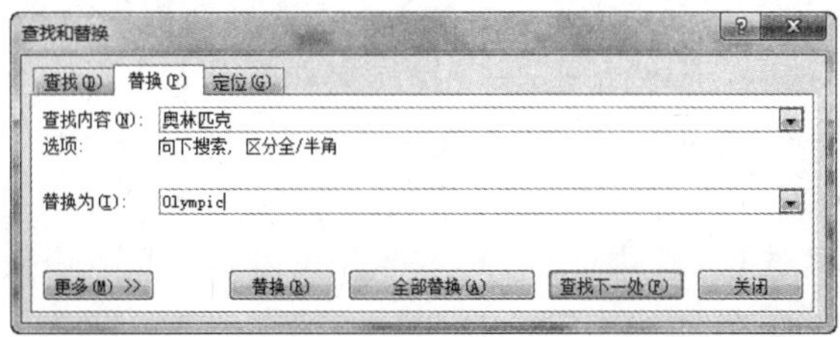

图 3-9　“查找和替换”对话框的“替换”选项卡

(2) 在对话框的“替换为”框中输入要替换的文字，如本任务要求的文本“Olympic”。

(3) 单击对话框中的“查找下一处”按钮，当查找到指定内容后，若单击“替换”按钮，则进行替换，并且继续进行查找，若单击“全部替换”按钮，则自动将所有找到的文本全部替换。

(4) 替换完毕后，Word 会显示一个消息框，如图 3-10 所示，单击“是”按钮关闭消息框，回到“查找和替换”对话框，再单击“关闭”按钮关闭“查找和替换”对话框。

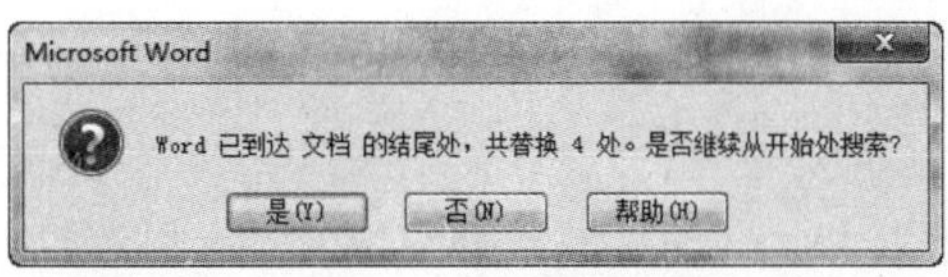

图 3-10　消息框

3）高级设置

用户可以利用“查找和替换”对话框的“更多”按钮，进行更为复杂、精确的文本查找与替换。单击图 3-8 或图 3-9 中的“更多”按钮，会出现图 3-11 所示的“格式”等按钮和一些复选框，这些按钮和主要选项的功能如下：

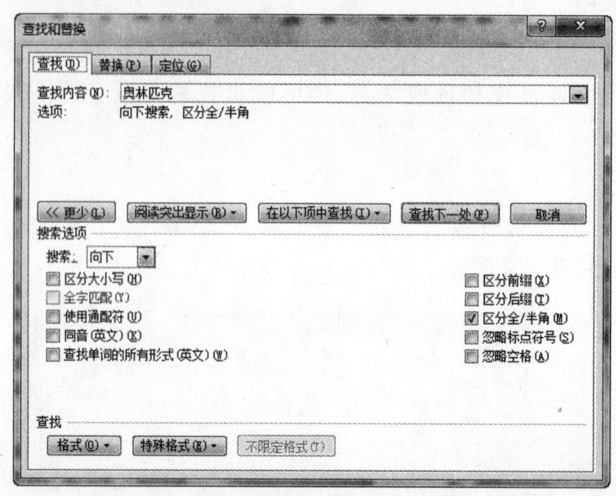

图 3-11 “查找和替换”对话框的高级设置

(1)“格式”按钮:单击该按钮,可以在下拉菜单中设置查找或替换内容的样式,包括“字体”“段落”“样式”等菜单项。

(2)“特殊格式”按钮:若单击该按钮,可以查找或替换一些特殊的符号及标记,如“段落标记”“省略号”等。

(3)“搜索”下拉列表框:用于指定查找的范围,包括“向下”(从插入点位置向文档末尾查找)、“向上”(从插入点位置向文档开头查找)、“全部”(在整篇文档中查找)。

(4)“区分大小写”选项:选中此项,只查找与文本框中大小写完全相同的文本。

(5)“全字匹配”选项:选中此项,只查找与文本框中内容完全相同的单词,而把包含该单词的其他单词排除。

(6)“使用通配符”选项:选中此项,可在“查找内容”框中输入通配符来代替某些字符。

(7)“同音(英文)”选项:选中此项,可找到与“查找内容”框中单词同音的所有单词。

(8)“查找单词的所有形式(英文)”选项:选中此项,可找到“查找内容”框中单词的现在时、过去时、复数等所有形式。

(9)“区分全 / 半角”选项:选中此项,Word 在查找时将区分全角和半角的数字和符号。

7. 修订文本

在日常的团队协作过程中,同一篇文稿常常需要多人添加修改意见,然后由原作者进行最后的编辑定稿。使用 Word 提供的修订功能可以轻松地解决这一类型的问题。

1)进入修订状态

要在 Word 中审阅修改文稿,首先要进入修订状态,审阅者打开要审阅修改的文稿后,用下列方法之一即可进入修订状态:

(1)选择“审阅 / 修订”组中的“修订”命令,可以打开修订状态,图 3-12 为修订的相关命令。

(2)右击状态栏,在快捷菜单中勾选“修订”选项,可以快速打开修订状态,在状态栏上再次单击,可关闭修订状态。

（3）按组合键 Ctrl＋Shift＋E 也可快速切换到修订状态。

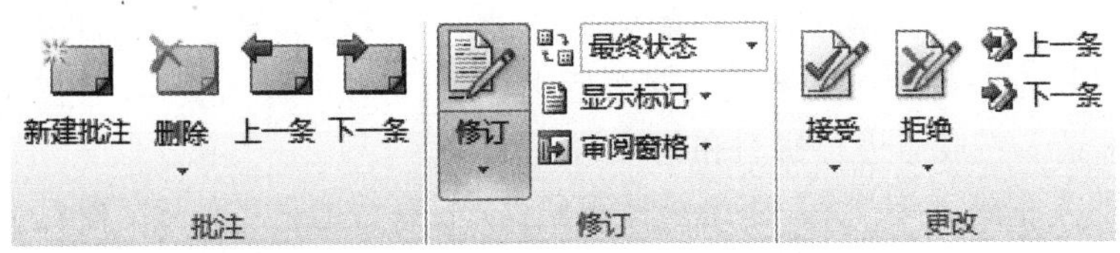

图 3-12　修订的相关命令

2）在修订状态下批改文稿

通常情况下，批改文稿包括两件事：一是直接编辑修改文稿，二是在文稿中添加批注信息。两件事的区别在于：直接编辑修改文稿是对文稿的实际操作，它将影响文稿的实际内容；而在文稿中添加批注信息只是对文稿添加说明性内容，并不是对文稿的实际修改，原作者可以根据批注信息对文稿进行进一步的修改。

（1）直接编辑修改文稿。

用前面介绍的方法进入修订状态后，审阅者可以在文稿中做相应的修改。如本任务中将“2008”的“8”删除后，改为“0”。修改完成后，在页面的左侧出现了一条黑色的竖线，表明该行文字修改过。

在图 3-12 中，单击“最终状态”右侧的下拉按钮，共有四个选项：如果选择“最终状态”或“原始状态”，修订标记和批注会隐藏；要显示修订标记，可以选择“最终：显示标记”或“原始：显示标记”。按照本任务的要求，在弹出的下拉列表中选择“最终：显示标记”，这时可以看到文稿中新修改的“0”以红色显示，同时在页面右侧以批注形式显示修改前的内容“删除的内容：8”。

（2）在文稿中添加批注信息。

在修订状态下，将插入点定位于文稿中需要插入批注的位置，在图 3-12 中单击“批注”组中的“新建批注”按钮，这时将显示批注框，在批注框内输入批注内容后，单击批注框外页面的任意位置即可结束输入。

默认情况下，批注框都位于页面右侧。

3）接受或拒绝修订内容

这个过程主要也是做两件事情，一是接受或拒绝审阅者的修订内容，二是根据批注意见对文稿做出进一步的修改。具体操作如下：

（1）在图 3-12 中单击“更改”组中的“接受”下拉按钮，在弹出的下拉菜单中，可以选择不同的接受方式。

（2）在图 3-12 中单击“更改”组中的“拒绝”下拉按钮，在弹出的下拉菜单中，可以选择不同的拒绝方式。

（3）为了加快文稿的整合速度，可先拒绝不接受的修订内容，再选择“接受对文档的所有修订”，包含显示的和没有显示的修订内容，文档将按最终的修订状态转换为普通文档。

（4）如果有批注信息还要根据批注信息再仔细修改文稿内容。

8. 拼写和语法检查及字数统计

1）拼写和语法检查

借助 Word 的“拼写和语法”功能，可以快速检查出文档中存在的拼写错误或语法错误，如英文单词的拼写错误、标点符号的用法错误都能准确捕获到。中文的语法检查包括错别字、非单词错误、语法错误、重字错误、数字输入错误、拼音词组输入错误、符号匹配错误等。

拼写和语法检查既可以在文本录入完成后进行，也可以在键入文本时自动进行。

(1) 在文本录入完成后进行拼写和语法检查。

在本任务的文本录入完成后，选定要检查的文本，然后选择“审阅 / 校对 / 拼写和语法”命令，打开“拼写和语法”对话框，如图 3-13 所示。

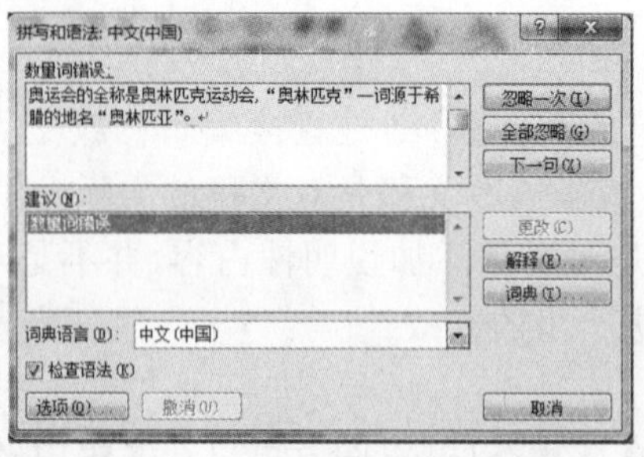

图 3-13 “拼写和语法”对话框

Word 将从选定文本的起始位置处开始检查，并报告发现的第一个疑问。用户确认必须修改时，可以在错误提示框中直接修改，并单击“更改”按钮；如果没有必要更改，则单击“忽略一次”或“全部忽略”按钮继续检查。

(2) 在键入文本时自动进行拼写和语法检查。

在图 3-13 中单击“选项”按钮，打开“Word 选项”对话框，选中“键入时检查拼写”和“键入时标记语法错误”复选框，如图 3-14 所示，单击“确定”按钮，Word 会用红色波浪线标记可能的拼写错误，用绿色波浪线标记可能的语法错误。

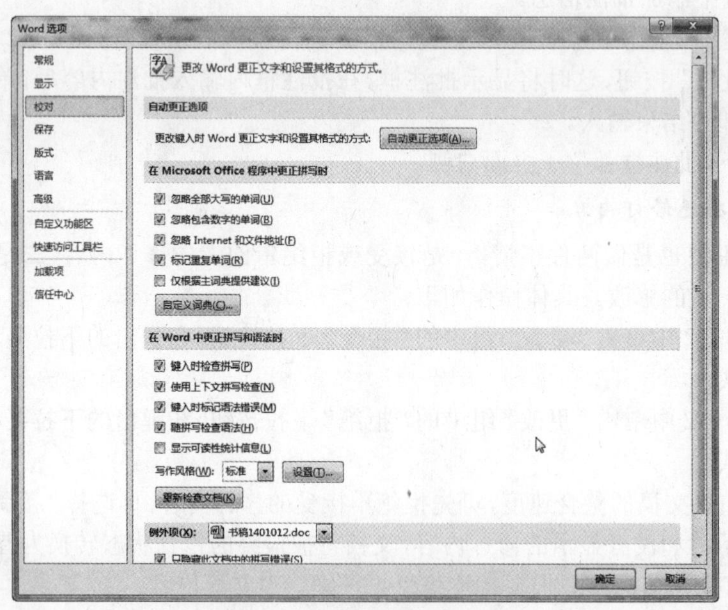

图 3-14 设置拼写和语法检查

其实，Word 的拼写检查功能并不神秘，主要是根据 Word 自带的字典中的内容进行判断。如果用户输入的内容与 Word 自带字典中的内容不同，则 Word 自动判断为出错。如果用户忽略出错，则 Word 不再提示。

2）字数统计

写文章时通常需要及时地统计文章字数，在 Word 中，用户可以通过字数统计功能统计文章字数，甚至包括符号、段落、行的数量等。

在本任务的 Word 文档中，选择“审阅 / 校对 / 字数统计”命令，出现图 3-15 所示的“字数统计”对话框。

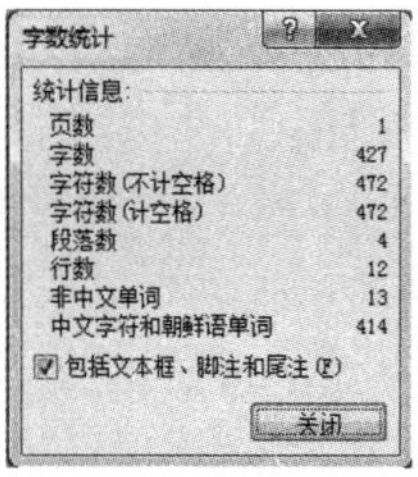

图 3-15　“字数统计”对话框

9. 保存文档

在保存一个文档的时候，可以采取如下方式：

（1）如果要直接保存当前正在编辑的文档，可以选择“文件 / 保存”命令，也可以直接单击快速访问工具栏上的“保存”按钮。

（2）如果要把文档换名保存或换位置保存，可以选择“文件 / 另存为”命令。这时将弹出“另存为”对话框。本任务中，在“另存为”对话框的“文件名”框中输入要保存的文件名“任务一：奥运会的来历”，在“保存类型”下拉列表框中选择文件要保存的类型，然后在左侧列表框中选择文件要保存的位置，如图 3-16 所示，最后单击“保存”按钮即可。

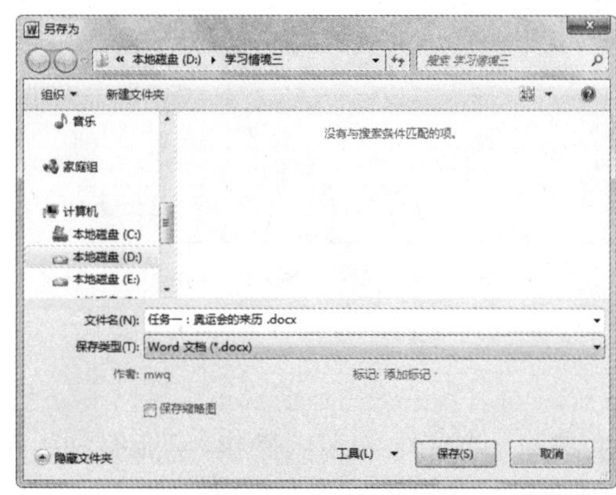

图 3-16　“另存为”对话框

在“另存为”对话框中，文档的保存设置包括自动保存和加密保存。

① 自动保存。

为防止在文档编辑时碰到停电、死机等情况而丢失数据，Word 提供的自动保存功能可以每隔一段时间自动保存正在编辑的文档。步骤如下：在“另存为”对话框中，单击“工具”按钮，在下拉菜单中选择“保存选项”命令，打开“Word 选项”对话框，如图 3-17 所示，在“保存自动恢复信息时间间隔”框中输入间隔保存的时间(默认为 10 分钟)，并勾选该项前面的复选框。

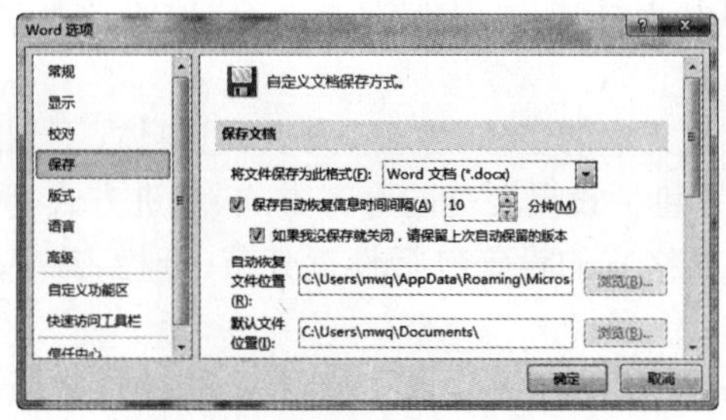

图 3-17　“Word 选项”对话框

② 加密保存。

对于重要的文档,Word 可以通过设置密码有效地对其中的内容进行保护。文档的加密有两个层面的含义:第一是设置打开权限密码,防止他人非法访问;第二是设置修改权限密码,禁止他人对文档的非法操作。

在"另存为"对话框中,单击"工具"按钮,在下拉菜单中选择"常规选项"命令,出现"常规选项"对话框,如图 3-18 所示,分别在"打开文件时的密码"和"修改文件时的密码"框中输入密码后,单击"确定"按钮,返回"另存为"对话框,再单击"保存"按钮。

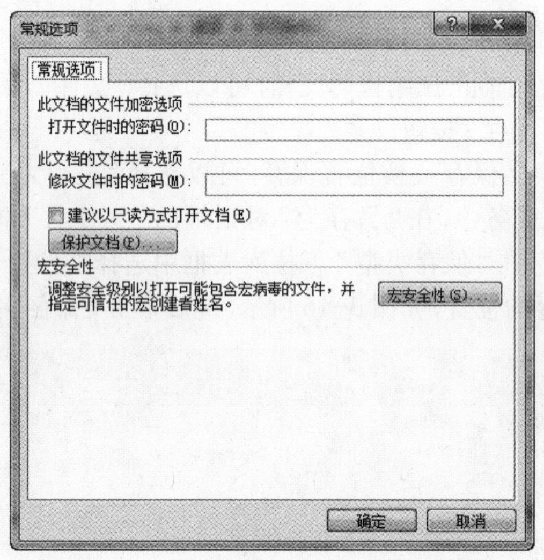

图 3-18 "常规选项"对话框

归纳总结

通过本任务中《奥运会的来历》文本的编辑操作,应能够利用 Word 2010 软件进行文档的录入、修改等操作,熟悉 Word 2010 软件的基本使用。

任务二 文档格式化

任务描述与分析

在 Word 中,一篇文稿录入完成后,还要对其字符、段落及整个页面进行格式设置,使文稿更清晰、美观,便于阅读。

字符格式设定包括设置文本的字体、字形、大小、粗斜体、下划线、上下标及字体颜色、字符间距等。段落格式的设置包括设置段落的对齐方式、缩进方式、间距、行距、边框和底纹、项目符号和编号等格式。页面格式的设置包括设置分节、分栏、首字下沉、页眉和页脚、页边距等格式。

输入文稿《长江韬奋奖》原文,按照以下具体要求进行排版,熟悉文档格式化的实现方法：

（1）将标题设为黑体、三号、居中，正文设置为楷体、五号。

（2）将正文第 1 段中的文本“范长江新闻奖和韬奋新闻奖”的字符间距设为加宽 3 磅。

（3）设置正文首行缩进 2 字符，段前、段后间距为 0.5 行，行距为固定值 18 磅。

（4）将整个页面边框设置为方框、波浪线、绿色、1.5 磅，并将正文第 2 段的底纹设置为图案样式 5%、绿色。

（5）为正文第 2 ～ 6 段添加项目符号 ✚。

（6）将正文第 2 ～ 6 段分为两栏，中间设置分隔线，栏宽均匀。

（7）将正文第 1 段的“长”字设为首字下沉，距正文 0 厘米，下沉行数为 2 行。

（8）为文稿设置红色水印文字“长江韬奋奖”。

《长江韬奋奖》参考原文：

长江韬奋奖

长江韬奋奖是经中央批准常设的全国优秀新闻工作者最高奖，由中华全国新闻工作者协会主办，至今已评选十一届。长江韬奋奖原分别为范长江新闻奖和韬奋新闻奖，2005 年根据中央关于《全国性文艺新闻出版评奖管理办法》的精神，将两奖合并为长江韬奋奖。

范长江新闻奖作为长江韬奋奖的前身之一，于 1991 年设立，是由中国记协主办的全国中青年记者的最高荣誉奖，是经中宣部批准常设的全国性新闻奖项。最初每三年评选一次，从 1998 年开始，每两年评选一次，截至 2005 年共评选了六届。从第七届开始改称长江韬奋奖·长江系列。

韬奋新闻奖作为长江韬奋奖的另一前身，设立于 1993 年，由韬奋基金会委托中国记协主办，是奖励我国新闻编辑、新闻评论员、新闻类节目制片人、校对等新闻工作者的最高荣誉奖，是经中宣部批准常设的全国性新闻奖项。每两年评选一次，截至 2005 年已评选六届。从第七届开始改称长江韬奋奖·韬奋系列。

开展长江韬奋奖评选活动的目的是鼓励广大新闻工作者继承和发扬范长江、邹韬奋真诚为人民服务的崇高品德和思想作风，检阅、展示我国新闻队伍建设和新闻战线“三项学习教育”活动的成果，发挥优秀新闻工作者的示范引导作用，推动新闻媒体与新闻工作者坚持正确舆论导向，坚持“三贴近”原则，促进多出精品、多出人才，培养和造就一支政治强、业务精、纪律严、作风正的新闻队伍。

合并后的长江韬奋奖，由每两年评选一次改为每年评选一次，每届评选获奖者 20 名（其中长江系列 10 名，韬奋系列 10 名）。评选标准和要求是：德才兼备，以邓小平理论和“三个代表”重要思想为指导，贯彻落实科学发展观，坚持为人民服务、为社会主义服务、为全党全国工作大局服务。要把参评者的思想作风、职业道德、社会反映和综合业务成果结合起来进行考察、评选。

长江韬奋奖采取由组织推选参评者的办法。在有全国统一刊号的报纸、通讯社，经正式批准的广播电台、电视台，经国务院新闻办批准的由新闻宣传主管部门和新闻单位主办的具有登载新闻业务资质的新闻网站，从事新闻记者、编辑、评论员、校对检查、播音员和新闻类节目主持人、新闻类节目制片人工作 10 年以上并持有新闻出版总署所发记者证的新闻工作者，均可经推荐单位、报送单位按照评选办法规定的办法、程序和标准进行推荐，按规定数额报送到评奖办公室。

本任务的效果图如图 3-19 所示。

长江韬奋奖

长江韬奋奖是经中央批准常设的全国优秀新闻工作者最高奖，由中华全国新闻工作者协会主办，至今已评选十一届。长江韬奋奖原分别为范 长 江 新 闻 奖 和 韬 奋 新 闻 奖 ，2005 年根据中央关于《全国性文艺新闻出版评奖管理办法》的精神，将两奖合并为长江韬奋奖。

范长江新闻奖作为长江韬奋奖的前身之一，于 1991 年设立，是由中国记协主办的全国中青年记者的最高荣誉奖，是经中宣部批准常设的全国性新闻奖项。最初每三年评选 1 次，从 1998 年开始，每两年评选一次，截至 2005 年共评选了六届。从第七届开始改称长江韬奋奖·长江系列。

韬奋新闻奖作为长江韬奋奖的另一前身，设立于 1993 年，由韬奋基金会委托中国记协主办，是奖励我国新闻编辑、新闻评论员、新闻类节目制片人、校对等新闻工作者的最高荣誉奖，是经中宣部批准常设的全国性新闻奖项。每两年评选一次，截至 2005 年已评选六届。从第七届开始改称长江韬奋奖·韬奋系列。

开展长江韬奋奖评选活动的目的是为了鼓励广大新闻工作者继承和发扬范长江、邹韬奋真诚为人民服务的崇高品德和思想作风，检阅、展示我国新闻队伍建设和新闻战线“三项学习教育”活动的成果，发挥优秀新闻工作者的示范引导作用，推动新闻媒体与新闻工作者坚持正确舆论导向，坚持“三贴近”原则，促进多出精品、多出人才，培养和造就一支政治强、业务精、纪律严、作风正的新闻队伍。

合并后的长江韬奋奖，由每两年评选一次改为每年评选一次，每届评选获奖者 20 名（其中长江系列 10 名，韬奋系列 10 名）。评选标准和要求是：德才兼备，以邓小平理论和“三个代表”重要思想为指导，贯彻落实科学发展观，坚持为人民服务、为社会主义服务、为全党全国工作大局服务。要把参评者的思想作风、职业道德、社会反映和综合业务成果结合起来进行考察、评选。

长江韬奋奖采取由组织推选参评者的办法。在有全国统一刊号的报纸，通讯社，经正式批准的广播电台、电视台，经国务院新闻办批准的由新闻宣传主管部门和新闻单位主办的具有登载新闻业务资质的新闻网站，从事新闻记者、编辑、评论员、校对检查、播音员和新闻类节目主持人、新闻类节目制片人工作 10 年以上并持有新闻出版总署所发记者证的新闻工作者，均可经推荐单位、报送单位按照评选办法规定的办法、程序和标准进行推荐，按规定数额报送到评奖办公室。

图 3-19　任务二效果图

实现方法

1. 使用“开始”选项卡中的“字体”和“段落”组设置字符和段落格式

“开始”选项卡中的“字体”和“段落”组如图 3-20 所示，在这两个组中可以设置常用的字符和段落格式，如设置字符的字体、字号、形状、颜色等，以及段落的对齐方式、缩进、项目符号等。

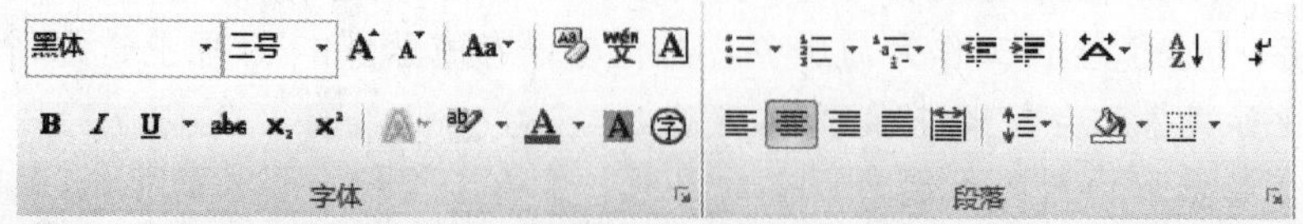

图 3-20　“开始”选项卡的“字体”和“段落”组

在本任务中，选中《长江韬奋奖》的标题文本，依次选择“开始 / 字体”组中“字体”下拉列表框中的“黑体”和“字号”下拉列表框中的“三号”，单击“开始 / 段落”组中的“居中”按钮。选定《长江韬奋奖》的正文文本，依次选择“开始 / 字体”组中“字体”下拉列表框中的“楷体”和“字号”下拉列表框中的“五号”。

2. 使用“字体”对话框设置字符格式

打开“字体”对话框有两种方法：一是在图 3-20 中单击“字体”组的扩展按钮；二是右键单击文档的任意文本处，弹出快捷菜单，单击其中的“字体”命令。“字体”对话框包含“字体”和“高级”两个选项卡。

1）“字体”对话框的“字体”选项卡

在“字体”对话框中的“字体”选项卡中，可以设置字符的中文字体、西文字体、字形、字号、字体颜色、下划线线型、着重号和效果等，如图 3-21 所示。

2）“字体”对话框的“高级”选项卡

在“字体”对话框中的“高级”选项卡中，可以设置字符的横向缩放、字符之间的间隔以及字符的提升与降低。

（1）缩放：该功能用于缩放选定字符的横向尺寸。

（2）间距：该功能用于设置选定字符之间的间隔距离。此下拉列表框中有“标准”“加宽”“紧缩”三个选项，在“磅值”框中指定要调整的间距大小。

（3）位置：该功能用于提升或降低选定的字符。此下拉列表框中有“标准”“提升”“降低”三个选项。

在本任务中，选定《长江韬奋奖》正文第 1 段中的文本“范长江新闻奖和韬奋新闻奖”，打开“字体”对话框的“高级”选项卡，单击其中的“间距”下拉按钮，选择“加宽”，将“磅值”框中的值改为“3 磅”，如图 3-22 所示。

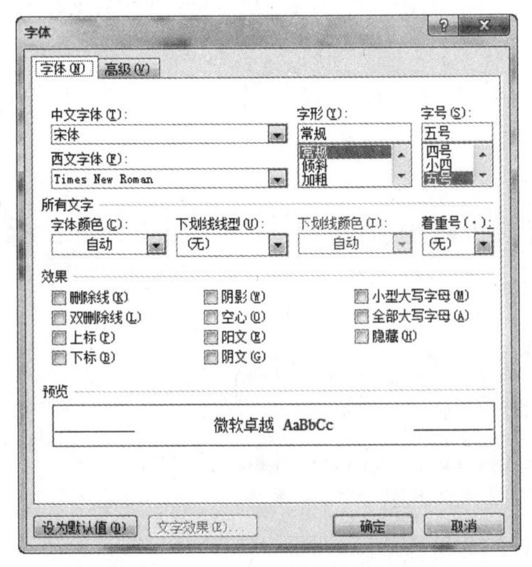

图 3-21　“字体”对话框的“字体”选项卡

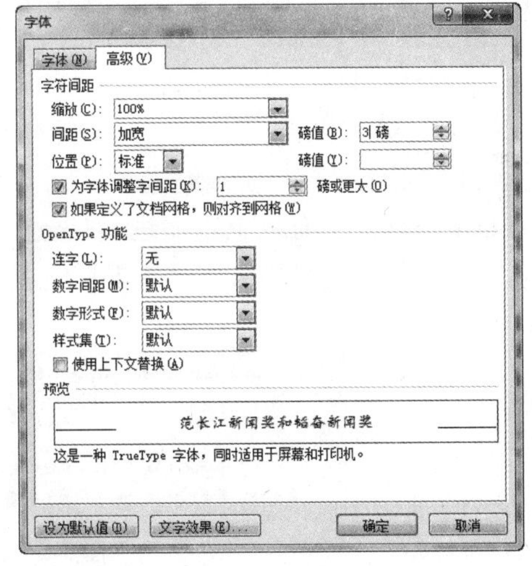

图 3-22　“字体”对话框的“高级”选项卡

3. 使用“段落”对话框设置段落格式

段落格式是文档段落的属性，包括段落缩进、行距、对齐方式、制表符等。当按 Enter 键时，便结束当前段落，开始一个新的段落，其默认段落格式与前一段相同。

打开“段落”对话框有两种方法：一是在图 3-20 中单击“段落”组的扩展按钮；二是右键单击文档的任意文本处，弹出快捷菜单，单击其中的“段落”命令。“段落”对话框包含“缩进和间距”“换行和分页”和“中文版式”三个选项卡，其中“缩进和间距”选项卡用得最多，在此选项卡中可以进行对齐方式、缩进、段前和段后间距、行距等段落格式的设置。

1)对齐方式

对齐方式决定段落在页面中的位置,对齐方式主要包括以下几种:

(1)左对齐:使文本左边对齐,右边不一定对齐。

(2)居中:使文本居中对齐。

(3)右对齐:使文本右边对齐,左边不一定对齐。

(4)两端对齐:使所选段落(除末行外)的左、右两边同时对齐。

(5)分散对齐:使所选段落的各行(包括末行)等宽。

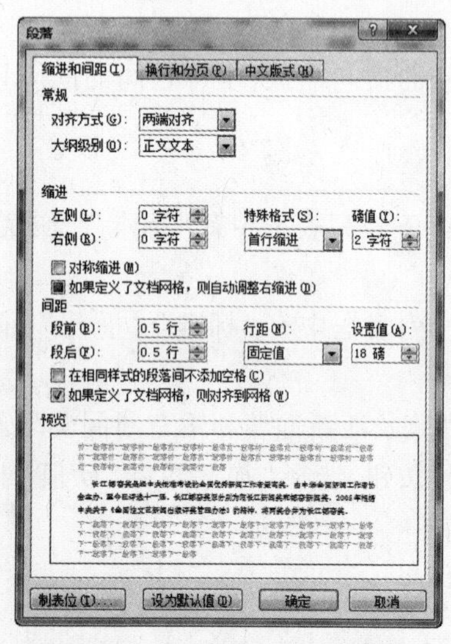

图 3-23 “段落”对话框的“缩进和间距”选项卡

2)缩进

Word 提供了四种段落缩进方式,缩进的度量值可以是字符、厘米或磅值。

• 左缩进:是指段落的左侧向里缩进一定的距离。

• 右缩进:是指段落的右侧向里缩进一定的距离。

• 首行缩进:是指将段落的首行向里缩进一定的距离,而保持段落中其余各行不变。

• 悬挂缩进:是指除首行外的其余各行缩进一定距离。

在本任务中,选定《长江韬奋奖》的正文,打开“段落”对话框的“缩进和间距”选项卡,单击“特殊格式”下拉按钮,选择“首行缩进”,将“磅值”框中的值改为“2 字符”,如图 3-23 所示。

除使用“段落”对话框实现缩进以外,还可以使用水平标尺和“开始 / 段落”组实现缩进。

(1)使用水平标尺实现缩进。

在水平标尺上有以上左缩进、右缩进、首行缩进和悬挂缩进四种缩进标记,如图 3-24 所示。拖动缩进标记时会出现一条垂直的虚线,根据虚线移动的位置来确定各种缩进量。

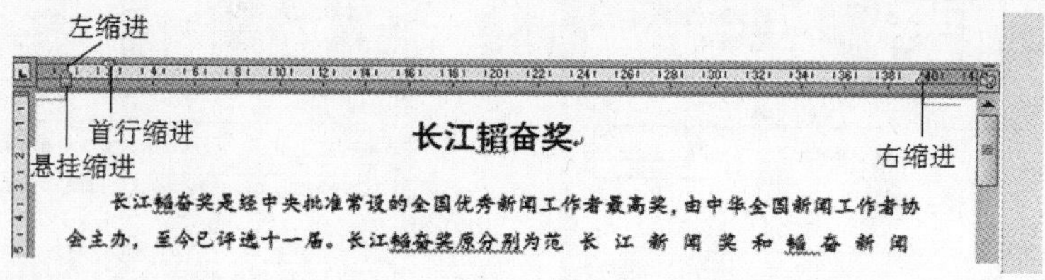

图 3-24 四种缩进的标记

(2)使用“开始 / 段落”组实现缩进。

选定要改变缩进量的段落,若要增加左缩进量,单击“开始 / 段落”组中的“增加缩进量”按钮,若要减少左缩进量,单击“开始 / 段落”组中的“减少缩进量”按钮。

单击一次“增加缩进量”按钮,Word 增加的缩进量为一个制表位宽度。如果希望改变此缩进量,可以先设置不同的制表位。

3)间距

(1)段落间距。

段落间距分为段前间距和段后间距,分别决定段落前、后的空间,其度量值可以是行、磅、字符或厘米。

单击要设置间距的段落的任意处，打开“段落”对话框的“缩进和间距”选项卡，在“间距”选项组的“段前”和“段后”文本框中输入所需的间距或利用微调按钮进行设置。

在本任务中，选定《长江韬奋奖》的正文，打开“段落”对话框的“缩进和间距”选项卡，在“段前”和“段后”文本框中输入“0.5 行”，如图 3-23 所示。

（2）行距。

行距决定了段落中各行间的垂直间距，在默认情况下，各行的间距为单倍行距。另外，还可以设定 1.5 倍行距、2 倍行距、固定值、最小值、多倍行距等。

使插入点位于要改变行距的段落中或选择要改变行距的多个段落，打开“段落”对话框的“缩进和间距”选项卡，在“间距”选项组中单击“行距”下拉按钮，在下拉列表中根据需要进行选择。

在本任务中，选定《长江韬奋奖》的正文，打开“段落”对话框的“缩进和间距”选项卡，在“行距”下拉列表框中选择“固定值”选项，然后在“设置值”文本框中输入“18 磅”，如图 3-23 所示。

设定行距还可以利用“开始 / 段落”组中的“行和段落间距”按钮 ，选中需要更改行距的段落，单击“行和段落间距”按钮，在下拉菜单中选择“1.0”“1.5”“2.0”等行距的倍数设定相应的行距，选择“行距选项”可以打开“段落”对话框进行段落格式的设定。

4. 设置边框和底纹

Word 可以为选定的文字或段落添加边框和底纹，也可以为整个页面添加边框，以达到强调突出和美化的目的。简单的字符边框和底纹设置可以在选定文本后，通过单击“开始 / 字体”组中的“字符边框”按钮 A 和“字符底纹”按钮 A 来实现。较为复杂的边框和底纹格式设置需要利用“页面布局 / 页面背景”组来完成，单击“页面布局 / 页面背景 / 页面边框”命令，打开“边框和底纹”对话框，此对话框共有三个选项卡，分别是“边框”“页面边框”和“底纹”选项卡。

1）“边框和底纹”对话框的“边框”选项卡

“边框和底纹”对话框的“边框”选项卡如图 3-25 所示，在其中设置边框的操作步骤如下：

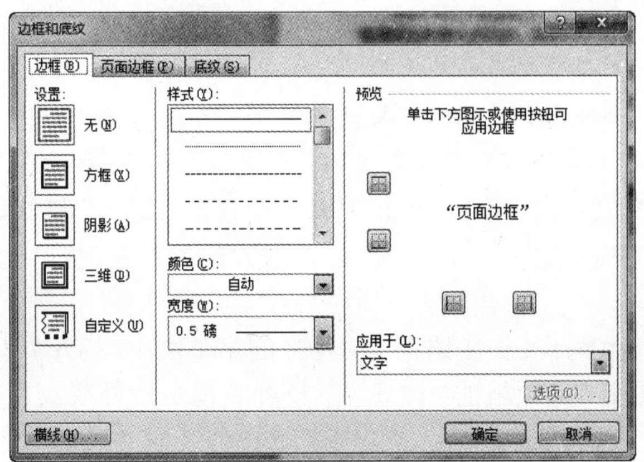

图 3-25　“边框和底纹”对话框的“边框”选项卡

（1）选定要修饰的文本或段落。

（2）从“设置”选项组的“无”“方框”“阴影”“三维”和“自定义”五种类型中选择需要的边框类型。

（3）从“样式”列表框中选择边框线的线型。

（4）从“颜色”下拉列表框中选择边框线的颜色。

（5）从“宽度”下拉列表框中选择边框线的线宽。

（6）在“应用于”下拉列表框中选择效果应用范围是文字还是段落。

（7）设置完毕后单击“确定”按钮。

2）“边框和底纹”对话框的“页面边框”选项卡

在“边框和底纹”对话框的“页面边框”选项卡中可以进行页面边框的设置，设置方法与“边框”选项卡类似，只是“页面边框”选项卡多了一个“艺术型”下拉列表框，用来设置具有艺术效果的页面边框。此外，页面边框应用的范围不同，“应用于”下拉列表框的可选项为“整篇文档”“本节”“本节－仅首页”“本节－除首页外所有页”。

在本任务的《长江韬奋奖》文稿中，选择“页面布局／页面背景／页面边框”命令，打开“边框和底纹”对话框的“页面边框”选项卡，在“设置”选项组中选择“方框”，在“样式”列表框中选择“波浪形”，在“颜色”下拉列表框中选择“绿色”，在“宽度”下拉列表框中选择“1.5 磅”，在“应用于”下拉列表框中选择“整篇文档”，如图 3-26 所示，单击“确定”按钮完成设置。

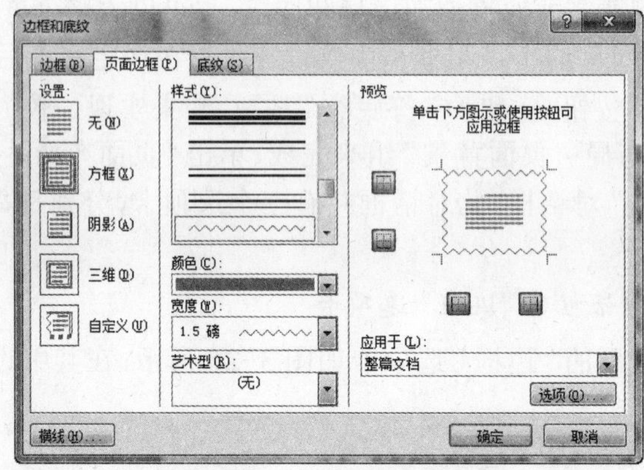

图 3-26 “边框和底纹”对话框的“页面边框”选项卡

3）“边框和底纹”对话框的“底纹”选项卡

“边框和底纹”对话框的“底纹”选项卡中包含“填充”和“图案”两个选项组，分别用来设置底纹颜色和底纹样式。“应用于”下拉列表框中包含“文字”和“段落”两个选项。如果要设置文本底纹则必须先选定该文本，如果要设置段落底纹则需先将光标置于该段落内的任意位置。

在本任务中，将光标置于《长江韬奋奖》正文的第 2 段中，打开“边框和底纹”对话框的“底纹”选项卡，在“图案”选项组的“样式”下拉列表框中选择底纹百分比选项为“5%”，在“颜色”下拉列表框中选择“绿色”，在“应用于”下拉列表框中选择“段落”，如图 3-27 所示，单击“确定”按钮完成设置。

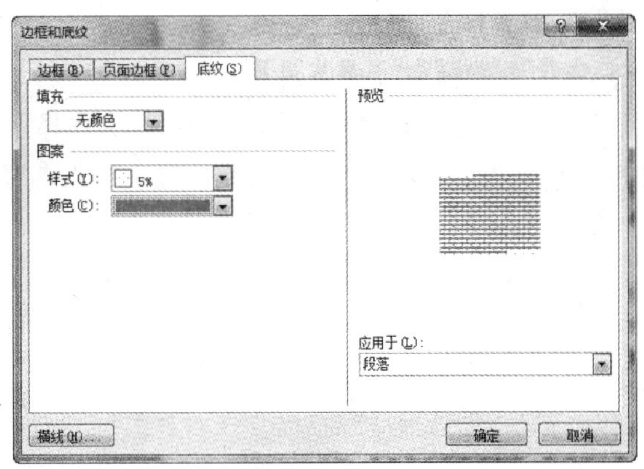

图 3-27　“边框和底纹”对话框的“底纹”选项卡

5. 设置项目符号与编号

给文档中的段落或列表添加项目符号或编号，可以使文档条理清晰，易于阅读和理解。Word 2010 可以快速地在现有的文本行中添加项目符号或编号，也可以在输入时自动创建。

1）输入时自动创建项目符号或编号

输入文本时，在某一行的开头输入“*”或“1.”，再按空格键或 Tab 键，然后输入文本内容，当按 Enter 键另起一行时，Word 会自动接上一段的顺序插入下一个项目符号或编号。若想结束创建，按两次 Enter 键或按 Backspace 键删除段落或列表中的最后一个项目符号或编号即可。

2）利用“开始 / 段落”组添加项目符号

对已经存在的文本，若需要添加项目符号，则需先选定要添加项目符号的段落或列表，在“开始 / 段落”组中单击“项目符号”按钮 ，可为其添加默认的项目符号，打开其下拉菜单，有更多的项目符号样式可供选择。

在本任务中，选择《长江韬奋奖》正文的第 2 ～ 6 段，单击“开始 / 段落”组中的“项目符号”下拉按钮，在“项目符号”下拉菜单中单击项目符号 ，如图 3-28 所示。

如果需要更多项目符号的选项设置，可以单击图 3-28 中的“定义新项目符号”命令，打开图 3-29 所示的“定义新项目符号”对话框，在“项目符号字符”选项组中：单击“符号”按钮，可打开“符号”对话框进行选择；单击“图片”按钮，打开“图片项目符号”对话框，从中可选择需要的图片；单击“字体”按钮，可在“字体”对话框中设定项目符号的大小。

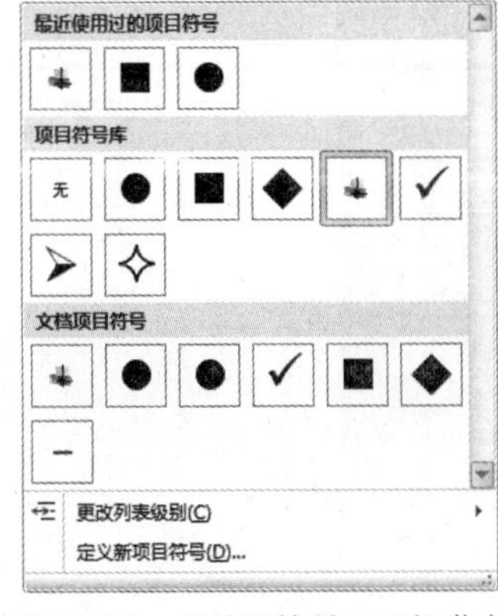

图 3-28　“项目符号”下拉菜单

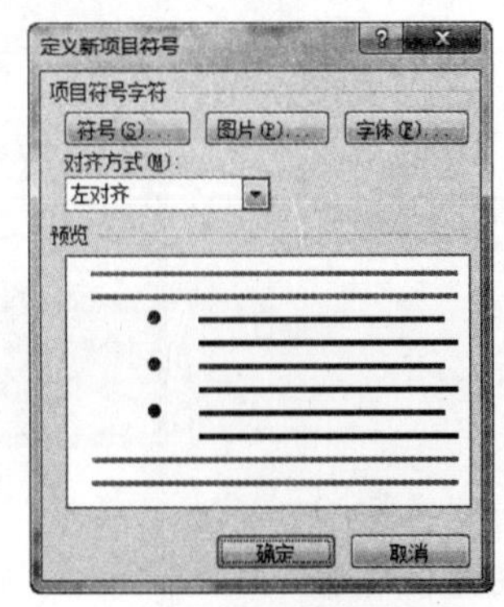

图 3-29　“定义新项目符号”对话框

3）利用“开始 / 段落”组添加编号

选定要添加编号的段落，在“开始 / 段落”组中单击“编号”按钮 ，可为其添加默认编号，打开其下拉菜单，如图 3-30 所示，有更多的编号格式可供选择。

如果需要更多选项的编号设置，可单击“编号”下拉菜单中的“定义新编号格式”按钮，打开“定义新编号格式”对话框，自定义所需的编号样式，如图 3-31 所示。

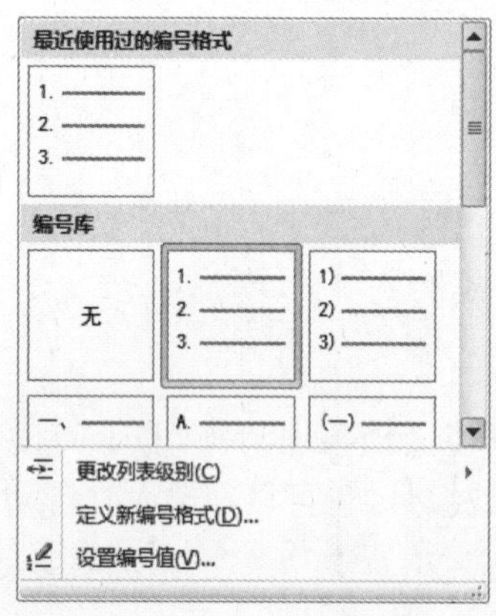

图 3-30 “编号”下拉菜单

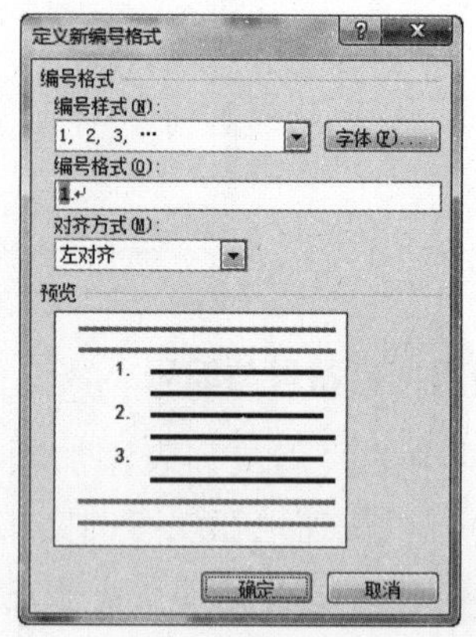

图 3-31 “定义新编号格式”对话框

6. 分栏

在阅读报纸杂志时，常常发现页面被分成多个栏目。这些栏目有的是等宽的，有的是不等宽的，从而使得整个页面布局错落有致，更易于阅读。

1）设置分栏

选择“页面布局 / 页面设置 / 分栏”命令，在下拉菜单中可以进行默认选项的分栏，如需更多选项的分栏设置，可单击下拉菜单中的“更多分栏”命令，弹出“分栏”对话框，从中进行设置。

在本任务中，选择《长江韬奋奖》正文第 2 ～ 6 段，在“分栏”对话框中选择“两栏”，选择“分隔线”复选框，栏宽使用默认值，“应用于”选择“所选文字”，如图 3-32 所示，单击“确定”按钮完成设置。如需取消分栏，只要在“分栏”对话框中选择“一栏”选项即可。

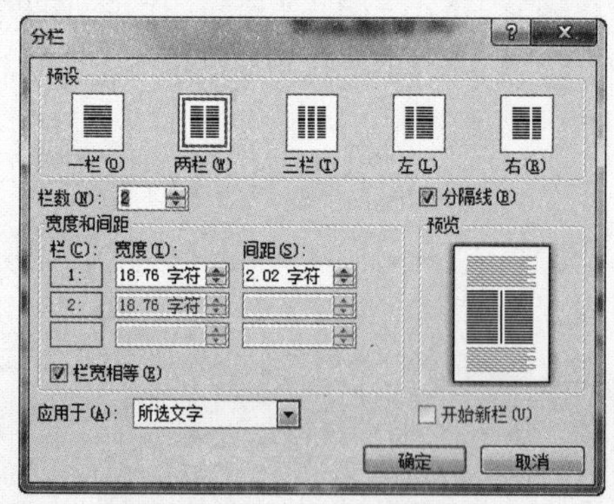

图 3-32 “分栏”对话框

2）设置分节符

当对文档分栏后，Word 会自动插入分节符，整篇文档被分成不同的节。在一个文档中，

Word 可以对不同的节设置不同的页面格式，一个长文档可以用分节符分成若干节，为节设置的格式就保存在分节符里。

（1）插入分节符。

分节符是为了表示节的开始和结束而插入的标记，在草稿视图下，它显示为包含“分节符”字样的双虚线。分节符存储了节的格式设置信息，如页边距、页眉和页脚，以及页码的顺序，删除分节符也就等于取消了有关设置。

在文本中插入分节符有以下几个步骤：

① 将插入点移到要划分节的位置。

② 选择“页面布局 / 页面设置 / 分隔符”命令，在下拉菜单中选择分节符的选项，如图 3-33 所示。

③ 分节符的选项有如下 4 个，根据需要选择其中的一种分节符类型，两个分节符之间的文档部分为一节。

• 下一页：表示新的一节放到下一页的开始。

• 连续：表示在插入点处开始新的一节。

• 偶数页：表示新的一节总是从下一个偶数页开始。

• 奇数页：表示新的一节总是从下一个奇数页开始。

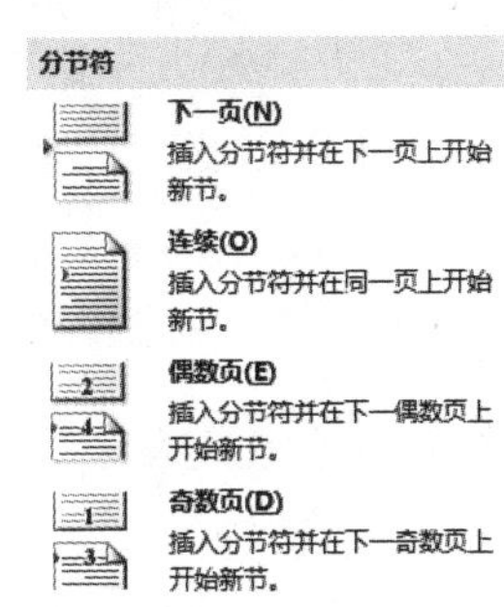

图 3-33　“分节符”下拉菜单

④ 单击“确定”按钮。

（2）删除分节符。

如果要删除分节符，在草稿视图下，选定之后按 Delete 键，在删除的同时也取消了该分节符上的文本格式，该文本成为下一节的一部分，其格式也变成下一节的格式。

7. 首字下沉

在一些杂志和报纸上，常看到某些段落的第一个字被放大数倍，或悬挂在段落之外，或下沉于段落之中，这就是首字下沉格式。

选择“插入 / 文本 / 首字下沉”命令，在下拉菜单中可以进行默认选项的设置，如需更多选项的下沉格式设置，可单击下拉菜单中的“首字下沉选项”命令，弹出“首字下沉”对话框。

在本任务中，将光标置于《长江韬奋奖》正文的第 1 段中，在“首字下沉”对话框中选择“位置”选项组中的“下沉”方式，设置“下沉行数”为“2”，“距正文”选项为“0 厘米”，如图 3-34 所示，单击“确定”按钮完成设置。

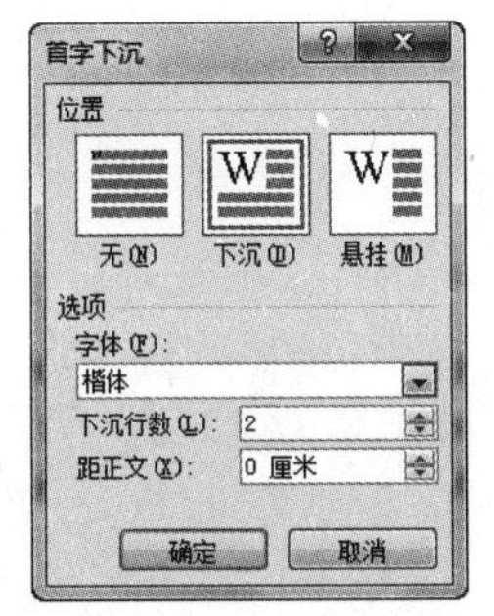

图 3-34　“首字下沉”对话框

8. 设置背景

用 Word 制作各种文稿时，为了设计精美的背景或者声明版权等需要，通常给 Word 文档设置背景颜色及加背景图片等。

1）设置背景颜色

首先打开文档，然后单击“页面布局 / 页面背景 / 页面颜色”命令，在下拉菜单中可以任意挑选合适的颜色，如图 3-35 所示。如果没有找到合适的颜色，可以在图 3-35 中单击“其他颜色”，打开“颜色”对话框，如图 3-36 所示，这里有各种各样的颜色可供选择。

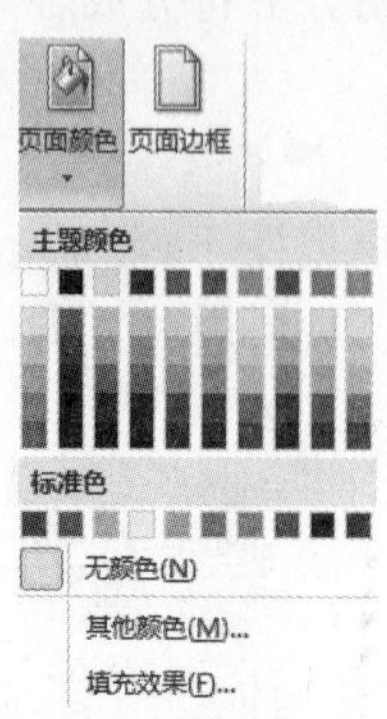

图 3-35 “页面颜色”下拉菜单

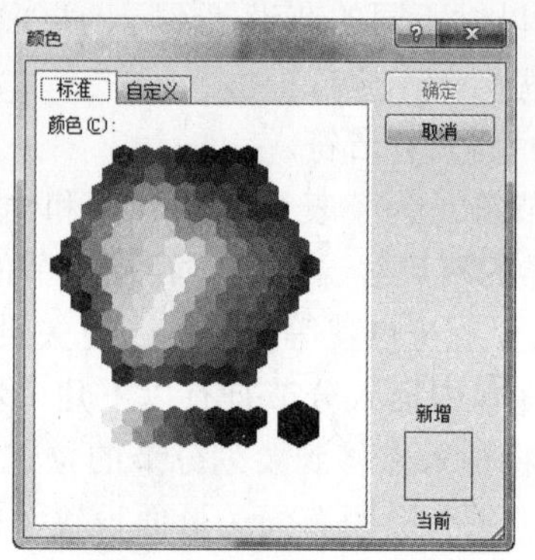

图 3-36 “颜色”对话框

2)设置填充效果

在 Word 文档中,用户不仅可以使用单色作为文档背景颜色,还可以为 Word 文档设置填充效果的背景。在图 3-35 中,单击“填充效果”命令,打开“填充效果”对话框,如图 3-37 所示。该对话框共有四个选项卡,分别是“渐变”“纹理”“图案”“图片”,用户可以根据需要选择适合的背景。

3)设置水印

用户可以利用 Word 中提供的水印功能给自己的文档加上水印,水印的内容可以是自己的版权声明或其他信息。用户可以为文档添加两种方式的水印:图片水印和文字水印。图片水印是将图片衬于文档文字之下,而文字水印则是以艺术字的方式衬于文档文字之下。

单击“页面布局 / 页面背景 / 水印”命令,在下拉菜单中可以选择已有的水印效果,如需自定义水印,则在下拉菜单中单击“自定义水印”,打开“水印”对话框,其中包含以下三个单选按钮:

(1)无水印:删除水印效果。

(2)图片水印:可以选择一张图片作为水印,并可设置图片的缩放和冲蚀。

(3)文字水印:可以自己输入作为水印的文字,并设置其字体、字号、颜色、版式等。

在本任务中,将光标置于《长江韬奋奖》文稿中,在“水印”对话框中,选中“文字水印”单选按钮,在“文字”框中输入“长江韬奋奖”,在“颜色”下拉列表框中选择“红色”,如图 3-38 所示,单击“确定”按钮完成设置。

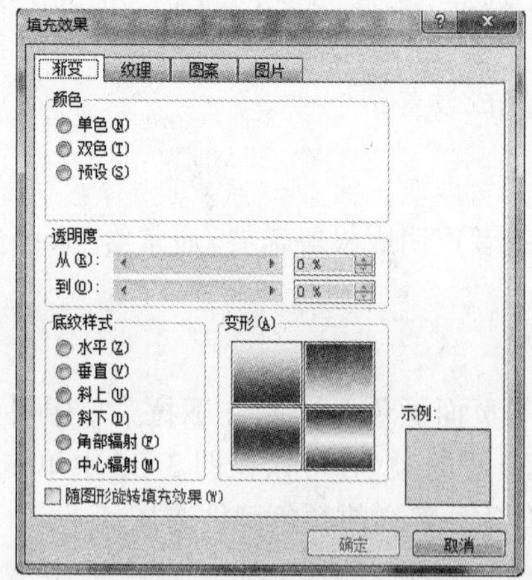

图 3-37 “填充效果”对话框

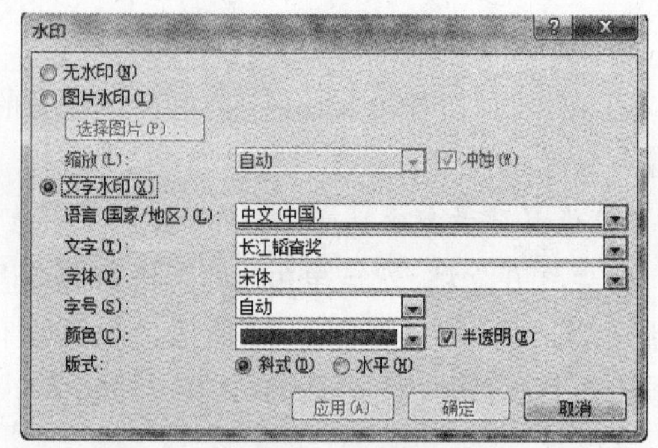

图 3-38 “水印”对话框

归纳总结

通过完成本任务《长江韬奋奖》文稿的排版要求，应能够熟练掌握字符、段落的格式化操作和一些页面格式化的操作，如分栏、设置页面边框等。其他的页面排版技巧会在后续的内容中涉及。

任务三　制作电子小报

任务描述与分析

本任务针对某一主题（如记者节），通过欣赏、观摩学习已有的电子报刊，确定报刊名称，搜集相关的资料，利用 Word 图文混排的功能，制作精美的电子小报。通过完成任务，掌握图片、艺术字、文本框的插入方法，提高综合设计排版的能力。

具体要求如下：

（1）页面设置：A4 纸张，纵向排版，其他默认。

（2）运用前面掌握的字符、段落的格式化操作美化文本，例如首行缩进、分栏、设置字体等。

（3）精心设计，使用艺术字对标题进行排版。

（4）插入图片，并插入一幅“记者”类的剪贴画，实现图文混排。

（5）在正文第 1 段中插入一幅与记者有关的图片，并实现图文混排，图片的存放位置为“D:\ 学习情境三”。

（6）在正文的第 7 段中插入文本框，并进行格式的设定。在文本框中输入文本“百度百科：其他国家记者节”，将第(4)步中插入的“记者”类剪贴画移动到文本框中，并组合成一个对象。

《记者节》参考原文：

2000 年，国务院正式批复中国记协《关于确定“记者节”具体日期的请示》，同意将中国记协的成立日 11 月 8 日定为记者节。

记者节像护士节、教师节一样，是我国仅有的三个行业性节日之一。按照国务院的规定，记者节是一个不放假的工作节日。

新中国成立前就有记者节。从 1933 年到 1949 年，每年的 9 月 1 日，新闻从业人员都举行各种仪式纪念这一节日。

11 月 8 日是中国记协的成立日。1937 年 11 月 8 日，以范长江为首的左翼新闻工作者在上海成立中国青年记者协会，这是中国记协的前身。60 多年来，特别是新中国成立以来，中国记协在团结广大新闻工作者、推动中国新闻事业的发展，以及在开展国际新闻界友好往来等方面做出了显著成绩。将中国记协成立日定为“记者节”的另一个理由是：中华全国新闻工作者协会是由中央级新闻单位，全国各省、区、市新闻工作者协会，各专业记协及其他新闻机构、新闻从业人员联合组成的全国性人民团体，代表着全国 70 万新闻工作者，以其成立日作为“记者节”的日期，有着广泛的代表性。

1999 年 9 月 18 日颁布的《全国年节及纪念日放假办法》，再一次明确列入了记者节。2000 年 8 月，国务院正式批复中国记协的请示，同意将 11 月 8 日定为记者节。

苏联的出版节是 5 月 5 日。1922 年 3 月俄共第十一次代表大会做出决议，以《真理报》创刊日（5 月 5 日）为全俄出版节。

韩国的新闻节是 4 月 7 日。1896 年 4 月 7 日，朝鲜医生徐弼博士在汉城创办朝鲜第一家民营报纸《独立新闻》，为纪念朝鲜第一家民营报纸的诞生，韩国建国后将 4 月 7 日这一天定为韩国的新闻节。

本任务的效果图如图 3-39 所示。

2000 年，国务院正式批复中国记协《关于确定"记者节"具体日期的请示》，同意将中国记协的成立日 11 月 8 日定为记者节。

记者节像护士节、教师节一样，是我国仅有的三个行业性节日之一。按照国务院的规定，记者节是一个不放假的工作节日。

新中国成立前就有记者节。从 1933 年到 1949 年，每年的 9 月 1 日，新闻从业人员都举行各种仪式纪念这一节日。

11 月 8 日是中国记协的成立日。1937 年 11 月 8 日，以范长江为首的左翼新闻工作者在上海成立中国青年记者协会，这是中国记协的前身。60 多年来，特别是新中国成立以来，中国记协为团结广大新闻工作者，推动中国新闻事业的发展，以及在开展国际新闻界友好往来等方面作出了显著成绩。将"记者节"定为中国记协成立日的另一个理由是：中华全国新闻工作者协会是由中央级新闻单位、全国各省、区、市新闻工作者协会、各专业记协及其它新闻机构、新闻从业人员联合组成的全国性人民团体，代表着全国 70 万新闻工作者，以其成立日作为"记者节"的日期，有着广泛的代表性。

1999 年 9 月 18 日颁布的《 全国年节及纪念日放假办法》，再一次明确列入了记者节。2000 年 8 月，国务院正式批复中国记协的请示，同意将 11 月 8 日定为记者节。

苏联的出版节是 5 月 5 日。1922 年 3 月俄共第十一次代表大会作出决议，以《真理报》创刊日（5 月 5 日）为全俄出版节。

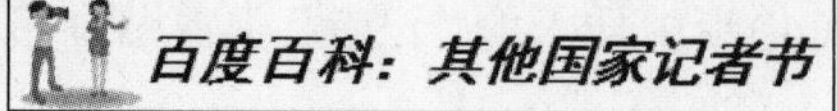

韩国的新闻节是 4 月 7 日。1896 年 4 月 7 日，朝鲜医生徐弼博士在汉城创办朝鲜第一家民营报纸《独立新闻》，为纪念朝鲜第一家民营报纸的诞生，韩国建国后将 4 月 7 日这一天定为韩国的新闻节。

图 3-39　任务三效果图

实现方法

1. 设置页面

页面设置的合理与否直接关系到文档的打印效果。文档的页面设置主要包括设置页面大小、方向、边框效果、页眉、页脚和页边距等。

利用"页面布局 / 页面设置"组中的"文字方向""页边距""纸张方向""纸张大小"等命令，如图 3-40 所示，可以快速进行相应的页面设置。

图 3-40　"页面布局 / 页面设置"组

页面设置也可以利用“页面设置”对话框实现。单击“页面布局 / 页面设置”组的扩展按钮，即可打开“页面设置”对话框，如图 3-41 所示，该对话框有四个选项卡，分别是“页边距”“纸张”“版式”和“文档网格”。

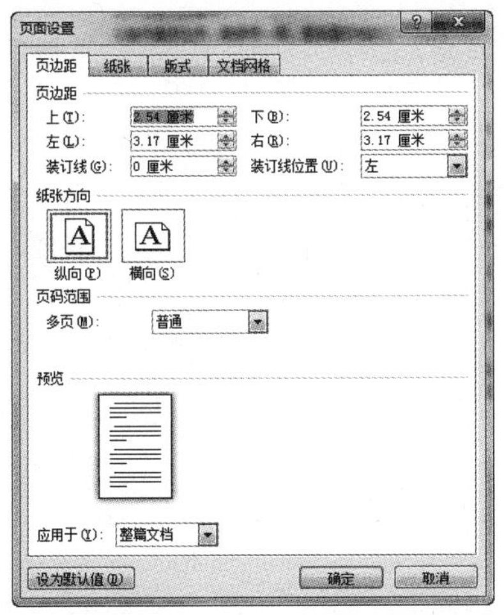

图 3-41 “页面设置”对话框

1）**设置页边距**

页边距(即页边空白)是指文本区与页边的距离，页面上文本区的大小是所选纸张大小减去页边距而得到的。

在图 3-41 所示的“页面设置”对话框的“页边距”选项卡的以下选项组中，可以进行页边距、纸张方向、页码范围和应用范围等的设置：

(1)“页边距”选项组。

可在“上”“下”“左”“右”文本框中设置页边距，还可选择装订线位置及装订线距边界的距离。

(2)“纸张方向”选项组。

单击“纵向”或“横向”，可确定页面的方向。当改变页面方向时，Word 会将上、下页边距的值与左、右页边距的值对调。

在《记者节》文稿中，选择页面方向为“纵向”。

(3)“页码范围”选项组。

“页码范围”选项组有五个可选项，分别是“普通”“对称页边距”“拼页”“书籍折页”“反向书籍折页”，一般使用默认的“普通”选项，可根据要求选择不同的选项。如选择“对称页边距”选项，表示当双面打印时，正反两面的内外侧边距宽度相等，此时原“页边距”选项组的“左”“右”框分别变为“内侧”“外侧”框。

(4)“预览”选项组。

单击“应用于”下拉列表框右边的下拉按钮，从下拉菜单中选定页边距的适用范围。默认情况下，页边距的适用范围是“本节”。若要更改部分文档的边距，可以选择需要的部分文本，然后设置所需的边距，并在“应用于”下拉列表框中选择“所选文字”。

利用“页面设置”对话框可以全面、精确地设置页边距，也可以通过直接拖动鼠标快速地设置整篇文档的页边距。

文档窗口中标尺两侧的深灰色区域代表的是页边距,将鼠标移动到标尺边界上,当光标呈现双向箭头状态时,按下鼠标左键并拖动即可调整页边距。

2)设置纸张

用户可以根据自己的需要,在图 3-42 所示的“页面设置”对话框的“纸张”选项卡中设置排版纸张的大小:

(1)在“纸张大小”下拉列表框中选择打印所需的纸张尺寸。

在《记者节》文稿中,选择纸张大小为“A4”。

(2)如果用户选择的纸张大小是“自定义大小”,则需要分别在“宽度”和“高度”文本框中输入纸张的尺寸。

(3)在“应用于”下拉列表框中选择打印文档的范围。

3)设置版式

在“页面设置”对话框的“版式”选项卡中可以设置版面布局,包括设置页眉、页脚、垂直对齐方式、行号等特殊的版面内容,如图 3-43 所示。

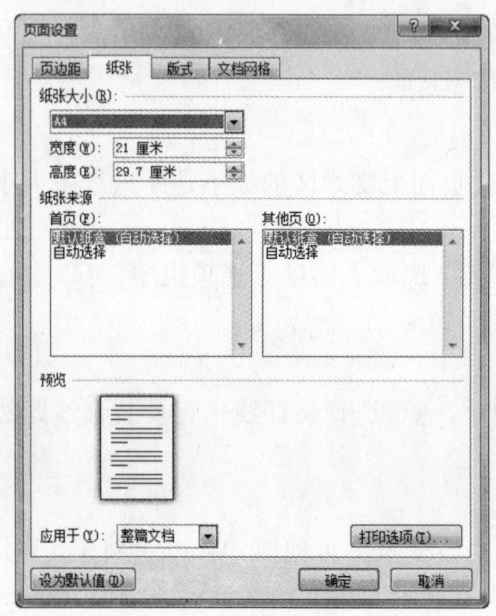

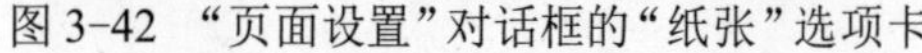

图 3-42 “页面设置”对话框的“纸张”选项卡

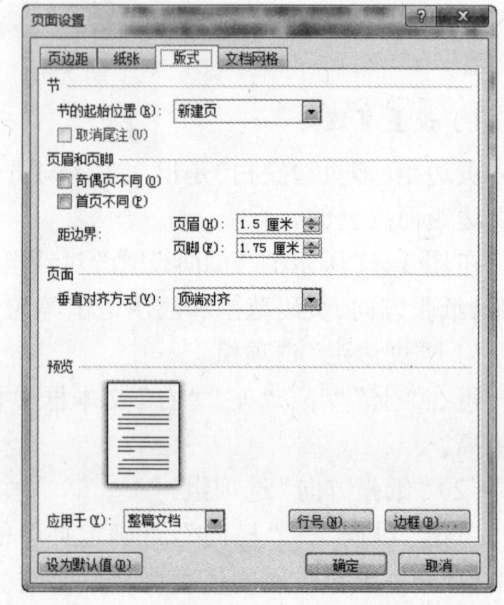

图 3-43 “页面设置”对话框的“版式”选项卡

在图 3-43 的“页眉和页脚”选项组中,选择“奇偶页不同”可设置奇偶页不同的页眉和页脚样式,选择“首页不同”可以设置文档的首页不出现页眉、页脚。页眉和页脚的位置在正文的边界以外,即在页边距内,因此,设置页眉和页脚的位置时应考虑相应的边界的页边距,否则有可能会增加正文距边界的距离。

单击图3-43中的“行号”按钮会弹出“行号”对话框,可以在页面的左边添加行号标识;单击“边框”按钮则可弹出“边框和底纹”对话框。

4)设置文档网格

打开“页面设置”对话框的“文档网格”选项卡,如图 3-44 所示,在以下选项组中可以设置文字的排列方向、每页的行数、每行的字符数、行的跨度、字符间的跨度等:

（1）“文字排列”选项组：选择“水平”或“垂直”单选按钮，可设置文字的方向，“栏数”中的数值可为选中的页面设置分栏。

（2）“网格”选项组：该选项组中有四个单选按钮。

① 无网格：行和字符间跨度距离均不可设置。

② 只指定行网格：可设置每页的行数和跨度。

③ 指定行和字符网格：可设置每页的行数和跨度，以及每行的字符数和跨度。

④ 文字对齐字符网格：可设置每页的行数和每行的字符数，不可设置跨度。

（3）“字符数”和“行数”选项组：设置具体的每页的行数和每行的字符数，“网格”选项组中所选的选项不同，“字符数”和“行数”选项组的可设置内容也不同。

（4）“预览”选项组：单击“字体设置”按钮可打开“字体”对话框；单击“绘图网格”按钮可打开“绘图网格”对话框，如图 3-45 所示。

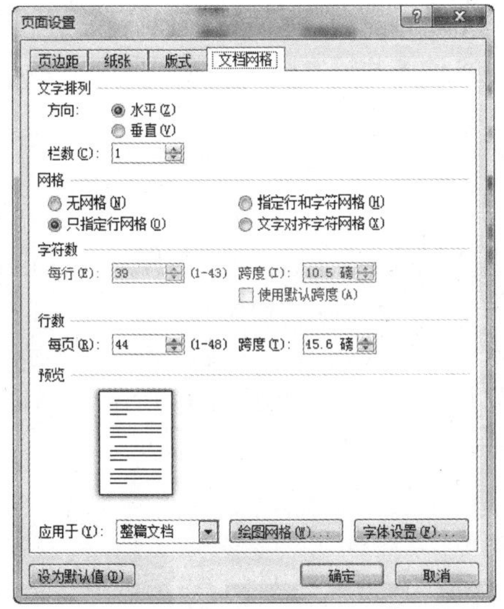

图 3-44　“页面设置”对话框的“文档网格”选项卡

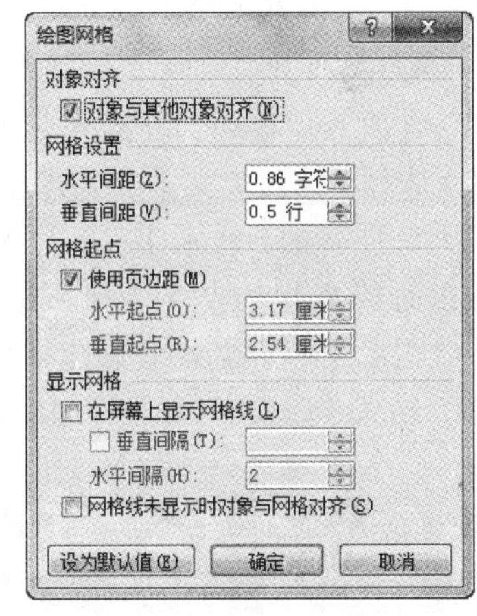

图 3-45　“绘图网格”对话框

在“绘图网格”对话框中可进行以下设置：

①“网格设置”选项组：“水平间距”框用来设置左右网格线之间的距离，其度量值必须介于 0.01 ～ 150.86 字符之间；“垂直间距”框用来设置上下网格线之间的距离，其度量值必须介于 0.01 ～ 101.54 行之间。为方便对图形进行微量调整，一般是输入较小的数值，这样，再进行图形的调整时比较容易控制位置的移动和尺寸大小的缩放。

②“网格起点”选项组：取消“使用页边距”复选框，可以在“水平起点”和“垂直起点”框中指定网络的起点坐标。

③“在屏幕上显示网格线”复选框：选中该复选框，可以显示网格线。如果要在屏幕上同时显示左右网格线和上下网格线，则可以选中“垂直间隔”复选框，然后单击“水平间隔”和“垂直间隔”框右边的微调按钮，设置网格线间隔的字符间距。

2. 设置字体、分栏等格式

1）设置正文字体

在本任务中，选中《记者节》正文，单击“开始 / 字体”组的“字体”下拉按钮，在下拉列表中选择“楷体”。

2)设置段落格式

在本任务中,选中《记者节》正文,单击“开始/段落”组的扩展按钮,打开“段落”对话框,选择对话框的“缩进和间距”选项卡,选择“特殊格式”为“首行缩进”,“磅值”为“2字符”。

3)设置分栏

在本任务中,选中《记者节》正文的1～5段,选择“页面布局/页面设置/分栏”命令,在下拉菜单中选择“更多分栏”命令,弹出“分栏”对话框,选择“两栏”,中间设置分隔线,栏宽使用默认值,单击“确定”按钮。

3. 使用艺术字

在Word中,艺术字是一种包含特殊文本效果的绘图对象,这种修饰性文字可以任意旋转角度、着色、拉伸或变换字间距,以达到最佳效果。在文档中插入艺术字可以编排出具有特殊效果的文字,增强文本的视觉效果。

1)插入艺术字

(1)将插入点移动到要插入艺术字的位置。

(2)选择“插入/文本/艺术字”命令,打开“艺术字”下拉菜单,如图3-46所示。

(3)在打开的“艺术字”下拉菜单中,选择合适的样式,文档中将自动插入含有默认文字“请在此放置您的文字”和所选样式的艺术字。在《记者节》文稿中,选择标题“记者节”,在“艺术字”下拉菜单中选择第3行第2列的样式,效果如图3-47所示。同时打开“绘图工具/格式”选项卡,如图3-48所示。

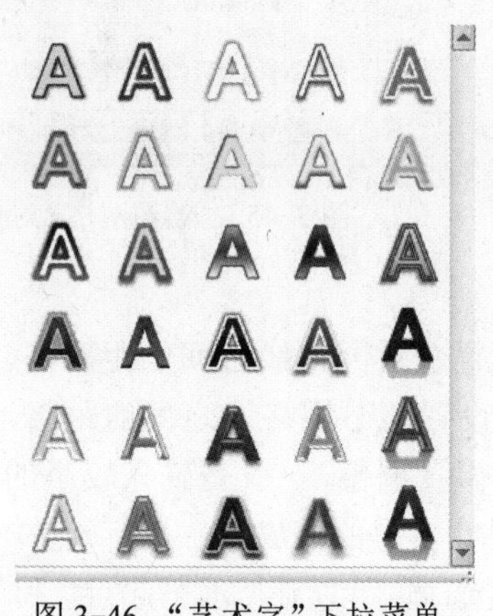

图3-46 “艺术字”下拉菜单

图3-47 艺术字效果

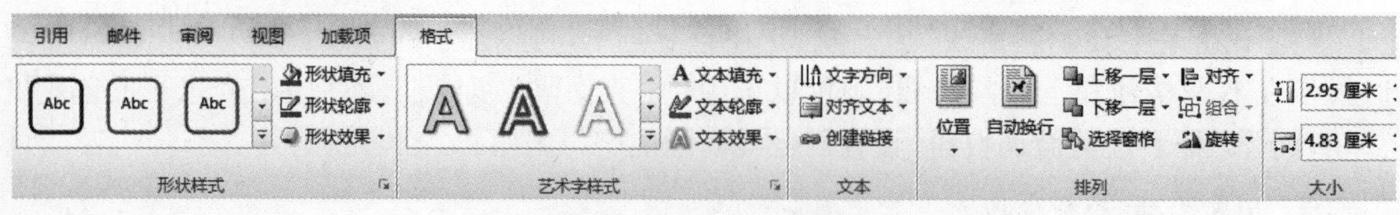

图3-48 “绘图工具/格式”选项卡

2）编辑艺术字

（1）利用“绘图工具 / 格式”选项卡编辑艺术字。

单击选中要更改的艺术字对象，会出现图 3-48 所示的“绘图工具 / 格式”选项卡，将鼠标放在某个按钮上不动，可以看到这个按钮的名称，利用该选项卡的以下各组可以对艺术字进行各种编辑和修改操作：

①“形状样式”组：可以修改整个艺术字的样式，并可以设置艺术字形状的填充、轮廓及形状效果等。

②“艺术字样式”组：可以对艺术字中的文字设置填充、轮廓及文字效果等。

③“文本”组：可以对艺术字文字设置链接、文字方向、对齐文本等。

④“排列”组：可以修改艺术字的排列次序、环绕方式、旋转及组合等。

⑤“大小”组：可以设置艺术字的宽度和高度。

编辑艺术字也可以通过艺术字快捷菜单实现，右击选中要更改的艺术字对象，即可打开图 3-49 所示的艺术字快捷菜单进行设置。

图 3-49　艺术字快捷菜单

（2）修改艺术字的文本效果。

选中艺术字，单击“艺术字工具 / 格式 / 艺术字样式 / 文本效果”按钮，从下拉菜单中选择合适的效果选项，在本任务中，为插入的艺术字“记者节”选择艺术字形状为“正 V 形”，如图 3-50 所示。

（3）设置艺术字的版式。

选中艺术字，单击“艺术字工具 / 格式 / 排列 / 自动换行”按钮，在下拉菜单中设置环绕方式。如在《记者节》文稿中，选择艺术字的环绕方式为“四周型环绕”，如图 3-51 所示。

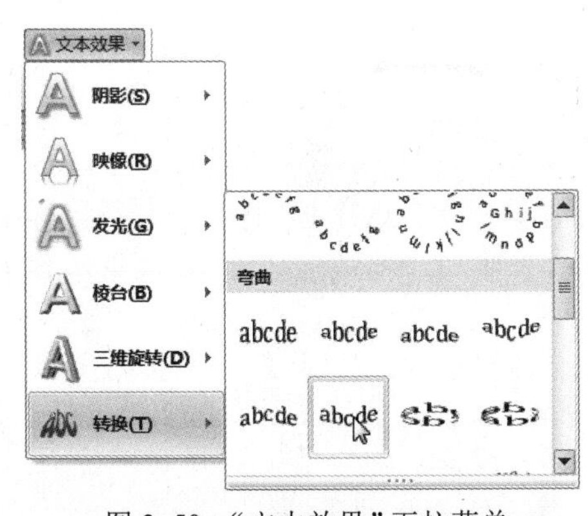

图 3-50　“文本效果”下拉菜单

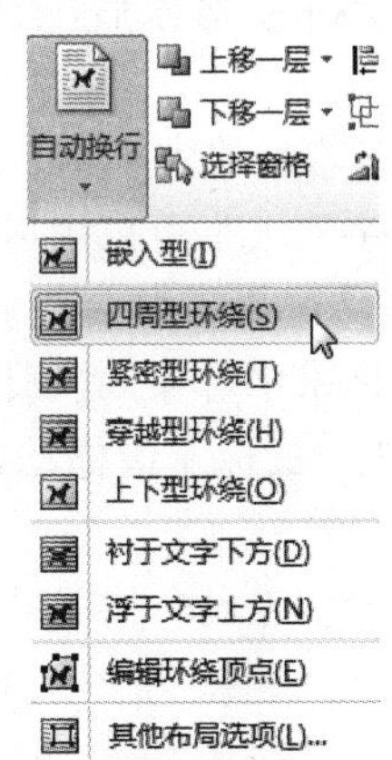

图 3-51　“自动换行”下拉菜单

用户可以根据需求，选择合适的环绕方式：

① 嵌入型：艺术字对象插入后系统默认的环绕方式。

② 四周型环绕：文字环绕在对象方形边界的四周。

③ 紧密型环绕：文字环绕在对象不规则形状的周围，适用于剪贴画、艺术字或其他特殊

形状的自选图形等。

④ 穿越型环绕：文字可以穿越不规则对象的空白区域环绕对象。

⑤ 上下型环绕：文字环绕在对象上方和下方。

⑥ 衬于文字下方：文字与对象处于不同的层中，对象位于下层。

⑦ 浮于文字上方：文字与对象处于不同的层中，对象位于上层。

如果需要其他文字环绕选项，可在图 3-51 中单击“其他布局选项”命令，打开“布局”对话框的“文字环绕”选项卡，如图 3-52 所示，该选项卡中有“环绕方式”“自动换行”“距正文”等选项组。

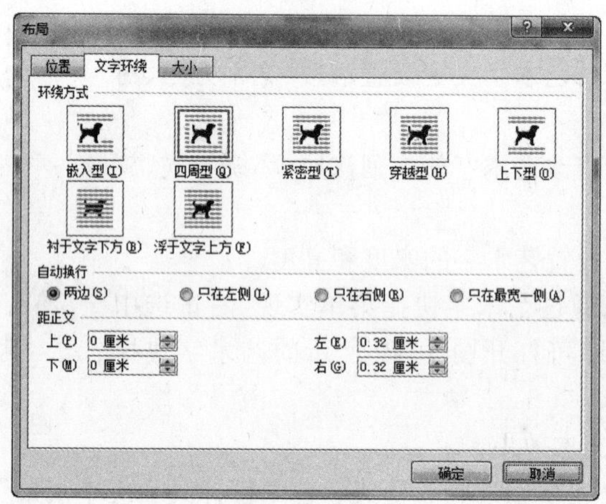

图 3-52 “布局”对话框的“文字环绕”选项卡

（4）旋转艺术字。

选中创建的艺术字，在其上方出现绿色的旋转柄，可以顺时针或逆时针旋转该旋转柄，使艺术字旋转适当的角度，呈现不同的效果。

（5）改变艺术字的位置。

单击选中艺术字对象后，当鼠标变成四向箭头时，按下鼠标左键可以移动艺术字对象的位置。

（6）改变艺术字的大小。

改变艺术字的大小可以用以下三种方法：

① 鼠标拖动调整艺术字大小。

单击选中艺术字对象，其周围将出现 8 个控制柄，鼠标指向 8 个控制柄之一，待鼠标变成双向箭头时，按住鼠标左键拖动，会出现一个虚线框，表明图片缩放后的大小，如果达到了要求，即可释放鼠标。

② 利用“绘图工具 / 格式 / 大小”组调整艺术字大小。

选中艺术字，调整“绘图工具 / 格式 / 大小”组中的“形状高度”和“形状宽度”数值至合适的大小。

③ 利用对话框调整艺术字大小。

单击“艺术字工具 / 格式 / 大小”组的扩展按钮，打开“布局”对话框的“大小”选项卡，如图 3-53 所示，在“高度”和“宽度”选项组的“绝对值”框中分别键入图片要更改成的高度和宽度值。要使图片保持原长宽比例，可以选中“锁定纵横比”复选框，再调整大小时，只需要调节高度和宽度中的一个数值，另一个数值就会随之发生相应的改变。如果选中图

3-53 中的“相对原始图片大小”复选框，则可以显示当前图片相较于原始图片的缩放比例。

单击图 3-53 中的“重置”按钮，可以还原图片的原始大小，但是，必须保证“相对原始图片大小”复选框被选中。

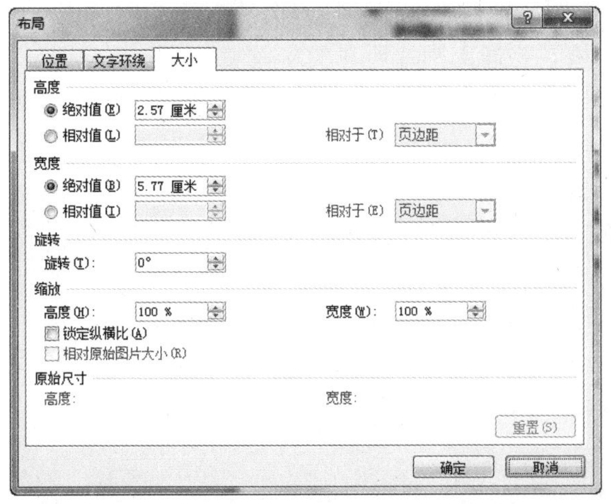

图 3-53　“布局”对话框的“大小”选项卡

在“布局”对话框的“大小”选项卡中，除了可以设置对象大小外，还可以设置旋转的角度等。

4. 插入图片、剪贴画和自选图形

Word 不是专门的图形处理软件，不能创建比较复杂且完美的图形，但是，可以利用 Word 的图形插入功能，将已经处理好的图片插入文档中。

在 Word 2010 中，除了艺术字外，可插入的图片主要有：剪贴画、来自文件的图片和自选图形。

1）插入剪贴画

剪贴画是 Word 程序附带的一种矢量图片，包括人物、动植物、建筑、科技等各个领域的图片，精美而且实用，有选择地在文档中使用它们，可以起到非常好的美化和点缀作用。插入剪贴画可以按以下步骤进行：

（1）将光标定位于文档中要插入剪贴画的位置。

（2）执行“插入 / 插图 / 剪贴画”，显示“剪贴画”任务窗格。

（3）在“剪贴画”任务窗格的“搜索文字”框中，键入所需剪贴画的描述性词组。

在本任务中，键入“记者”一词，如图 3-54 所示。

（4）单击“结果类型”框下拉按钮，选择“插图”，取消其他复选项的选中状态。

（5）单击“搜索”按钮，如果存在符合条件的剪贴画，它们将显示在结果框中。

（6）单击剪贴画即可将其插入文档中。

图 3-54　“剪贴画”任务窗格

2)插入来自文件的图片

要在 Word 2010 文档中插入剪辑库外的其他图片,可按下列步骤进行:

(1)将插入点置于要插入图片的位置。

(2)执行"插入/插图/图片",打开"插入图片"对话框。

(3)在对话框中定位到要插入图片所在的文件夹。

在本任务的《记者节》文稿中,定位到预先存放图片的文件夹"D:\学习情境三",如图 3-55 所示。

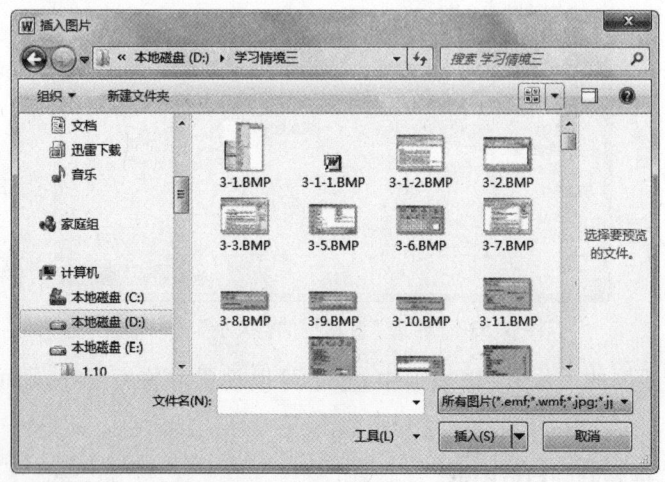

图 3-55 "插入图片"对话框

(4)在对话框中选中要插入的图片,单击"插入"按钮,或直接在需要插入的图片图标上双击,即可将图片插入 Word 文档中。

在"插入图片"对话框中,单击"插入"按钮旁边的下拉按钮,然后在下拉菜单中单击"链接到文件",可以通过链接图片来减小文件大小。但是,如果图片被删除或改变了位置,文档中将不能显示该图片。

3)"图片工具/格式"选项卡

不管插入的图片是来自剪贴画还是外部文件,单击插入文档的图片,都会出现"图片工具/格式"选项卡,如图 3-56 所示。利用"图片工具/格式"选项卡,可以调整图片的显示效果,设置阴影、版式及大小等。

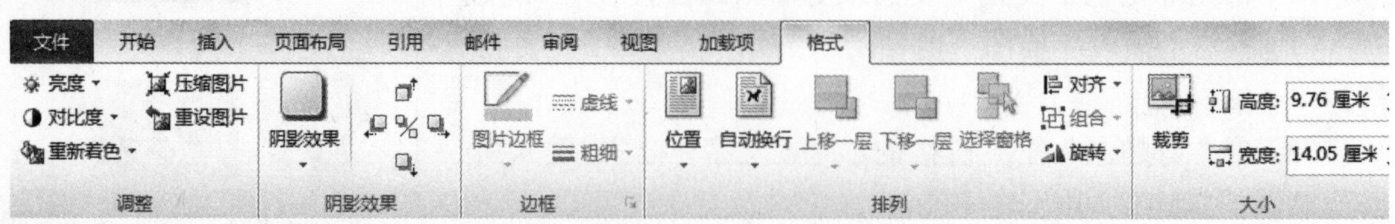

图 3-56 "图片工具/格式"选项卡

4)插入自选图形

(1)绘制自选图形。

利用 Word 中提供的绘图工具,可以直接在文档中绘制一些简单的图形,绘制图形的操作步骤如下:

① 执行“插入 / 插图 / 形状”，打开图 3-57 所示的下拉菜单。

② 选择所需的形状类型。

③ 将鼠标指针移动到要插入图形的位置，此时，鼠标变成十字形，按住鼠标左键拖曳即可绘制图形。

绘制完成后，随即打开“绘图工具 / 格式”选项卡，如图 3-58 所示。

默认情况下，插入的自选图形版式为“浮于文字上方”，选中后可随意拖动或旋转。

（2）在自选图形中添加文字。

在各类自选图形中，除了直线、箭头等线条图形外，其他图形均可添加文字。具体操作步骤如下：

① 右键单击要添加文字的图形对象。

② 从弹出的快捷菜单中选择“添加文字”命令，Word 自动在图形对象上显示插入点光标，然后可以进行文字的输入。

（3）设置自选图形的格式。

右键单击要设置格式的自选图形，在快捷菜单中选择“设置形状格式”命令，打开“设置形状格式”对话框，如图 3-59 所示，可以设置自选图形的填充、线条颜色、线型、阴影、三维旋转等。

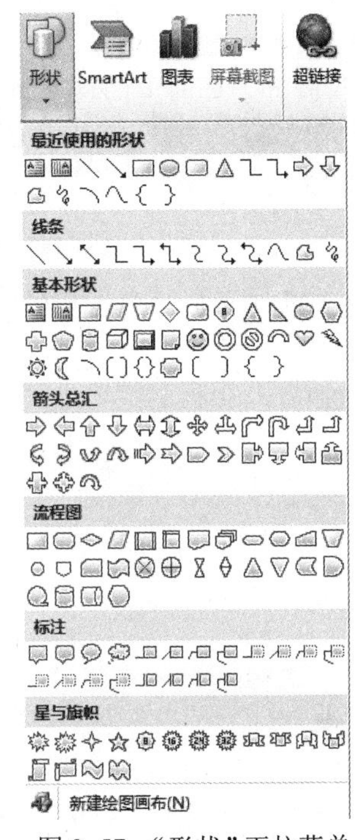

图 3-57　“形状”下拉菜单

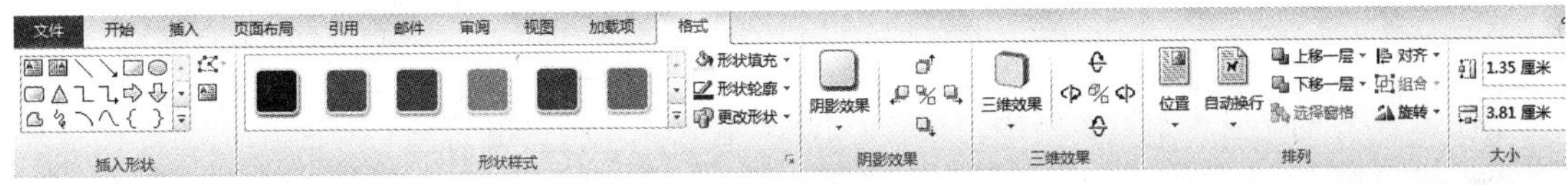

图 3-58　“绘图工具 / 格式”选项卡

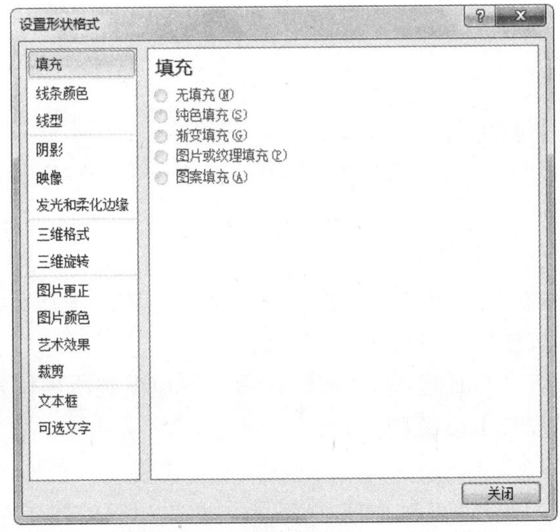

图 3-59　“设置形状格式”对话框

5. 设置文本框和对象

文本框是 Word 绘图工具所提供的一种绘图对象,能够输入文本,也允许插入图片,可以将其放置于页面上的任意位置,使用起来非常方便。

1) 插入文本框

执行"插入 / 文本 / 文本框"命令,在图 3-60 所示的下拉菜单中根据需要选择不同的版式。插入文本框后,随即打开"绘图工具 / 格式"选项卡。在文本框中单击,其内部出现插入点,可进行文字的输入和格式的设置,这是文本框的编辑状态。

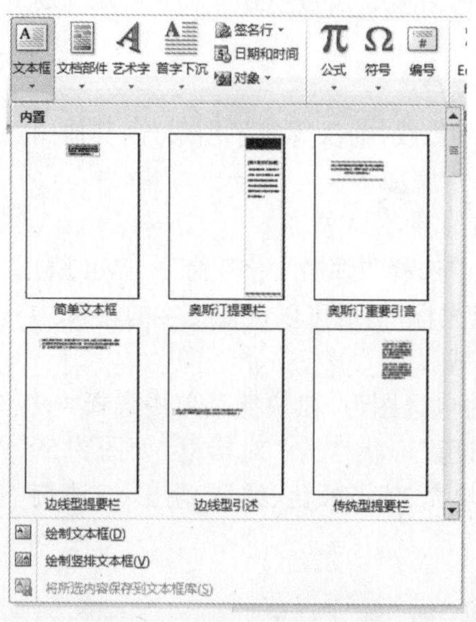

图 3-60 "文本框"下拉菜单

在本任务的《记者节》文稿中,插入文本框,输入文本"百度百科:其他国家记者节",并进行格式设置。

2) 对象的基本设置

在 Word 2010 中,图片、艺术字、文本框、公式等都可以看作对象,这几类对象的基本设置都类似。

(1) 选定对象。

① 选定单个对象:直接用鼠标在该对象任意部位单击。

② 选定多个对象:用鼠标拖动框选,或选中第一个对象后按住 Shift 键不放,单击其余对象。

(2) 对象的移动、复制和删除。

对象的移动、复制和删除与文本的对应操作相同。通常的操作是:

① 选定移动对象,按住鼠标左键拖曳到所需位置。

② 选定复制对象,按下 Ctrl 键不放,按住鼠标左键拖曳到所需位置。

③ 选定删除对象,按 Delete 键删除。

(3) 对象的缩放。

选中缩放的对象后,可以通过鼠标拖动,或利用对象相应的格式对话框的"大小"选项卡调整对象大小。

（4）设定图文混排的格式。

① 选定要修改排版格式的对象。

② 右键单击对象，在快捷菜单中选择设置对象格式的命令，打开相应的设置对象格式对话框。

③ 切换至对话框的“版式”选项卡，选定一种版式后，单击“确定”按钮。

（5）使用对象工具选项卡。

选定对象后，会出现相应的对象工具选项卡。

使用对象工具选项卡不但可以插入对象，还可以设置对象的大小、填充颜色、字体颜色、三维效果及进行裁剪等。

如图 3-61 所示，利用对象工具选项卡的“排列”组，可以设置选中对象的旋转、对齐及多个对象的叠放次序、组合等。

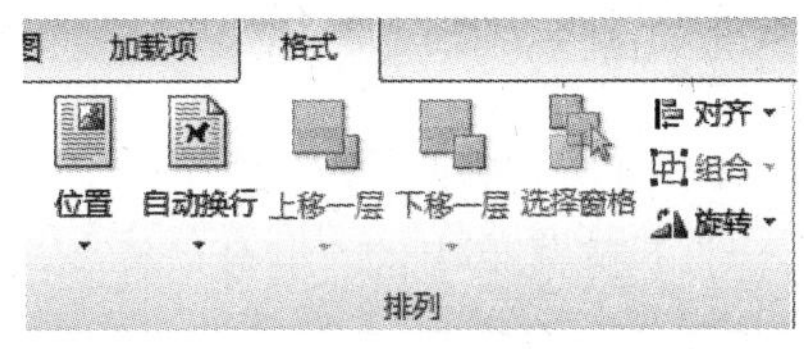

图 3-61　对象工具选项卡的“排列”组

① 对象的旋转或翻转。

在 Word 中可将对象或对象组合向左或向右旋转 90° 或其他任意角度，也可以水平或垂直翻转。旋转或翻转对象的操作方法如下：

方法一：选定需要旋转的对象，在对象上方会出现一个绿色的控制点，将光标移到该控制点上，当光标变成 ↻ 形状时，拖动控制点向任意方向旋转。

方法二：单击图 3-61 所示的“排列”组中的“旋转”命令，打开下拉菜单，实现对象特殊角度的旋转或翻转。“旋转”下拉菜单包括以下选项：

- 向右旋转 90°：将对象顺时针旋转 90°。
- 向左旋转 90°：将对象逆时针旋转 90°。
- 垂直翻转：将对象垂直翻转。
- 水平翻转：将对象水平翻转。

② 对象的对齐与分布。

要使多个对象整齐排列，首先选择要对齐的多个对象，且对齐和分布操作只能针对同一页内的对象进行。图 3-61 所示的“排列”组中“对齐”命令的下拉菜单包括以下选项：

- 左对齐：使所有选中的对象按最左侧一个对象的左边界对齐。
- 左右居中：使所有选中的对象横向居中对齐。
- 右对齐：使所有选中的对象按最右侧一个对象的右边界对齐。
- 顶端对齐：使所有选中的对象按最顶端一个对象的上边界对齐。
- 上下居中：使所有选中的对象纵向居中对齐。
- 底端对齐：使所有选中的对象按最底端一个对象的下边界对齐。
- 横向分布：使选定的三个或三个以上的对象在页面水平方向等距离排列。
- 纵向分布：使选定的三个或三个以上的对象在页面垂直方向等距离排列。

③ 对象的叠放次序。

在 Word 中，当多个对象放在同一位置时，上层的对象会把下层的对象遮住，用户可以设置对象的叠放次序，以决定哪个对象在上层，哪个对象在下层。

设置对象的叠放次序，应先选择该对象，然后利用图 3-61 所示的“排列”组中的以下命令进行设置：

• 上移一层:将对象上移一层。

• 置于顶层:将对象置于最前面。

• 浮于文字上方:将对象置于文字的前面,挡住文字。

• 下移一层:将对象下移一层。

• 置于底层:将对象置于最后面。

• 衬于文字下方:将对象置于文字的后面。

④ 对象的组合。

排版时通常需要把若干图形对象、艺术字、文本框等组合成一个对象,以方便整体移动等排版操作。

操作的方法是:首先选中要组合的多个对象,然后单击图 3-61 所示的"排列"组中的"组合"下拉菜单中的"组合"命令,或者单击鼠标右键,选择快捷菜单中"组合"级联菜单中的"组合"命令即可。

要取消组合,单击选中组合的对象后,选择快捷菜单中的"组合 / 取消组合"命令即可。

在本任务的《记者节》文稿中,将插入的剪贴画移动到文本框中,同时选中文本框和剪贴画,调整其位置、大小,将其组合在一起,如图 3-62 所示。

图 3-62 组合对象

归纳总结

本任务通过插入艺术字、剪贴画、外部图片等对象,实现图文混排,达到了美化文稿的目的,这些对象的基本操作都是类似的,在使用中要举一反三,灵活处理。

任务四 制作个人求职简历

任务描述与分析

利用 Word 提供的表格处理功能,可以方便地制作出各种用户需要的表格,并可对表格中的数据进行简单的处理。

本任务要求通过制作个人求职简历熟悉表格的创建、编辑、格式化与属性设置,掌握表格数据的基本操作。具体要求如下:

(1) 创建 7 行 × 7 列的表格。

(2) 根据预先设计的内容编辑表格,如调整单元格之间的行高、列宽,合并、拆分单元格等,并在单元格内输入适当的文本。

(3) 设置部分单元格为双实线、绿色、0.5 磅宽的边框,底纹填充 25% 深色。

(4) 计算"核心课程"的平均分,填入相应单元格中。

本任务的效果图如图 3-63 所示。

个人求职简历

基本信息						
姓名		性别		籍贯		照片
民族		出生年月		健康状况		
政治面貌		毕业院校		学历		
院系				专业		
联系方式						
核心课程						
课程	课程1	课程2	课程3	课程4	课程5	平均分
成绩	90	87	95	80	92	88.8
获奖情况						
实践经历						
求职意向						

图 3-63　任务四效果图

实现方法

1. 创建表格

表格中的每一个单独的方格称为单元格，表格由一行或多行单元格组成，单元格是表格中的最小单位，可以在其中输入文字、数据或插入图片。

创建表格的方法有三种：一是使用“表格”按钮，可以最快捷地创建一个简单的表格；二是使用“插入表格”对话框创建表格；三是使用“绘制表格”命令，可以像用笔一样随心所欲地绘制复杂的表格。

1）使用“表格”按钮创建表格

将光标移动到要插入表格的位置，单击“插入 / 表格”组中的“表格”按钮，在下拉菜单中拖动鼠标选择行数和列数。在本任务中，选择 7 行 × 7 列，如图 3-64 所示，松开鼠标左键，即可插入一个 7 行 × 7 列的表格。

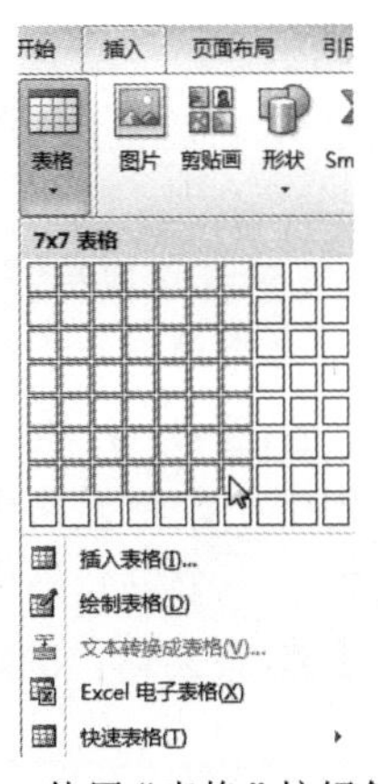

图 3-64　使用“表格”按钮创建表格

2）使用“插入表格”对话框创建表格

将光标移动到要插入表格的位置，单击“插入 / 表格”组的“表格”按钮，在下拉菜单中单击“插入表格”命令，打开“插入表格”对话框，如图 3-65 所示，设置要插入表格的列数、行数，单击“确定”按钮，表格创建完成。

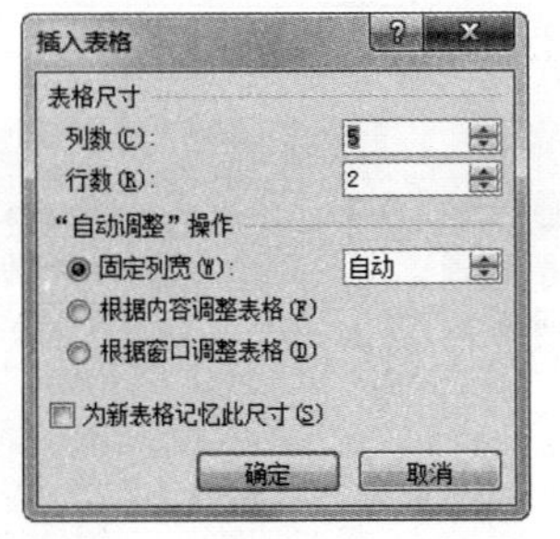

图 3-65　“插入表格”对话框

3）使用“绘制表格”命令创建表格

使用“绘制表格”命令创建表格的步骤如下：

（1）单击“插入/表格”组的“表格”按钮，在下拉菜单中选择“绘制表格”，鼠标变成笔的形状。

（2）用鼠标在文档的指定区域拖曳表的外边框到适当位置，松开鼠标，画出表格的外边框，随即打开“表格工具/设计”选项卡，如图3-66所示。

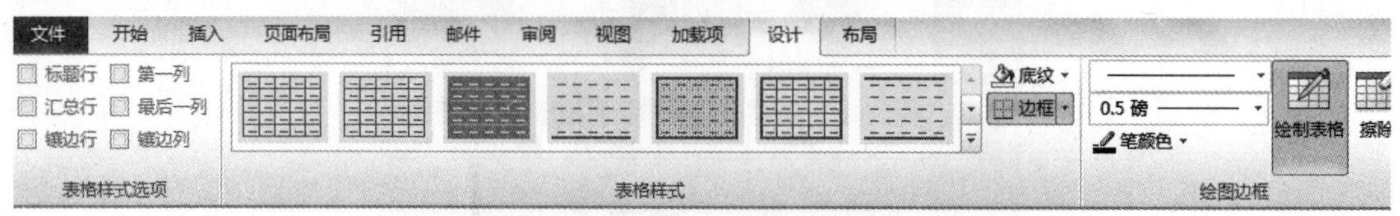

图3-66 “表格工具/设计”选项卡

（3）拖动鼠标画出表中的横线、竖线。在绘制过程中，如需清除某些表线，可以单击“表格工具/设计/绘图边框”组中的“擦除”按钮，鼠标指针变为橡皮状，移动鼠标指针到相应表线上，拖动鼠标，在表线上将出现一条粗线，松开鼠标即可清除该表线。

2. 编辑表格

表格建立之后，既可以用系统中已有的表格样式编辑美化表格，也可以根据需要对表格进行编辑、修改，如对单元格进行合并、拆分、增加、删除以及调整单元格的行高与列宽等。

1）选定表格

对表格进行编辑修改前，应先选定表格，选定表格通常使用以下两种方法：

（1）使用键盘按键和鼠标。

① 选定一个单元格：将鼠标指针移到待选单元格左边线偏右，当指针变为向右斜的实心箭头时，单击。

② 选定一行：将鼠标指针移到待选行的左边框外（偏左），当指针变为向右斜的空心箭头时，单击。

③ 选定一列：将鼠标指针移到待选列的上边框，当指针变为向下的箭头时，单击。

④ 选定多个单元格、多行或多列：在要选定的单元格、行或列上拖动鼠标，或者先选定某个待选单元格、行或列，然后在按下Shift键的同时单击其他单元格、行或列。

⑤ 选定下一个单元格中的文本：按Tab键。

⑥ 选定上一个单元格中的文本：按Shift＋Tab组合键。

⑦ 选定整张表格：将鼠标指针移到表格的左上角，当出现表格移动控制点图标 ⊞ 时，在其上单击。

（2）使用“表格工具/布局”选项卡。

“表格工具/布局”选项卡如图3-67所示，利用“表/选择”下拉菜单中的“选择行”“选择列”“选择表格”“选择单元格”命令，可以选定光标当前所在的行、列、整个表格和单元格。

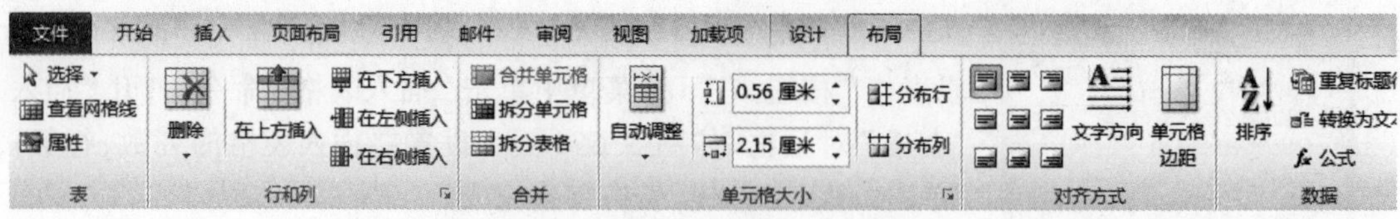

图3-67 “表格工具/布局”选项卡

2）“自动套用表格样式”功能

使用 Word 2010 的“自动套用表格样式”功能可快速将表格设置为较为专业的 Word 2010 表格格式。具体操作步骤如下：

选择表格，在“表格工具 / 设计 / 表格样式”组中选择合适的表格样式，或单击该组中的“其他”按钮，打开“表格样式”列表，如图 3-68 所示。

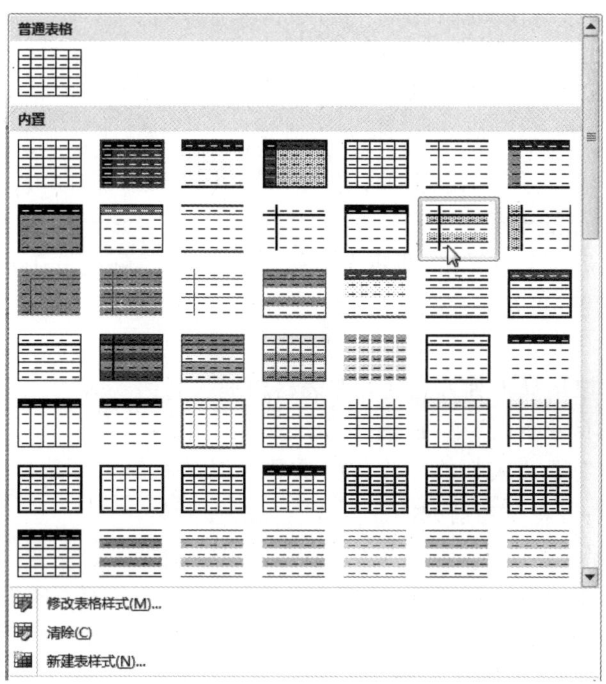

图 3-68　“表格样式”列表

如在图 3-68 中选中“精巧型 1”表格样式，则应用样式后的效果如图 3-69 所示。单击“表格模板”表格样式，可取消自动套用表格样式。

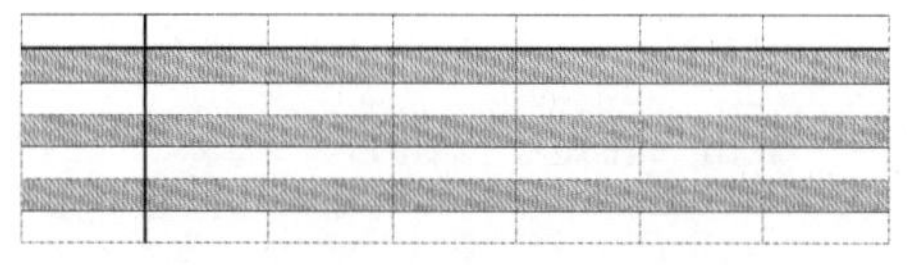

图 3-69　应用表格样式后的效果

3）合并单元格

在 Word 中，可以将表格中选定的一块矩形区域中的多个单元格合并为一个单元格。

在本任务中，根据需要，先选择要合并的单元格，使用“表格工具 / 布局 / 合并”组（或右键快捷菜单）中的“合并单元格”命令，完成相应单元格的合并，效果如图 3-70 所示。

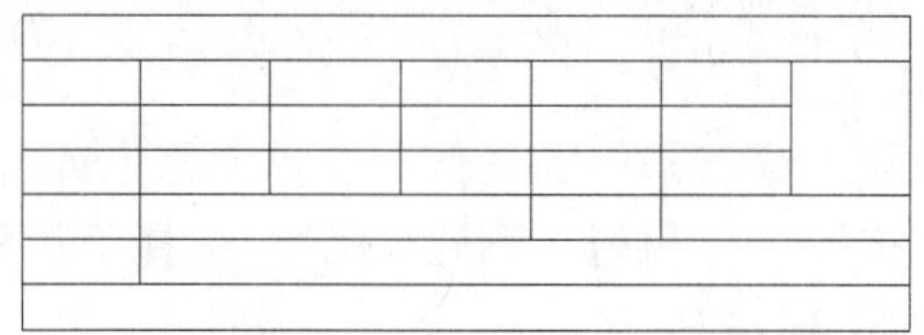

图 3-70　合并单元格后的效果

4)插入行或列

(1)插入行。

用户根据需要可以选择下列方法之一在表格中插入行:

① 使用“表格工具 / 布局”选项卡。

将光标移到表格中要插入行的位置,在“表格工具 / 布局 / 行和列”组中,选择“在上方插入”或“在下方插入”,将在当前行的上方或下方添加新行。

② 使用快捷菜单。

将光标移到表格中要插入行的位置,在右键快捷菜单中,选择“插入”级联菜单中的“在上方插入行”或“在下方插入行”命令,将在当前行的上方或下方添加新行。如需一次插入多行,可先选定多行。在本任务中,选定已有的 7 行,用以上方法,即可一次在表尾插入 7 行。

③ 使用键盘在表尾插入行。

单击表格中的最后一个单元格,即将光标移动到该单元格中,按 Tab 键,或将光标移动到该单元格外,按 Enter 键,可在表尾插入一行。

(2)插入列。

用户根据需要可以选择下列方法之一在表格中插入列:

① 使用“表格工具 / 布局”选项卡。

将光标移到表格中要插入列的位置,在“表格工具 / 布局 / 行和列”组中,选择“在左侧插入”或“在右侧插入”,将在当前列的左侧或右侧添加新列。

② 使用快捷菜单。

将光标移到表格中要插入列的位置,在右键快捷菜单中,选择“插入”级联菜单中的“在左侧插入列”或“在右侧插入列”命令,将在当前列的左侧或右侧添加新列。

如需一次插入多列,需先选定多列。

(3)插入单元格。

将光标移到表格中要插入单元格的位置,右键单击,在快捷菜单中选择“插入”级联菜单中的“插入单元格”命令,或单击“表格工具 / 布局 / 行和列”组的扩展按钮,都会打开“插入单元格”对话框,如图 3-71 所示,根据需要选择一项,单击“确定”按钮。

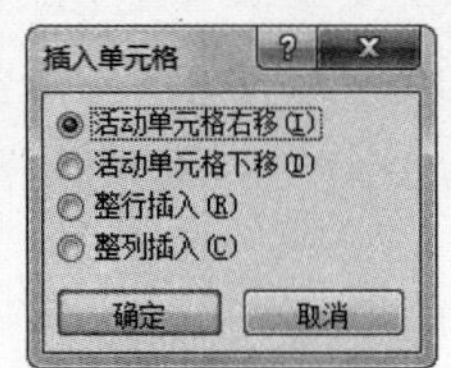

图 3-71 “插入单元格”对话框

5)拆分单元格

在 Word 中,可以将一个单元格拆分成多个单元格。

在本任务中,单击第 8 行的单元格,单击“表格工具 / 布局 / 合并”组(或右键快捷菜单)中的“拆分单元格”命令,弹出“拆分单元格”对话框,根据需要输入要拆分的列数和行数,如图 3-72 所示,单击“确定”完成拆分。

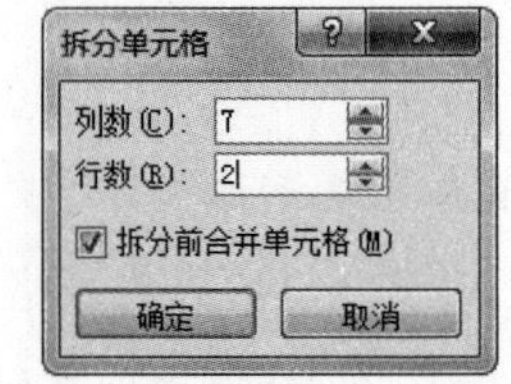

图 3-72 “拆分单元格”对话框

6)删除表格的行、列、单元格或整个表格

(1)删除行(列)。

① 将光标移动到要删除的行(列)中的任何一个单元格上或选定该行(列)。

② 使用“表格工具 / 布局 / 行和列 / 删除”命令,选择下拉菜单中的“删除行”(“删除列”)选项,删除行(列),如图 3-73 所示。

③ 使用“表格工具 / 布局 / 行和列 / 删除 / 删除单元格”命令，或使用右键快捷菜单中的“删除单元格”命令，出现“删除单元格”对话框，如图 3-74 所示，从中选择“删除整行”（“删除整列”）选项，删除行（列）。

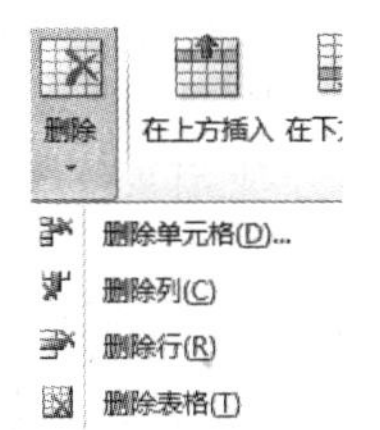

图 3-73　“删除”下拉菜单

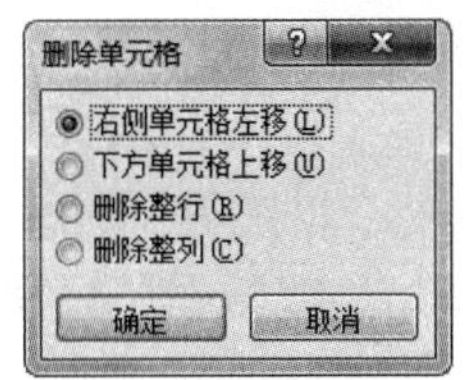

图 3-74　“删除单元格”对话框

（2）删除单元格。

① 将光标移到要删除的单元格中。

② 使用“表格工具 / 布局 / 行和列 / 删除 / 删除单元格”命令，或使用右键快捷菜单中的“删除单元格”命令，出现“删除单元格”对话框，根据需要选择合适选项，单击“确定”按钮，将删除当前光标所在的单元格。

（3）删除整个表格。

① 将光标移到要删除的表格的任何单元格中。

② 使用“表格工具 / 布局 / 行和列 / 删除 / 删除表格”命令，将删除整个表格。

7）在表格中输入文本

在表格中输入文本与在文档中输入文本一样，只要将插入点移至要输入内容的单元格内，直接向其中输入，完成后将插入点移至其他单元格即可。要删除单元格中的内容，选定要删除的内容之后按 Delete 键即可。

对表格中的文本也可以进行各种文本格式的设定，还可以进行复制、删除等，其方法与文档中文本格式的设置方法相同。

在本任务中，根据需要录入文本，并设置字体、字号等。

8）设置单元格中文字的对齐方式

单元格中文字的对齐方式包括水平和垂直两个方向的对齐，利用“开始 / 段落”组中的对齐方式按钮可以简单设置单元格内文字的水平对齐方式。通常情况下，用户可以通过使用“表格工具 / 布局 / 对齐方式”组中的对齐方式按钮，或右击选定的单元格，在弹出的快捷菜单中选择“单元格对齐方式”，打开“单元格对齐方式”列表，如图 3-75 所示，选择 9 种对齐方式中的一种。

在本任务中，选择文本以后，设置“水平居中”单元格文字对齐方式。

图 3-75　“单元格对齐方式”列表

9）调整表格的位置和尺寸

（1）使用鼠标拖动调整表格的位置和尺寸。

① 改变表格大小：将鼠标指向表格，当表格尺寸控点 □ 出现在表格的右下角时，将鼠标放到表格尺寸控点上，直到出现一个双向箭头，拖动表格边框到所需尺寸大小。

② 移动表格位置：将鼠标指向表格，当移动控制点图标 ⊞ 出现在表格左上角时，将鼠标放到表格移动控制点图标上，会出现一个四向箭头，按住鼠标左键移动表格到合适位置。

③ 调整表格的列宽:将鼠标放到要更改其宽度的列的边线上,直到指针变为 ⇹,拖动边线,调整到合适的列宽。

④ 调整表格的行高:将鼠标放到要更改其高度的行的边线上,直到指针变为 ⇳,拖动边线,调整到合适的行高。

(2) 使用菜单命令调整表格尺寸。

① 平均分配行高或列宽:选中要统一尺寸的行或列,通过使用"表格工具 / 布局 / 单元格大小"组的"分布行"按钮或"分布列"按钮实现。

② 调整表格尺寸及行高、列宽:单击"表格工具 / 布局 / 表 / 属性"命令,或右击表格,在快捷菜单中选择"表格属性"命令,打开"表格属性"对话框,如图 3-76 所示,通过其中的"表格""行""列"选项卡可设置选定表格及行、列的尺寸。

图 3-76 "表格属性"对话框

10) 拆分、合并表格

(1) 拆分表格或在表格前插入文本(如表注)。

要将一个表格拆分成两个表格,需单击要作为第二个表格首行的任一单元格,然后使用"表格工具 / 布局 / 合并 / 拆分表格"命令;要在表格前插入文本,需单击表格第一行的任一单元格,然后使用"表格工具 / 布局 / 合并 / 拆分表格"命令。

在本任务中,单击表格首行的任一单元格后,使用"表格工具 / 布局 / 合并 / 拆分表格"命令,在表格的上方出现一个空行,输入标题"个人求职简历",并设定格式。

(2) 合并表格。

删除两个表格之间的所有文字和回车换行符,即可实现表格的合并。

3. 设置表格的边框和底纹

1) 设置边框

如果想为表格中的单元格添加边框,可以按照以下步骤进行:

(1) 选择要修改边框的单元格。

(2) 单击"表格工具 / 设计 / 表格样式 / 边框"下拉按钮,打开图 3-77 所示的下拉菜单,选择合适的边框,完成单元格边框的设置。或者在图 3-77 中,单击"边框和底纹"命令,打开"边框和底纹"对话框的"边框"选项卡,根据需要设置边框的样式、颜色、宽度和应用范围,单击"确定"按钮,完成边框的设置。

在本任务中,首先选择要修改边框的单元格,如"基本信息""核心课程"等单元格,然后在“边框和底纹”对话框的“边框”选项卡中，选择边框为“设置”选项组的“方框”，“样式”为”双实线“，“颜色”为“绿色”，“宽度”为“0.5 磅”，“应用于”为“单元格”，如图 3-78 所示，单击“确定”按钮完成设置。

图 3-77　“边框”下拉菜单

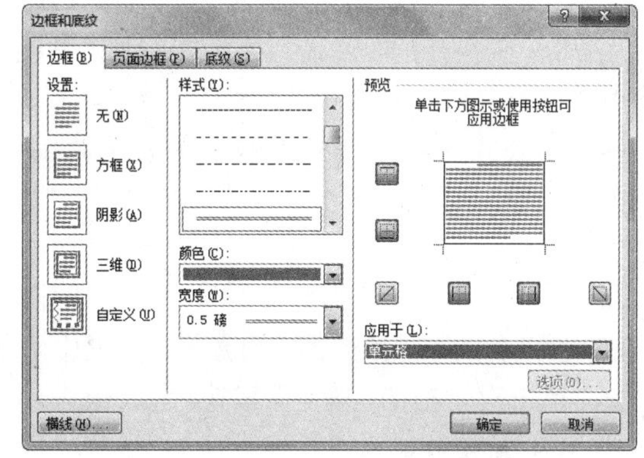

图 3-78　“边框和底纹”对话框的“边框”选项卡

在 Word 文档中，默认情况下所有表格都采用 0.5 磅的黑色单实线边框，用户可根据需要修改表格的边框。

2）设置底纹

如果想为表格中的部分单元格添加底纹，可以按照以下步骤进行：

（1）选择要添加底纹的单元格。

（2）单击“表格工具 / 设计 / 表格样式 / 底纹”下拉按钮，打开图 3-79 所示的下拉菜单，选择合适的颜色，完成单元格底纹的设置。

在本任务中，首先选择要设置底纹的单元格，如“基本信息”“姓名”“性别”等单元格，然后在图 3-79 所示的“底纹”下拉菜单中，选择“主题颜色”为“白色，背景 1，深色 25%”。

（3）在图 3-78 中，切换到“底纹”选项卡，可以设置单元格底纹的填充和图案。

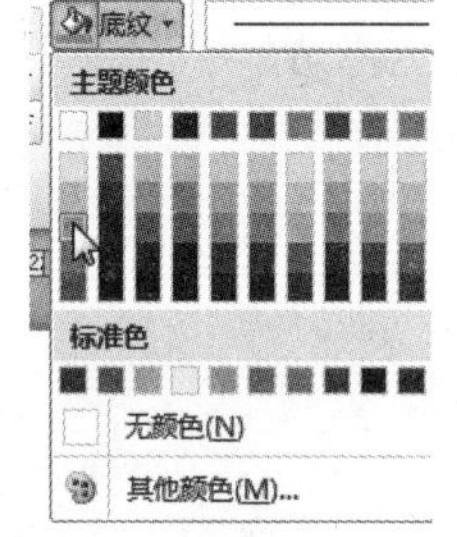

图 3-79　“底纹”下拉菜单

4. 简单的表格计算

Word 表格还具有一定的计算和排序功能，虽然不能与其他专门的电子表格软件的计算功能相比，但利用它做一些简单的排序和统计工作还是很方便的。

图 3-80　“公式”对话框

1）在表格中进行计算

（1）选择要放置计算结果的单元格。

（2）单击“表格工具 / 布局 / 数据 / 公式”命令，打开“公式”对话框，在“公式”框中显示“=”（等号），如图 3-80 所示。

（3）在“公式”对话框的“粘贴函数”下拉列表框中

选择所需的公式。

为了便于进行计算，Word提供了许多用于表格计算的函数，其中常用的有以下几个：

① SUM()：对一组数值求和。

② AVERAGE()：计算一组数值的平均值。

③ COUNT()：计算一组数值的个数。

④ MAX()：取一组数值的最大值。

⑤ MIN()：取一组数值的最小值。

在本任务中，首先单击表格中“平均分”下方的单元格，单击“表格工具 / 布局 / 数据 / 公式”命令，在打开的“公式”对话框的“粘贴函数”下拉列表框中选择“AVERAGE”，进行平均值的计算。

(4) 在公式的函数括号中输入单元格范围。通常为“LEFT”和“ABOVE”，“LEFT”表示当前单元格左边所有单元格中的数值数据，“ABOVE”表示当前单元格上边所有单元格中的数值数据。

在本任务中，在公式的函数括号中输入求平均值的单元格范围为“LEFT”。

(5) 在“公式”对话框的“编号格式”框中输入数字的格式。

(6) 单击对话框的“确定”按钮，完成操作。

2) 表中数据的排序

Word可以方便地对选定的表格进行数据排序。

将光标移到要排序的表格中，单击“表格工具 / 布局 / 数据 / 排序”命令，打开“排序”对话框，如图3-81所示，进行如下设置：

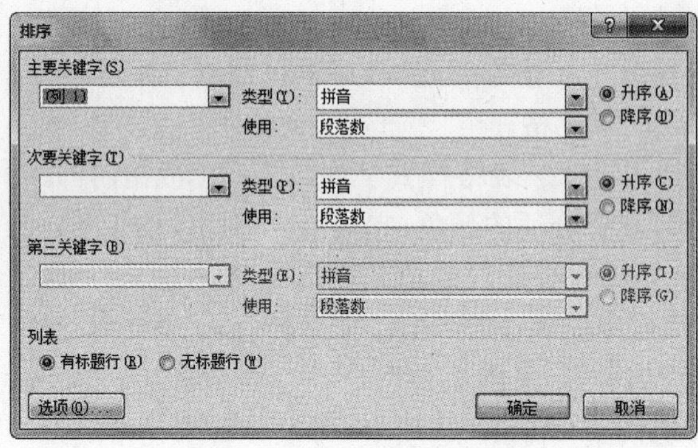

图3-81 “排序”对话框

(1) 在“主要关键字”“次要关键字”“第三关键字”选项组中选择按哪一列进行排序。

(2) 在“类型”下拉列表框中选择排序的类型，包括“笔画”“数字”“日期”“拼音”等。

(3) 选择排序原则为“升序”或“降序”。

(4) 在“列表”选项组中，指明排序范围是否包含标题行。

(5) 单击“确定”按钮完成排序。

归纳总结

在Word中，制作、编辑简单的表格非常实用，通过本任务的练习，应熟悉表格的创建和编辑美化、边框和底纹的设置、公式的应用等操作，做到触类旁通，如制作班级座次表、课程表等。

任务五　长文档排版

任务描述与分析

Word 长文档的排版功能适用于学生的毕业设计以及各种书稿、论文等，同时，掌握这些排版技巧对于一般的办公文档排版也是非常有帮助的。

长文档排版的一般步骤是：

（1）先进行页面设置，设置页边距、纸张等。

（2）设置正文标题样式，规范图表格式等。

（3）插入页码、页眉 / 页脚、脚注 / 尾注等。

（4）插入目录。

（5）预览打印。

本任务以“D:\学习情境三”中前四个任务的文稿为素材进行排版，具体要求如下：

（1）合并文档。

（2）进行页面设置：右、下边距为 2.5 厘米，左、上边距为 2.8 厘米，页眉和页脚距边界均为 2 厘米，使用 A4 纸。

（3）按照通常出版物的排版要求设置正文标题及图表格式。

（4）添加参考文献。

（5）插入目录页码。目录单独编页码，位于页面下方居中，形式为罗马数字。

（6）在正文中插入页眉。页眉左端顶格，内容为“Word 字处理软件”，正文页码在页眉的右端右对齐，用阿拉伯数字。

（7）创建目录。要求在目录中列出一、二、三级标题，同时要在各级标题后列出页码。

（8）浏览文稿。

（9）进行打印设置。

“长文档排版”文稿：

目录

学习情境三 文字排版处理

本情境学习目标

通过本情境的学习，学生应熟练掌握 Word 的基本操作，如文本的输入、编辑、格式化，掌握表格的创建与应用、文档页面的排版、图文混排以及 Word 高级排版处理，了解 Word 的域、公式及其应用等。本学习情境主要通过以下 5 个任务来完成学习目标：

• 文本编辑
• 文档格式化
• 制作电子小报
• 制作个人求职简历
• 长文档排版

3.1 任务一：文本编辑

3.1.1 任务描述与分析

Word (文字处理软件)是 Microsoft Office 中常用的应用程序之一,主要用来创建、编辑、排版、打印各种文档,能够实现图文混排。

……

(6)在“列表”选项组中,指明排序范围内是否包含标题行。

(7)单击“确定”按钮完成排序。

3.4.4 归纳总结

在 Word 中,制作、编辑简单的表格非常实用,通过本任务的练习,用户应能熟悉表格的创建、编辑美化、边框底纹的设置、公式的应用等操作,做到触类旁通,如制作班级座次表、课程表等。

参考文献

本任务的效果图如图 3-82 所示。

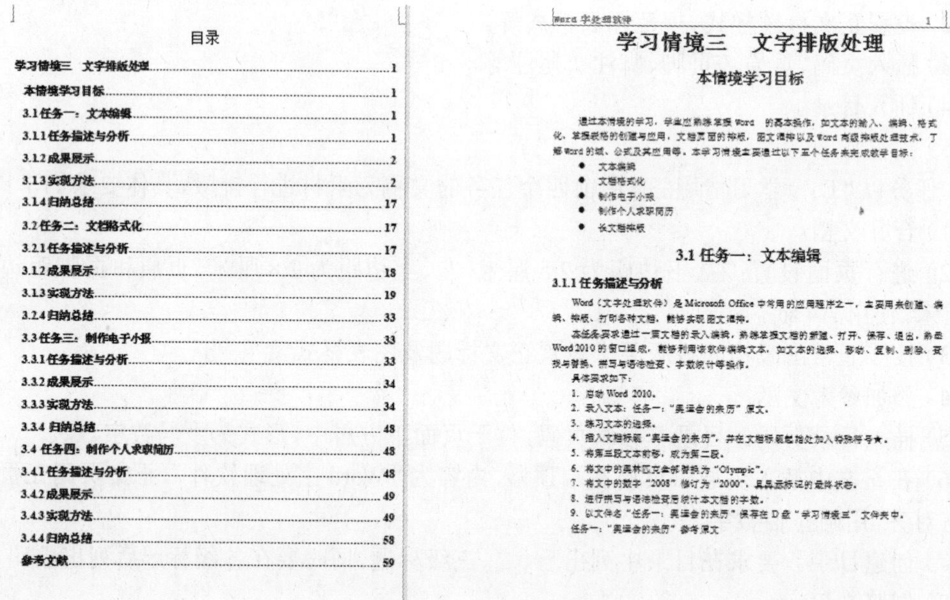

目录

Word 字处理软件　1

学习情境三　文字排版处理

本情境学习目标

通过本情境的学习，学生应熟练掌握 Word 的基本操作，如文本的输入、编辑、格式化，掌握表格的创建与应用，文档页面的排版，图文混排以及 Word 高级排版处理技术，了解 Word 的域、公式及其应用等。本学习情境主要通过以下五个任务来完成教学目标：

- 文本编辑
- 文档格式化
- 制作电子小报
- 制作个人求职简历
- 长文档排版

3.1 任务一：文本编辑

3.1.1 任务描述与分析

Word（文字处理软件）是 Microsoft Office 中常用的应用程序之一，主要用来创建、编辑、排版、打印各种文档，能够实现图文混排。

本任务要求通过一篇文档的录入编辑，熟练掌握文档的新建、打开、保存、退出，熟悉 Word 2010 的窗口组成，能够利用该软件编辑文本，如文本的选择、移动、复制、删除、查找与替换、拼写与语法检查、字数统计等操作。

具体要求如下：

1. 启动 Word 2010。
2. 录入文本：任务一："奥运会的来历"原文。
3. 练习文本的选择。
4. 插入文档标题"奥运会的来历"，并在文档标题起始处加入特殊符号★。
5. 将第三段文本前移，成为第二段。
6. 将文中的奥林匹克全部替换为"Olympic"。
7. 将文中的数字"2008"修订为"2000"，且显示标记的最终状态。
8. 进行拼写与语法检查后统计本文档的字数。
9. 以文件名"任务一：奥运会的来历"保存在 D 盘"学习情境三"文件夹中。

任务一："奥运会的来历"参考原文

图 3-82　任务五效果图

实现方法

1. 合并文档

论文集著作的前期工作通常是多人分多个文档编写初稿,统稿时需要首先将短篇文档合并为长文档,可以使用以下两种不同的方法合并文档:

(1) 使用复制和粘贴方法合并文档。

使用复制和粘贴方法合并文档很简单,适合较短文档的合并,首先打开已存在的第一个文档,或新建一个文档,然后再依次打开需要合并的文档,适当移动光标位置,依次把每个文档中的内容复制到先打开的文档或新建文档中。

(2) 使用“插入文件”方法合并文档。

除了可以用复制和粘贴的办法来合并文档以外,还可以利用 Word 的“插入文件”功能合并文档。就文档合并操作而言,采用 Word 的“插入文件”功能来合并文档是最简单、最有效的文件合并手段。操作步骤为:首先打开已存在的第一个文档,或新建一个文档,然后单击

“插入/文本/对象/文件中的文字”命令，打开“插入文件”对话框，从中选择要合并的文件，如图 3-83 所示，单击“插入”按钮，即可完成文档的合并。

如果要合并的多个文档在同一文件夹下，可以在“插入文件”对话框中同时选择多个要合并的文件，单击“插入”按钮，这样 Word 会按文件选定顺序的倒序逐个把每个文档中的内容复制到先打开的文档或新建文档中。

2. 设置页面

在本任务中，打开需排版的素材文件，单击“页面布局/页面设置”组的扩展按钮，打开“页面设置”对话框，进行图 3-84 所示的设置：

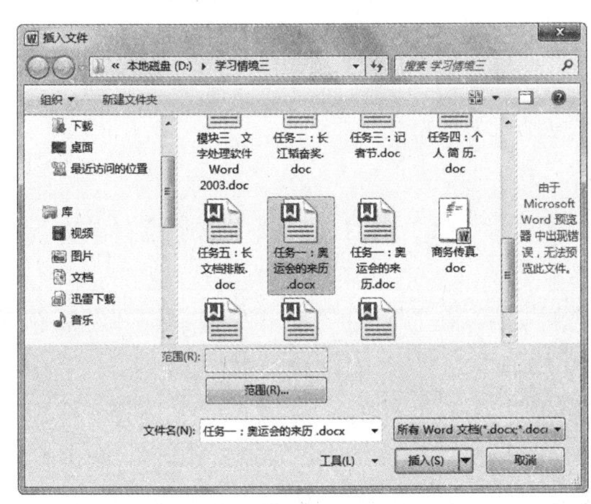

图 3-83　“插入文件”对话框

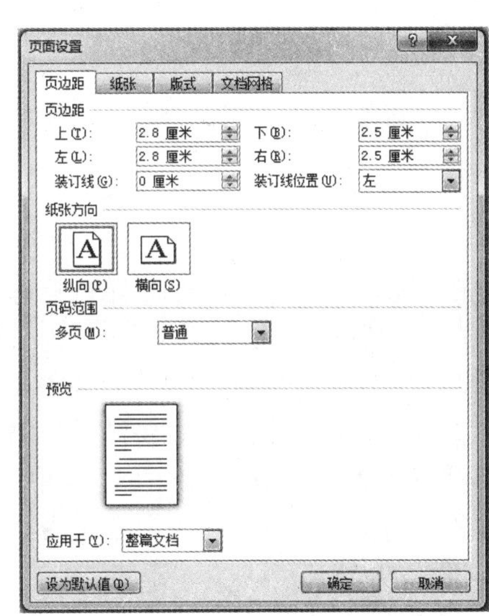

图 3-84　“页面设置”对话框

(1) 选择对话框的“页边距”选项卡，设置右、下边距为“2.5 厘米”，左、上边距为“2.8 厘米”。

(2) 选择对话框的“纸张”选项卡，在“纸张大小”下拉列表框中选择“A4”。

(3) 选择对话框的“版式”选项卡，在其中设置页眉和页脚距边界均为“2 厘米”。

3. 设置正文标题及图表格式

各级正文标题及图表格式的设置要求会因出版物的不同而略有不同，下面列出常用的格式设置。

1) 设置各级标题的格式

示例如图 3-85 所示，一、二级标题居中，三级标题左顶格，四级标题以及以下层次都和正文一样，首行缩进 2 字符。如果四级标题下面只有一个标题层次，可以直接使用“(1)、(2)…”这一级标题，“1)、2)…”级可以不用。

正文一律用五号字，中文的字体是宋体，英文和数字等的字体是 Times New Roman，单倍行距，段前、段后均为 0 行。正文中的标点符号是中文标点符号，例如引号需要在中文状态下输入，请注意下面例子中引号的不同。

例如：单击" 窗 体 "工具栏中的" 文本型窗体域 "按钮。

应该是：单击“窗体”工具栏中的“文本型窗体域”按钮。

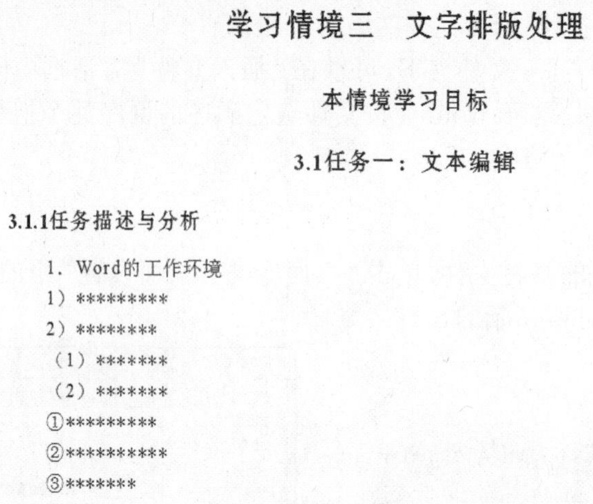

学习情境三　文字排版处理

本情境学习目标

3.1任务一：文本编辑

3.1.1任务描述与分析

1. Word的工作环境

1）*********

2）********

（1）*******

（2）*******

①*********

②**********

③*******

图 3-85　设置各级标题的格式

在本任务中设置图 3-85 所示的标题层次：

(1) 设置一级标题：选中要设置为一级标题的文字，在“开始 / 样式”组中选择“标题 1”样式，单击“开始 / 段落”组中的“居中”按钮。

(2) 设置二级标题：选中要设置为二级标题的文字，在“开始 / 样式”组中选择“标题 2”样式，单击“开始 / 段落”组中的“居中”按钮。

(3) 设置三级标题：选中要设置为三级标题的文字，在“开始 / 样式”组中选择“标题 3”样式，默认为左对齐。

(4) 设置四级标题：选中要设置为四级标题的文字，在“开始 / 样式”组中选择“标题 4”样式，默认为左对齐。单击“开始 / 段落”组的扩展按钮，打开“段落”对话框，设置首行缩进“2 字符”。

格式刷属于“开始 / 剪贴板”组中的命令，其图标为 ，可用来简化格式的批量重复操作。要在 Word 中为多处文本设置相同的格式，如字体、字号、行距、段落缩进、上下标等，可以使用格式刷完成操作，不必逐个选择设置。单击格式刷，只能复制一次格式；双击格式刷，则可以多次复制同一格式。如设置某一级标题为黑体、三号字，只要完成了一个标题的设置，就可以在选中该标题内容之后双击“格式刷”图标，然后让鼠标“带着刷子”将其他同级标题刷为相同的格式。

2）设置图的格式

图一般是嵌入式的，图中的标注字体用小五号宋体，图标题用小五号仿宋，直接和正文一样排，不需要先加入文本框然后再输入文字。如果图是一个很窄很长的形状，一般需要放在文字的一侧，这时候就需要把图的环绕方式设置成四周型，然后把图标题放入文本框，之后与图组合起来，放在页面的一侧。

3）设置表的格式

表标题单独占行，居中，小五号字，中文的字体是黑体，英文和数字等的字体是 Times New Roman。表中内容是小五号字，中文的字体是宋体，英文和数字等的字体是 Times New Roman。

如本书中“表 3-1　利用键盘按键移动插入点”是常用的单栏表。

如果表中每行的内容都很短，但是行数又比较多，可以做成双栏表甚至三栏表，栏间以双细线分隔，示例如表 3-2 所示。

表 3-2 表格示例

设置值	效 果	设置值	效 果
0	透 明	4	点划线
1	实 线	5	双点划线
2	虚 线	6	内实线
3	点 线		

4. 设置脚注和尾注

脚注和尾注是对文本的补充说明，用于为文档中的文本提供解释、批注及相关的参考资料。脚注一般位于页面的底部，用于对文档内容进行注释说明等，可使用“①、②、③…”进行标注；尾注一般位于文档的末尾，用于列出引用的参考文献等，可使用“[1]、[2]、[3]…”进行标注。

1）插入脚注和尾注

Word 中，单击“引用 / 脚注 / 插入脚注（或插入尾注）”命令，光标将会移到页面的底部（或文档的尾部），以便插入脚注（或尾注）内容。插入脚注或尾注后，Word 用一条短的水平线将文档正文与脚注和尾注分隔开，这条线称为注释分隔符。脚注位于当前页面的底部，文档会自动调整页面的长度；尾注位于文档的尾部，它会使文档变长，页面会连续向后推移。

单击“引用 / 脚注”组的扩展按钮，会出现“脚注和尾注”对话框，选择插入脚注或尾注。

在本任务中，在打开的“脚注和尾注”对话框中选择“尾注”，并选择“文档结尾”，在“格式”选项组中进行定义（按顺序从上到下设置，选择“编号格式”为“1，2，3，…”，“自定义标记”为“[1]”，“起始编号”为“1”，“编号”为“连续”，其他的不改动），如图 3-86 所示，单击“插入”按钮，光标会自动移至全文末尾，输入尾注内容，完成插入。

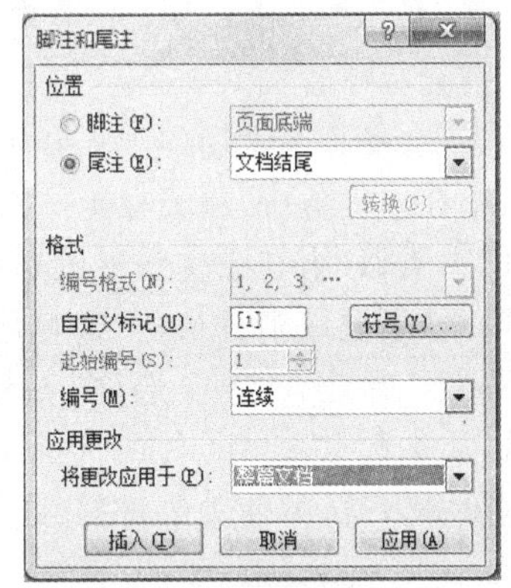

图 3-86 “脚注和尾注”对话框

2）编辑脚注和尾注

当在一篇文档中加入脚注或尾注后，如继续加入脚注或尾注，其编号会接着前一脚注或尾注排下去。

（1）移动或复制脚注和尾注。

注释包含两个相关联的部分：注释引用标记和注释文本。当要移动或复制注释时，可以对文档窗口中的注释引用标记进行相应的操作。如果移动或复制了自动编号的注释引用标记，Word 还将按照新顺序对注释文本重新编号。

移动某个注释的方法是：在文档窗口中选定注释引用标记，按住鼠标左键不放，将注释引用标记拖动到文档中的新位置即可。

如果在拖动鼠标的过程中按住 Ctrl 键不放，可将注释引用标记复制到新位置，然后在注释区中插入新的注释文本即可。当然，也可以利用复制、粘贴命令来复制注释引用标记。

（2）修改已经存在的脚注和尾注。

如果要编辑修改已加入的脚注、尾注内容，可将光标定位到该脚注、尾注的位置，然后像在普通文档中一样进行编辑操作。

3）删除脚注和尾注

如果要删除某个注释，可以在文档中选定相应的注释引用标记，然后直接按 Delete 键，Word 会自动删除对应的注释文本，并对其他注释文本重新编号。

如果要删除所有自动编号的脚注和尾注，可以按照下述方法进行而不用逐个删除：

单击“开始 / 编辑 / 替换”命令，打开“查找和替换”对话框，单击“更多”，再单击“特殊格式”，然后在列表中单击“尾注标记”或“脚注标记”，确认“替换为”框为空，然后单击“全部替换”。

5. 在目录页插入与正文不同的页码

1）对文档的不同部分分节

文档的不同部分通常要另起一页开始。一种方法是加入多个空行使新的部分另起一页，这样会导致修改时重复排版，降低工作效率；另一种做法是插入分页符进行分页，这样无法实现不同的页面设置，如选择不同的纸张方向、设置不同的页眉和页脚等。

正确的做法是插入分节符，将不同的部分分成不同的节，这样就能分别针对不同的节进行设置。定位到文档中要作为第二部分的标题文字前，选择“页面布局 / 页面设置 / 分隔符”命令，显示“分隔符”下拉菜单，如图 3-87 所示，选择“分节符”类型中的“下一页”，就会在当前光标位置插入一个不可见的分节符，这个分节符不仅将光标位置后面的内容分为新的一节，还会使该节从新的一页开始，实现既分节又分页的功能。

在本任务中，将光标定位在“学习情境三　文字排版处理”前，插入分节符，类型为“下一页”。类似地，在正文和参考文献之间也插入分节符。

如果要取消分节，只需删除分节符即可。分节符是不可打印字符，默认情况下在文档中不显示。单击“文件 / 选项”按钮，在弹出的“Word 选项”对话框中勾选“显示所有格式标记”选项，如图 3-88 所示，即可查看隐藏的编辑标记。将光标定位在分节符前，按 Delete 键即可删除分节符，并使分节符前后的两节合并为一节。

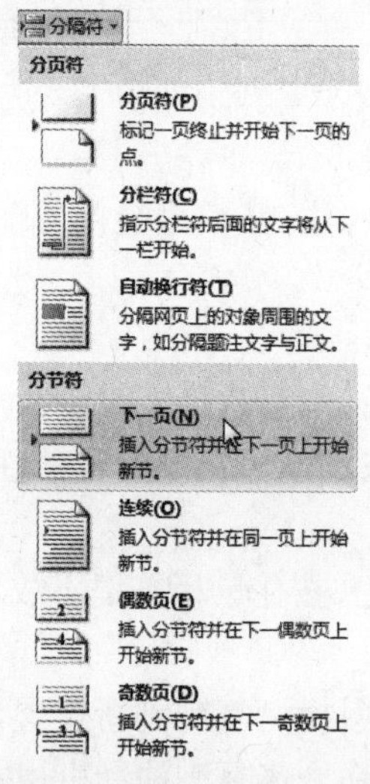

图 3-87　“分隔符”下拉菜单

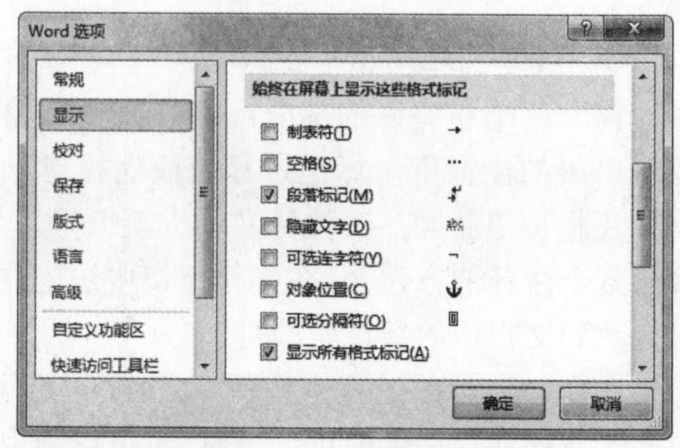

图 3-88　“Word 选项”对话框

2）在目录页插入页码

将光标置于目录页，单击“插入 / 页眉和页脚 / 页码”按钮，打开图 3-89 所示的下拉菜单，本任务中选择“页面底端”级联菜单中的居中对齐格式。在图 3-89 中单击“设置页码格式”命令，打开“页码格式”对话框，在其中选择所需的数字格式，在本任务中选择罗马数字，在“页码编号”选项组中选择“起始页码”单选按钮，如图 3-90 所示。

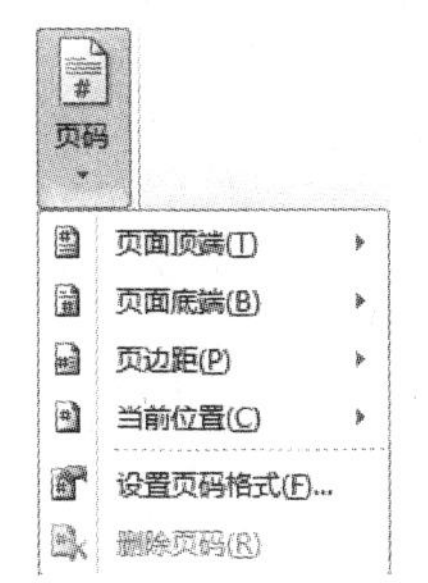

图 3-89　“页码”下拉菜单

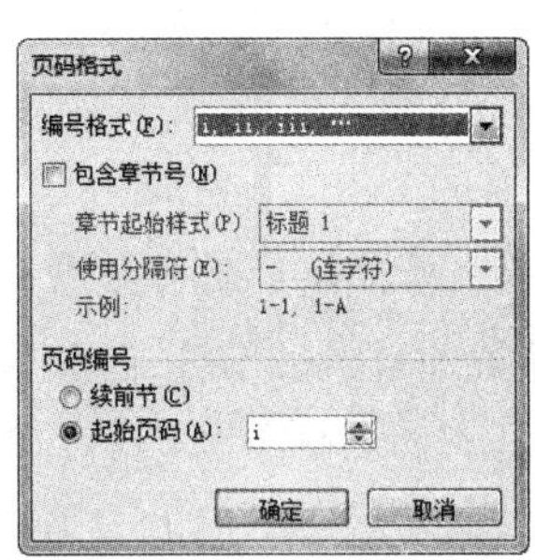

图 3-90　“页码格式”对话框

6. 插入页眉和页脚

页眉和页脚是位于页面顶部和底部的页边距中的内容，常常用来插入标题、页码、日期等文本内容，也可插入公司徽标、特殊符号标记等图形对象。

1）添加页眉（或页脚）

单击“插入 / 页眉和页脚 / 页眉（或页脚）”按钮，打开图 3-91 所示的“页眉”（或“页脚”）下拉菜单，选择合适的页眉（或页脚），进入页眉（或页脚）的编辑状态，插入或输入内容，并进行格式设置，设置方法与字符段落的格式设置方法相同。

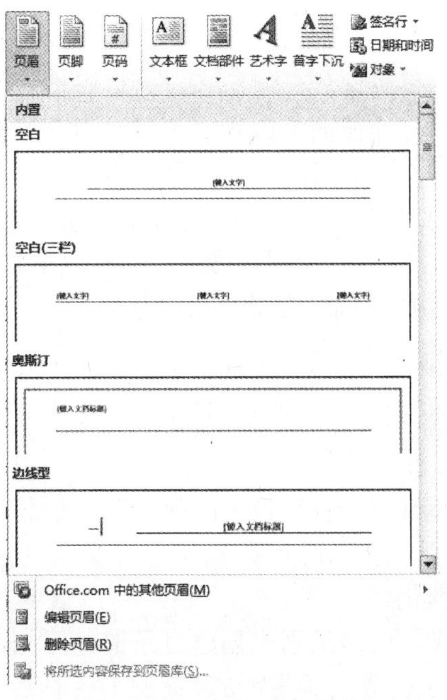

图 3-91　“页眉”下拉菜单

进入页眉（或页脚）编辑状态的同时将打开“页眉和页脚工具 / 设计”选项卡，如图 3-92 所示。此时，正文的文字是灰色、不可编辑的，单击选项卡的“关闭”组中的“关闭页眉和页脚”按钮或使用鼠标双击正文可返回正文编辑状态。在已设置有页眉和页脚的文档中，页眉和页脚在正文编辑状态下是灰色的，双击页眉或页脚位置，可切换到页眉和页脚视图。

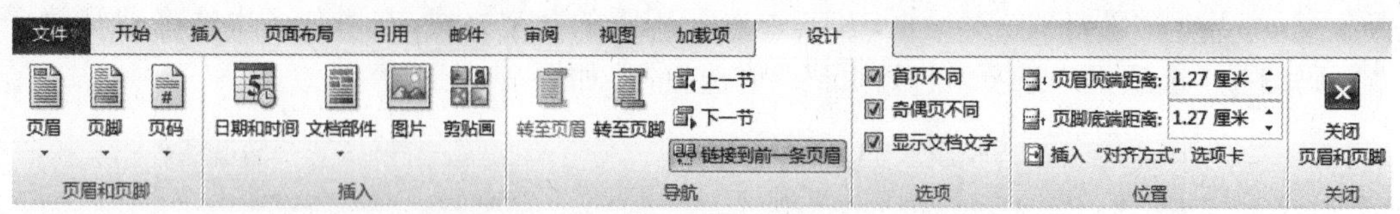

图 3-92 “页眉和页脚工具 / 设计”选项卡

2）为不同的节添加不同的页眉

本任务中的目录和参考文献不需要添加页眉，只有正文才需要添加页眉，要实现这个功能，首先应对文档进行分节，且取消节与节之间的链接。前面的步骤中已经对本任务的文档进行过分节，因此只需取消节与节之间的链接：在“页眉和页脚工具 / 设计”选项卡中有一个“链接到前一条页眉”按钮，默认情况下它处于按下状态，选定页眉后单击此按钮，取消链接设置，这时页眉右上角的“与上一节相同”提示消失，表明当前节的页眉与前一节不同，此时当前节可以另外设置页眉。

在本任务中，将光标定位于正文中，单击“插入 / 页眉和页脚 / 页眉”按钮，选择“页眉”下拉菜单中的“奥斯汀”，输入页眉文本“Word 字处理软件”，如图 3-93 所示。

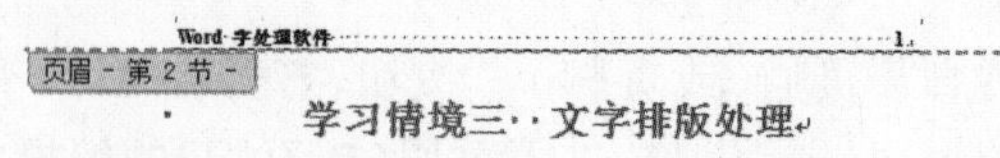

图 3-93 插入页眉

3）在页眉中添加页码

在图 3-89 中，单击“设置页码格式”命令，显示“页码格式”对话框，默认情况下，“页码编号”为“续前节”，表示页码接续前面节编排。如果采用此设置，则 Word 会自动计算前面节的页数，然后在当前节接续前面的页码进行编号。当前节如需从第 1 页开始，则应在“页码编号”选项组中选中“起始页码”单选按钮，起始页码设置为“1”。

在本任务中，首先将光标置于正文的页眉处双击，然后在右端插入页码，在“页码格式”对话框中的“页码编排”选项组中设置“起始页码”为“1”。

7. 利用标题样式创建目录

目录通常是文档不可缺少的部分，有了目录，我们就能很容易地知道文档中有什么内容，快速查找内容等。

Word 提供了自动创建目录的功能，使目录的制作变得非常简便，既不用费力地去手工制作目录、核对页码，也不必担心目录与正文不符，而且在文档发生了改变以后，还可以利用更新目录的功能来适应文档的变化。

Word 一般是利用标题或者大纲级别来创建目录的。因此，在创建目录之前，应确保希望出现在目录中的标题应用了内置的标题样式（标题 1 ～标题 9），也可以应用自定义的样式，如将章级别的标题定为“标题 1”，节级别的标题定为“标题 2”，小节级别的标题定为“标题 3”。

1）设置标题级别

在本任务的文稿中，已完成三级标题的设置。

2）生成目录

将光标定位于要插入目录处，在本任务中，将光标定位于文档首行“目录”两字的下一行，单击“引用 / 目录”组的“目录”按钮，在下拉菜单中单击“插入目录”，打开“目录”对话框，进行图 3-94 所示的设置。

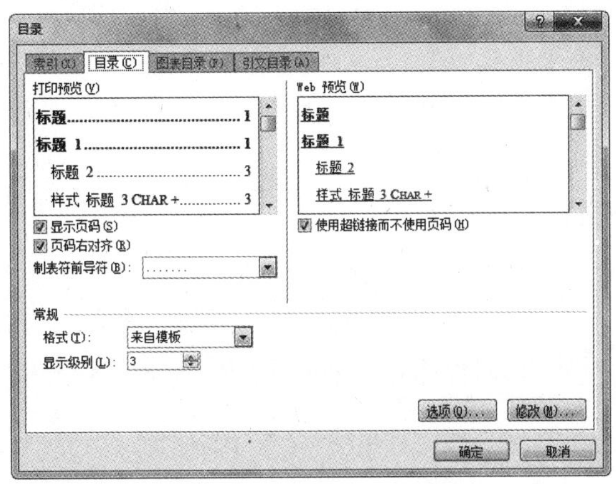

图 3-94　“目录”对话框

选中对话框中的“显示页码”和“页码右对齐”复选框，在“制表符前导符”下拉列表框中选择小圆点样式的前导符。如果要设置更为精美的目录格式，可在“格式”中选择其他类型，通常用默认的“来自模板”即可，“显示级别”设置为“3”，单击“确定”按钮，即可生成目录，如图 3-95 所示。目录是以域的方式插入文档中的，单击会显示灰色底纹，因此可以进行更新。

目录

学习情境三　文字排版处理........1
本情境学习目标........1
3.1 任务一：文本编辑........1
3.1.1 任务描述与分析........1
3.1.2 成果展示........2
3.1.3 实现方法........2
3.1.4 归纳总结........17
3.2 任务二：文档格式化........17
3.2.1 任务描述与分析........17
3.1.2 成果展示........18
3.1.3 实现方法........19
3.2.4 归纳总结........33
3.3 任务三：制作电子小报........33
3.3.1 任务描述与分析........33
3.3.2 成果展示........34
3.3.3 实现方法........34
3.3.4 归纳总结........48
3.4 任务四：制作个人求职简历........48
3.4.1 任务描述与分析........48
3.4.2 成果展示........49
3.4.3 实现方法........49
3.4.4 归纳总结........58
参考文献........59

图 3-95　插入的目录

3）更新目录

当文档目录生成后，如果再对文档进行修改，就需要对目录进行更新，以保证目录随着文档的变化而做相应的调整。操作方法是：将光标定位于目录中，右击鼠标，在快捷菜单中选择“更新域”命令，打开“更新目录”对话框，如图 3-96 所示。如果只是页码发生改变，可选择对话框中的“只更新页码”；如果有标题内容的修改或增减，可选择对话框中的“更新整个目录”。

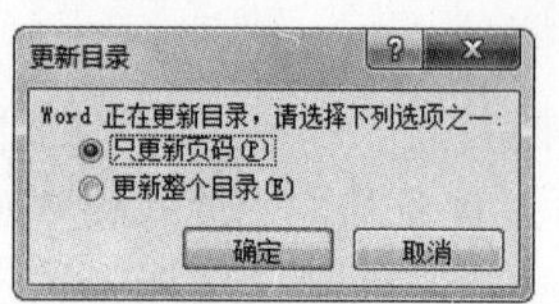

图 3-96 “更新目录”对话框

4）更改目录中的字体等格式

文档目录生成后，其中不同级别的标题使用的字体、字号和制表符也不一样，用户可以根据需要调整目录的字体、行距等格式。

8. 使用各种视图方式浏览长文档

Word 是一种“所见即所得”的文字处理软件，用户从屏幕上所看到的文档效果和最终打印出来的效果完全一样。为了满足用户在不同情况下编辑、查看文档效果的需要，Word 提供了多种不同的视图方式，包括页面视图、Web 版式视图、草稿、大纲视图、阅读版式视图，它们分别适用于不同的情况。

1）页面视图

页面视图直接按照用户设置的页面大小进行显示，此时的显示效果与打印效果完全一致，用户可以从中看到各种对象（包括页眉、页脚、水印和图形等）在页面中的实际打印位置，这对于编辑页眉和页脚，调整页边距，以及处理边框、图形对象及分栏都是很有用的。

2）Web 版式视图

Web 版式视图是一种按照窗口大小进行换行显示的视图方式，且 Web 版式视图方式显示字体较大，方便联机阅读。另外，采用 Web 版式视图方式时，Word 窗口中还包括一个可调整大小的查找窗格，称为“文档结构图”，专门用于显示文档结构的大纲视图，用户只需单击文档的某个大纲主题，即可迅速跳转到文档的相应部分。Web 版式视图方式的排版效果与打印效果并不一致。

在 Web 版式视图中，可以创建能显示在屏幕上的 Web 页或文档。在 Web 版式视图中，可以看到背景和为适应窗口而换行显示的文本，而且，图形位置与在 Web 浏览器中的位置一致。

3）草稿

草稿是最节省计算机硬件资源的视图方式，其显示速度相对较快，在该视图方式下，可以键入、编辑和设置文本格式。草稿可以显示文本格式，但简化了页面的布局，不显示页边距、背景、图形对象、页眉和页脚等。

4）大纲视图

对于一个具有多重标题的文档而言，往往需要按照文档中标题的层次来查看文档。大纲视图是按照文档中的标题层次来显示文档的，可以折叠文档，只查看主标题，或者扩展文档，查看整个文档的内容，从而使得查看文档的结构变得十分容易。在这种视图方式下，可以通过拖动标题来移动、复制或重新组织正文，方便了对文档大纲的修改。

大纲视图使长文档的组织和维护更为简单易行。大纲视图中不显示页边距、页眉和页脚、图片和背景。

大纲视图中显示的缩进和段落符号并不影响文档在普通视图中的外观，而且不会打印出来。

5）阅读版式视图

阅读版式视图方便对文档进行阅读。该视图方式把整篇文档分屏显示，文档中的文本为了适应屏幕自动分行。在该视图中没有页的概念，不显示页眉和页脚，在屏幕的顶部显示了文档的当前屏数和总屏数。

9. 打印文档

文档的打印是文字处理的一项重要内容，Windows 遵从的“所见即所得”的基本思想，以及其设备无关性，使得打印工作变得直观而简单。所以在“打印预览”窗口中看到的效果将被如实地打印出来，可有效节省打印工作的时间与打印纸张。

1）打印预览

单击快速访问工具栏上的“打印预览”按钮 ，进入“打印预览”窗口，如图 3-97 所示，调整显示比例，查看打印预览的效果。

2）打印设置

在打印之前，通常需要在“打印预览”窗口进行如下设置：

（1）“份数”框：输入份数数值，即可进行多份打印，份数的默认值为 1。

（2）“打印所有页”选项：单击该选项，弹出下拉菜单，如图 3-98 所示，可选择打印范围，如“打印所有页”“打印当前页面”“打印自定义范围”等。

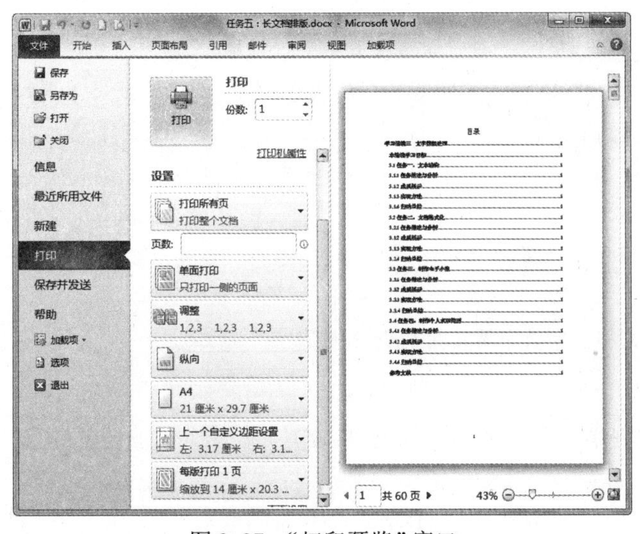

图 3-97　“打印预览”窗口

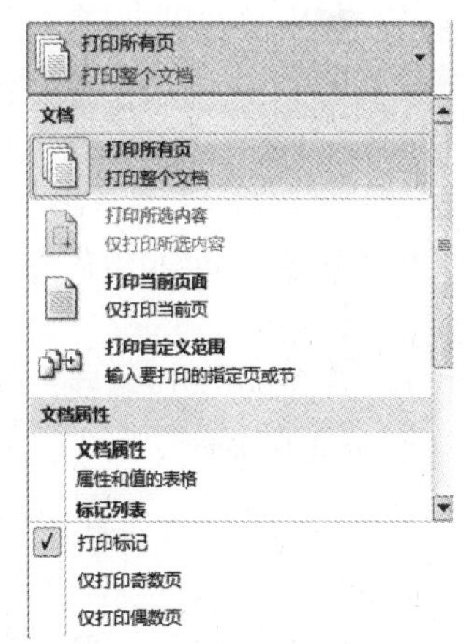

图 3-98　“打印所有页”下拉菜单

（3）“页数”框：可以指定具体的要打印的页。例如输入“3-7，14”，打印的范围是第 3～7 页和第 14 页。

（4）“单面打印”选项：可以根据需要选择“单面打印”还是“手动双面打印”。

打印设置完成后，单击“打印”按钮开始打印。

只有正确安装了打印机，才可以进行打印操作。如没有安装真实的打印机，也可在 Windows 的控制面板中安装模拟打印机来完成文档的打印设置。

归纳总结

本任务涉及的知识点主要有：

• 插入页眉和页脚。

• 插入页码、分节符。

• 设置标题，生成文档目录。

• 视图及打印。

在长文档排版过程中，采用样式可以实现边录入边快速排版，并且易于进行文档层次结构的调整和生成目录。对文档的不同部分进行分节，便于对不同的节设置不同的页眉和页脚。

课后习题

一、填空题

1. Word 2010 文档的默认扩展名为________。

2. ________视图下可以显示页眉和页脚。

3. 使用________按钮可复制字符或段落格式。

4. 在 Word 2010 文档中，若想强行分页并分节，需执行“页面布局 / 页面设置 / 分隔符”下拉菜单中的________命令。

5. 在 Word 2010 文档中，脚注的注释文本放在页面的底端，而________的注释文本放在文档的结尾。

6. 在 Word 2010 中制作表格，按________键可以将光标移到下一个单元格。

7. 在 Word 2010 中，文本的输入有“插入”或“改写”两种不同的状态，在________状态下，插入的字符替换当前光标位置的字符。

8. 在 Word 2010 中，如果要将一个段落分成两个段落，需要将光标定位在段落分割处，然后按________键。如果只需要换行，而不希望另起一段，则应该在按下________键时按 Enter 键。

9. 如果在 Word 2010 的“打印预览”窗口中设置打印页数是“1-3，20，30-”，则表示要打印的页是________。

10. 在 Word 2010 编辑状态下，统计文档的字数需要使用的选项卡是________。

二、单项选择题

1. ____用于显示当前窗口的状态，如当前页及总页数、字数统计、改写 / 插入状态、当前使用的语言等信息。

A. 状态栏　　B. 任务栏　　C. 标题栏　　D. 工具栏

2. 对于修改后的文档，直接单击快速访问工具栏中的“保存”按钮或单击“文件”选项卡中的“保存”命令后____。

A. 直接关闭　　B. 弹出“另存为”对话框

C. 保存在内存中　　D. 以原路径和原文件名存盘

3. Word 2010 具有自动保存的功能，其主要作用为____。

A. 保存一个副本

B. 保存正在使用的应用程序

C. 以“bak”为扩展名保存文档

D. 定时保存正在编辑的文档

4. Word 2010 提供了强有力的帮助系统，下列说法错误的是____。

A. 帮助系统既能回答用户的问题，也能解决系统自身的各种问题

B. 可以通过 Microsoft Office Online 网站获取联机帮助

C. 当遇到问题时，按 F1 键即可启动“Word 帮助”窗口

D. 可通过文档窗口中的“Microsoft Office Word 帮助”按钮启动“Word 帮助”窗口

5. 在 Word 文档中，如果按 Delete 键误删了选中的文本块，执行____命令可恢复删除前的面貌。

A. 剪切　　B. 撤销　　C. 重复　　D. 复制

6. 在 Word 2010 中，选择“文件 / 另存为”命令，可以将当前打开的文档另存为____。

A. XLS 文档类型　　B. PPTX 文件类型

C. TXT 文本文档　　D. BAT 文档类型

7. 在 Word 2010 中，通常使用____来控制窗口内容的显示。

A. 滚动条　　B. 控制框

C. 标尺　　D. “最大化”按钮

8. 在 Word 2010 编辑状态下，只想粘贴所复制文字的内容而不需要粘贴所复制文字的格式，则应____。

A. 在指定位置按鼠标右键

B. 使用 Ctrl＋C 快捷键

C. 执行“开始 / 剪贴板 / 粘贴”操作

D. 执行“开始 / 剪贴板 / 粘贴 / 选择性粘贴”操作

9. 在 Word 2010 文档中，选定文档某行内容后，使用鼠标拖动方法将其移动时，配合的键盘操作是____。

A. 按住 Alt 键　　B. 按住 Ctrl 键

C. 不做操作　　D. 按住 Esc 键

10. 在 Word 2010 的编辑状态下，选择了当前文档中的一个段落，进行“剪切”操作（或按 Delete 键），则____。

A. 该段落被删除，但能恢复

B. 该段落被删除且不能恢复

C. 能利用回收站恢复被删除的段落

D. 该段落被移到回收站内

11. Word 2010 的“查找和替换”功能非常强大，下面的叙述中正确的是____。

A. 不可以按指定文字的格式进行查找及替换

B. 可以指定查找文字的格式，但不可以指定替换文字的格式

C. 可以按指定文字的格式进行查找及替换

D. 不可以指定查找文字的格式，只可以指定替换文字的格式

12. 在 Word 2010 中，要选定一段文本，可以把鼠标移至页面左侧文本选定区处____。

A. 连续三击鼠标左键　　B. 单击鼠标左键

C. 双击鼠标左键　　D. 单击鼠标右键

13．在 Word 2010 中，按住____键的同时拖动鼠标，可选定一个矩形文本区域。

A．Ctrl　B．Esc　C．Shift　D．Alt

14．在 Word 2010 中，下列关于“段落”和“字体”对话框的说法中，错误的是____。

A．用“段落”对话框不可以改变字间距

B．用“段落”对话框可以改变字间距和行间距

C．用“字体”对话框不可以改变行间距

D．用“字体”对话框可以改变字符的颜色

15．在 Word 2010 的编辑状态下，进行改变段落的缩进方式、调整左右边界等操作，最直观、快速的方法是利用____。

A．快速访问工具栏

B．标尺

C．“页面布局 / 页面设置”组

D．“视图 / 显示比例”组

16．在 Word 的编辑状态下，单击“开始 / 剪贴板 / 粘贴”按钮后，可以____。

A．将剪贴板中的内容复制到当前插入点处

B．将剪贴板中的内容移动到当前插入点处

C．将文档中被选中的内容复制到剪贴板中

D．将文档中被选中的内容移动到剪贴板中

17．要改变段落中除第一行之外的其余各行的起始位置，可拖动水平标尺中的_____按钮进行操作。

A．悬挂缩进　B．首行缩进

C．左缩进　D．右缩进

18．在 Word 文档中创建项目符号时，以下说法正确的是____。

A．以段落为单位创建项目符号

B．以选中的文本为单位创建项目符号

C．以节为单位创建项目符号

D．可以任意创建项目符号

19．在 Word 2010 中，使用“页面布局 / 页面设置 / 分隔符”按钮不能插入____。

A．分页符　B．分段符　C．分栏符　D．分节符

20．对于仅设置了修改权限密码的文档，如果不输入密码，则该文档____。

A．不能打开

B．能打开且修改后能保存为其他文档

C．能打开但不能修改

D．能打开且能修改原文档

21．____对象不能与其他对象组合，可以与正文一起排版，但不能实现环绕。

A．浮动式　B．嵌入式　C．艺术字　D．剪贴画

22．要在 Word 2010 的一篇文档中设置两种不同的页面格式，必须将其分成____。

A．两个段落　B．两个独立的文件

C．两节　D．两页

23．有关 Word 2010 的分页功能，下列说法错误的是____。

A．在草稿下，分页符是一条虚线，按 Delete 键就可以将人工分页符删除

B．当文档满一页时系统会自动开始新的一页，并在文档中插入一个硬分页符

C．可以通过 Ctrl＋Enter 组合键开始新的一页

D．Word 文档除了自动分页外，也可以人工分页

24．下列操作可以快速格式化表格的是____。

A．使用菜单命令创建表格

B．使用“自动套用表格样式”功能

C．使用“开始 / 样式”组

D．使用条件格式

25．在 Word 中，若要同时选中多个图形对象，可以先按住____不放，然后再分别单击各个对象。

A．Ctrl 键　　B．Alt 键　　C．Esc 键　　D．Tab 键

26．在 Word 2010 中，要计算表格中某列的平均值，需使用函数____。

A．SUM ( )　　B．TOTAL ( )

C．AVERAGE ( )　　D．COUNT ( )

27．在____对话框中可以精确设定表格的行高和列宽值。

A．表格属性　　B．插入表格

C．表格样式　　D．拆分单元格

28．表格在一页中太大或太小都将影响文档的美观，这时就需要对表格进行调整，行(列)在手动拖动时会变得不均匀，Word 2010 为我们提供了____功能，它能使不均匀的表格变得均匀、美观。

A．自动套用表格样式　　B．根据内容调整表格

C．根据窗口调整表格　　D．平均分布各行(列)

29．Word 2010 默认的插入剪贴画和图片的形式是____。

A．紧密型　　B．浮动型　　C．四周型　　D．嵌入型

30．Word 2010 提供的____功能可以将绘制的多个图形组合成一个图形。

A．组合　　B．超链接

C．叠放　　D．旋转或翻转

三、多项选择题

1．Word 2010 的主要功能有________。

A．图形处理

B．版式设计与打印

C．创建、编辑和格式化文档

D．表格处理

E．支持 XML 文档

2．退出 Word 2010 的方法有________。

A．使用快捷键 Alt＋F4

B．单击“文件 / 关闭”命令

C．单击“文件 / 退出”命令

D．单击 Word 标题栏上的“关闭”按钮

E．双击 Word 窗口左上角的控制菜单图标

3．Word 2010 中的“绘图工具”功能区提供了一系列绘图工具，利用这些绘图工具可轻松地绘制

出________。

A. 表格　　B. 圆形　　C. 弧形

D. 长方形　　E. 直线

4. 以下操作可选定整篇文档的是________。

A. 鼠标移至左侧文本选定区处,快速三击

B. 先用鼠标在文档起始处单击,然后按住 Shift 键的同时单击文档末尾位置

C. 使用 Ctrl+5(数字小键盘上的)组合键

D. 使用 Ctrl+A 组合键

E. 鼠标移至左侧文本选定区处,按住 Ctrl 键的同时单击鼠标

5. 使用 Word 2010 的"选择性粘贴"功能可把选中的内容粘贴为________。

A. 带格式文本　　B. 无格式文本　　C. HTML 格式

D. 图片　　E. Excel 格式

6. 在 Word 2010 中,下列关于分栏设置的说法中正确的是________。

A. 在阅读版式视图下可以看到分栏的效果

B. 文本在填满第一栏后才移到下一栏

C. 可以在各栏之间加入分隔线

D. 可以建立不等的栏宽

E. 最多可以分两栏

7. 在 Word 2010 中,下列有关页边距的说法中错误的是________。

A. 页边距的设置只影响当前页或选定文字所在的页

B. 用户可以同时设置左、右、上、下页边距

C. 用户可以使用标尺来调整页边距

D. 设置页边距影响原有的段落缩进

E. 可以同时设置装订线的距离

8. 页面边框可以应用于________。

A. 本节　　B. 本节 - 仅首页　　C. 本行

D. 本段　　E. 整篇文档

四、判断题

1. 在 Word 2010 中可以插入图片,但不能绘制流程图、结构图等。　(　)

2. 通过文本框可以把文字放置在页面的任意位置,但不能设置与其他图形的环绕、组合等特殊效果。　(　)

3. 在 Word 2010 中,使用鼠标拖放的方法,可以复制文本,也可以移动文本。　(　)

4. 在 Word 2010 中,按 Delete 键可删除光标前的字符。　(　)

5. 在 Word 2010 中,一个文档中的页眉 / 页脚总是相同的。　(　)

6. 在 Word 2010 的"打印预览"窗口中,可设置只打印光标插入点所在的页。　(　)

7. 在 Word 2010 文档中绘制好自选图形后,可向其中添加文字。　(　)

8. 在 Word 2010 的"打印预览"窗口中,不可以对文档进行编辑。　(　)

9. Word 2010 分栏中各栏的宽度必须相同。　(　)

10. 在页眉和页脚中可以插入剪贴画。　(　)

11. 无法将 Word 文档中当前的表格拆分为两个表格。　(　)

12．在 Word 文档中，可以对图形对象进行翻转或旋转。　（　）

五、操作题

1．操作文件《想念帮助》原文如下，请完成以下操作：

想念帮助

由于父亲早逝，我们一家是在别人家的帮助下走过来的，那时母亲一人拉扯着我们兄妹四人艰难度日，生活充满了艰辛。

母亲白天参加生产队的劳动，风雨无阻，从不敢误工，就怕年终时少分几斤口粮。晚上母亲把我们几个安置睡了，还要在煤油灯下为我们缝补衣服。有一年母亲由于劳累过度一病不起，我们这个家仿佛天塌下来一样。我作为长子，9 岁的小肩膀还担负不起沉重的家庭负担。瘦弱的母亲躺在床上看着我们不停地流泪。

我永远不能忘记的是，在我们生活陷入绝境时，街坊四邻给予我们的极大的关心和帮助：不管白天黑夜，叔叔大伯们拉着母亲到医院治病；婶子大娘们给我们磨面做饭；水缸空了，总有人挑；房子漏了，他们就停下手里的活，爬上爬下把房修好。在好心人的帮助下，母亲的身体恢复了健康，我们家也一天天好起来，如今兄妹四人都已长大成人。

这些年来，我们兄妹四人为了工作、事业在外奔波，母亲一人在家。母亲是位闲不住的人。农忙时节，谁家忙不过来，她就帮人家看孩子，照看牛羊，干些力所能及的事。母亲几十年来操劳过度，落得一身伤病，我时常买一些药回去，母亲自己舍不得吃，谁家有病人她就把药盒抱过去。现在村里谁有了伤风感冒总要找母亲要几片药，这是母亲最高兴的事了。

我在北京成家后，母亲也来过几次，但是后来说什么也不来了。母亲说北京是好，可就是家家不来往，谁都不理谁，不习惯。母亲对城里的许多事都不理解。

十多年的都市生活，耳濡目染，使我对许多事也变得麻木起来。别的不说，就说日常感受吧。我刚刚搬进这个楼的时候，经常把楼道扫一扫、拖一拖，把扶手擦一擦，看到楼道的灯坏了，主动换上一个。但是时间一长，就没有这份心思了，别人不管，我干吗管。楼下的自行车倒成一片，影响大家进进出出，别人装看不见，我也就心安理得。上班路上，看到有人倒在路上，别人都躲闪过去了，自己虽想上去扶一把，但转念一想，大家不管，我干吗多事，万一……

(1) 将文章标题“想念帮助”改为黑体、二号字、加粗，并将其设为居中对齐。

(2) 给“生活充满了艰辛”这几个字加双下划线，下划线颜色为红色。

(3) 将以“我永远不能忘记的是”开始的段的段前和段后间距都设置为 1 行。

(4) 在以“我在北京成家后”开始的段后插入一幅“情感”类的剪贴画。

(5) 将“十多年的都市生活”这几个字设置为隶书，并将以“十多年的都市生活”开始的段设为首字下沉 2 行的效果。

(6) 在文章最后插入一个 4 行 3 列的表格。

2．操作文件《虚拟现实(VR)基础知识》原文如下，请完成以下操作：

虚拟现实(VR)基础知识

实物虚化、虚物实化和高性能的计算处理技术是 VR 技术的 3 个主要方面。实物虚化是现实世界空间向多维信息化空间的一种映射，主要包括基本模型构建、空间跟踪、声音定位、视觉跟踪和视点感应等关键技术，这些技术使得真实感虚拟世界的生成、虚拟环境对用户操作的检测和操作数据的获取成为可能。

它具体基于以下几种技术：(1) 基本模型构建技术。(2) 空间跟踪技术。(3) 声音跟踪技术：利用不同声源的声音到达某一特定地点的时间差、相位差、声压差等进行虚拟环境的声音跟踪。(4)视觉跟踪与视点感应技术。

虚物实化是指确保用户从虚拟环境中获取同真实环境中一样或相似的视觉、听觉、力觉和触觉等感官认知的关键技术。能否让参与者产生沉浸感的关键因素除了视觉和听觉感知外,还有用户能否在操纵虚拟物体的同时,感受到虚拟物体的反作用力,从而产生力觉和触觉感知。力觉感知主要由计算机通过力反馈手套、力反馈操纵杆对手指产生运动阻尼从而使用户感受到作用力的方向和大小。触觉反馈主要是基于视觉,气压感,振动触感,电子触感和神经、肌肉模拟等方法来实现的。

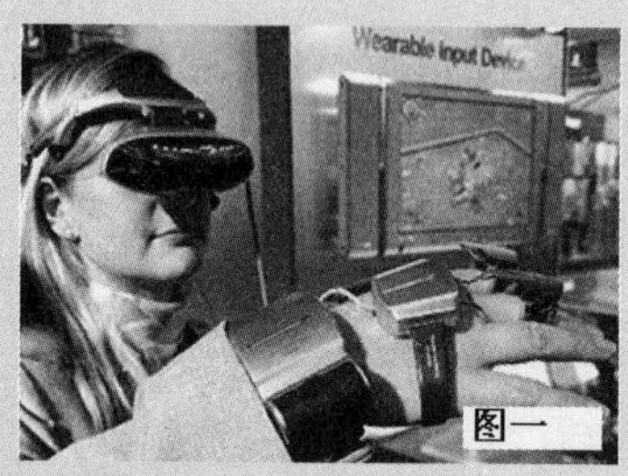

图一

然而,不能把虚拟现实和模拟仿真混淆,两者是有一定区别的。概括地说,虚拟现实是模拟仿真在高性能计算机系统和信息处理环境下的发展和技术拓展。我们可以举一个烟尘干扰下能见度计算的例子来说明这个问题。在构建分布式虚拟环境基础信息平台过程中,经常会有由燃烧源产生的连续变化的烟尘干扰环境能见度的计算,从而影响环境的视觉效果以及仿真实体的运行和决策。某些仿真平台和图形图像生成系统也研究烟尘干扰下的能见度计算。仿真平台强调烟尘的准确物理模型、干扰后的能见度精确计算以及对仿真实体的影响程度;图形图像生成系统着重于建立细致的几何模型,估算光线穿过烟尘后的衰减。而虚拟环境中烟尘干扰下的能见度计算,不但要考虑烟尘的物理特性,遵循烟尘运动的客观规律,计算影响仿真结果的相关数据,而且要生成用户能通过视觉感知的逼真图形效果,使用户在实时运行的虚拟现实系统中产生亲临等同真实环境的感受和体验。

图二

(1)将文章标题“虚拟现实(VR)基础知识”改为二号字、加粗,并将其设为居中对齐。

(2)将以“它具体基于以下几种技术”开始的段的字符格式和段落格式设置成与以“虚物实化是指确保用户从虚拟环境中”开始的段具有相同的格式。

(3)为以“实物虚化、虚物实化”开头的段加上段落边框,边框类型为方框,线型为实线,宽度为1磅,颜色为红色,并将本段的所有文字设置为粗体。

(4)将图二与文字的环绕方式设置为“四周型”,且放置于最后一段中。

(5)请将该文档上、下、左、右边距都设置为2厘米。

(6)设置本文的页眉内容为“虚拟现实”,并将本文的页眉、页脚距边界的距离分别设置为1厘米和2厘米。

3. 某高校学生会计划举办一场“大学生创新创业交流会”活动,拟邀请部分专家和教师给在校学生进行演讲。因此,校学生会外联部需制作一批邀请函,并分别递送给相关的专家和老师。

操作文件《邀请函》原文如下,请按要求完成邀请函的制作:

大学生创新创业交流会

邀请函

尊敬的　　（老师）：

校学生会兹定于2018年3月22日，在本校大礼堂举办“大学生创新创业交流会”的活动，并设定了分会场演讲主题的时间，特邀请您为我校学生进行指导和培训。

谢谢您对校学生会工作的大力支持。

校学生会 外联部

2018年3月9日

（1）调整文档版面，要求页面高度为18厘米，宽度为30厘米，上、下页边距为2厘米，左、右页边距为3厘米。

（2）参考图3-99所示的《邀请函》格式样例，调整邀请函中内容文字的字体、字号和颜色，调整邀请函中文字段落的对齐方式。

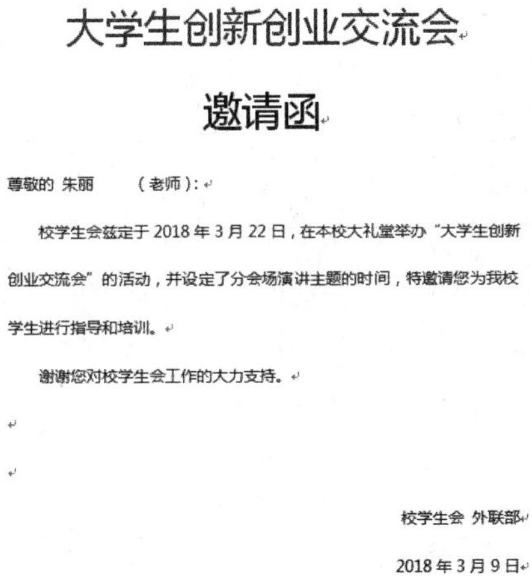

大学生创新创业交流会

邀请函

尊敬的 朱丽　　（老师）：

校学生会兹定于2018年3月22日，在本校大礼堂举办“大学生创新创业交流会”的活动，并设定了分会场演讲主题的时间，特邀请您为我校学生进行指导和培训。

谢谢您对校学生会工作的大力支持。

校学生会 外联部

2018年3月9日

图3-99　《邀请函》格式样例

（3）在“尊敬的”和“（老师）”文字之间，插入拟邀请的专家和教师姓名，拟邀请的专家和教师姓名在“通讯录.xlsx”文件中，如图3-100所示。每页邀请函中只能包含1位专家或教师的姓名，所有的邀请函页面另外保存在“邀请函制作完成.docx”文件中。

编号	姓名	性别	公司
CM001	朱丽	女	北京创业协会
CM002	郭晓春	男	山东广播电视台
CM007	李志	男	天津创业大学
CM008	胡荣光	男	山东广播电视台
CM005	李清扬	男	天津创业大学

图3-100　通讯录

学习情境四

表格处理

学习情境描述

Excel 2010具有强大的电子表格操作功能，用户可以在计算机提供的巨大表格上，随意设计、修改自己的报表，而且Excel 2010具有方便直观、易学易用的特点。正因为如此，它已经在财务、税务、统计、计划、经济分析等许多领域都得到了广泛的应用，成为一般办公人员必不可少的应用软件之一。通过本情境的学习，应熟练掌握工作表的创建、编辑及管理等，掌握工作表中公式和函数的使用，数据清单排序、筛选和分类汇总等数据统计功能，工作表图表的编辑及打印输出等。本学习情境主要通过以下六个任务来完成学习目标：

任务一　制作人事资料表
任务二　格式化和管理学生成绩登记表
任务三　电视台广告收入数据计算
任务四　企业员工的工资数据统计分析
任务五　学生成绩表数据统计分析
任务六　创建图表并打印输出

任务一　制作人事资料表

任务描述与分析

Excel 2010是Microsoft Office 2010系列软件的成员之一，Excel 2010以直观的表格形式供用户编辑操作，具有“所见即所得”的特点。

Excel 2010电子表格软件可以快捷地建立表格，输入和编辑工作表中的数据。本任务通过单位人事资料表的制作，熟悉Excel 2010的工作界面及数据的录入、填充。具体要求如下：

（1）启动Excel 2010。

（2）规划表格结构并输入内容。

（3）使用填充柄填充“职工号”列。

（4）设置“职称”列只能在序列“教授，副教授，讲师，助教，其他职称”中选择，并设置提示信息“请选择！”。

（5）为“职称”单元格插入批注“统计时间截止到 2015 年 8 月”。

（6）保存文件，设置打开权限密码和修改权限密码。

本任务的效果图如图 4-1 所示。

	A	B	C	D	E	F
1	部门	职工号	姓名	性别	职称	联系方式
2	教学部	1	李珊	女	教授	01087654321
3	教学部	2	周东刚	男	副教授	13700010001
4	教学部	3	高新梅	女	讲师	13600010002
5	教学部	4	张三	男	讲师	053112345678
6	教学部	5	崔理辉	男	助教	13212345678
7	教学部	6	张新新	男	其他职称	15966666666

图 4-1　任务一效果图

实现方法

1．认识 Excel 2010

1）Excel 2010 的基本功能

Excel 2010 电子表格软件可以灵活地管理和使用工作表以及格式化工作表。利用自定义的公式和 Excel 2010 提供的各类丰富的函数可以进行各种算术运算和逻辑运算，分析统计各区域中的数据信息，并且可以把相关数据用各种统计图的形式直观地表示出来。Excel 2010 还具有快速的数据库管理功能，可以对数据清单进行查询、排序、筛选和分类汇总等操作。

图 4-2 显示了一个常见的 Excel 2010 电子表格示例。

在图 4-2 所示的工作簿窗口中，所有的数据都存放于一张名为“Sheet1”的工作表的各个单元格中。该工作表中的各个单元格所包含的数据类型是不完全相同的，有文本、数值型常量、公式与函数等，其中“总评”列可以先在 E3 单元格中输入公式，其余学生的总评成绩通过拖动填充柄复制公式得到，操作灵活方便。

与手工制作的数据报表相比，Excel 2010 电子表格不仅便于管理维护，而且能够对表格中的统计信息进行自动计算与更新。在原始数据发生变化时，计算结果会立刻更新，使结果始终反映数据的变化。例如，图 4-2 中“总评”“及格人数”“及格率”“总评平均”的数据会随着任一引用数据的改变而自动更新。

1	学生成绩登记表				
2	姓名	平时	期中	期末	总评
3	陈小平	85	82	90	87.4
4	王　明	96	90	93	93
5	何晓东	72	86	67	71.8
6	李　斌	62	54	48	52
7	林　雪	70	72	45	55.4
8	徐　莹	96	96	93	94.2
9	及格人数	4			
10	及格率	66.67%			
11				总评平均	75.6

图 4-2　电子表格示例

2）Excel 2010 的启动与退出

（1）Excel 2010 的启动。

启动 Excel 2010 常用以下方法：

① 在任务栏中单击“开始 / 所有程序 /Microsoft Office/Microsoft Office Excel 2010”。

② 双击桌面上或其他位置的 Excel 2010 快捷方式图标。

(2) Excel 2010 的退出。

退出 Excel 2010 常用以下方法:

① 单击标题栏的“关闭”按钮。

② 单击“文件”选项卡中的“退出”命令。

③ 按快捷键 Alt+F4。

④ 双击标题栏左端的控制菜单图标。

3) Excel 2010 的工作环境

启动 Excel 2010 后,窗口界面如图 4-3 所示。

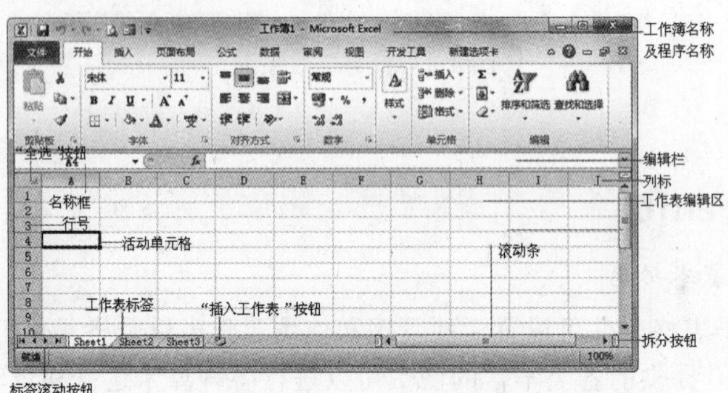

图 4-3 Excel 2010 的窗口界面

启动 Excel 2010 后,系统会自动打开一个空白的工作簿,默认名称为“工作簿 1”,由 3 个工作表组成,分别为 Sheet1, Sheet2, Sheet3。每个工作表由若干个单元格组成,单击某单元格可使其成为活动单元格(也称当前单元格),只有在活动单元格中才能输入和编辑数据。

Excel 2010 的窗口界面包含一个应用程序窗口和一个工作簿窗口,应用程序窗口可以单独存在,主要用于工作簿的创建和打开等操作,而工作簿窗口必须依赖于应用程序窗口而存在。Excel 2010 的窗口界面主要由选项卡、编辑栏、名称框、工作簿窗口、工作表编辑区、工作表标签、标签滚动按钮、拆分按钮等组成。

(1) 选项卡。

Excel 2010 窗口中的选项卡操作与 Word 2010 类似,不再赘述。

(2) 编辑栏。

当选中某个单元格时,编辑栏用来输入、编辑和显示活动单元格的值或公式,当然更多情况下我们习惯直接在单元格中输入数据,双击单元格进行编辑和修改。通过编辑栏还可以查看单元格中的内容是常量还是公式。

(3) 名称框。

编辑栏的左侧为名称框,它显示活动单元格或区域的地址或名称,用来实现在工作表中的快速定位,在活动单元格中输入“=”时,名称框中显示的是函数名称。

(4) 工作簿窗口。

工作簿窗口中有标题栏、“最小化”按钮、“最大化 / 还原”按钮、“关闭”按钮。单击工作簿窗口的“最大化”按钮,工作簿窗口将与应用程序窗口合二为一,工作簿窗口的标题栏合并到应用程序窗口的标题栏中,如图 4-3 所示。

（5）工作表编辑区。

工作表编辑区就是工作簿窗口中由暗灰线条组成的表格，它是 Excel 2010 的基本工作区域，表格的所有工作都在这个区域进行。

（6）工作表标签和标签滚动按钮。

工作簿窗口的左下角是工作簿中的工作表标签，显示的是工作表的名称。单击工作表标签将激活相应的工作表，被激活的工作表（当前工作表）的标签有下划线，只有在当前工作表中才能进行相应的操作。如图 4-4 所示，Sheet2 为当前工作表。当一个工作簿中工作表的个数较多时，用户可以通过标签滚动按钮来显示不在屏幕内的标签。

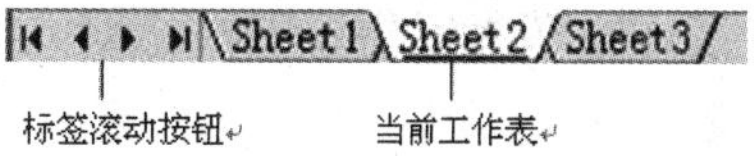

Sheet1 Sheet2 Sheet3

标签滚动按钮　当前工作表

图 4-4　工作表标签和标签滚动按钮

（7）拆分按钮。

拆分按钮包括水平拆分按钮和垂直拆分按钮，分别用于在水平和垂直方向上拆分窗口。将鼠标指针指向水平拆分按钮或垂直拆分按钮，当鼠标指针变成双箭头时，拖动鼠标到适当位置，然后松开鼠标，这时，拆分按钮变为分隔条；也可以利用“视图 / 窗口 / 拆分”命令来拆分窗口。拖动分隔条可以更改 Excel 2010 窗口的拆分比例。

窗口拆分后，可同时阅览一个较大的工作表中各个不同的部分，双击分隔条或单击“视图 / 窗口 / 拆分”命令，或将水平分隔条和垂直分隔条分别左右、上下拖动到工作区域的边缘，可取消拆分窗口。

4）工作簿、工作表和单元格

（1）工作簿。

Excel 2010 的工作簿是存储数据、公式以及数据格式等信息的文件。工作簿就像一个文件夹，把相关的多个表格或图表存放在一起，便于处理。启动 Excel 后会自动新建一个扩展名为“xlsx”的工作簿。新工作簿默认有 3 个工作表，一个工作簿最多可含有 255 个工作表。新建工作簿默认的工作表个数是可以更改的，其方法是：单击“文件 / 选项”命令，打开“Excel 选项”对话框，单击对话框的“常规”选项卡，在“新建工作簿时”选项组的“包含的工作表数”框中，输入在创建新工作簿时要添加的默认工作表个数，如图 4-5 所示，重新启动 Excel 2010 应用程序后，新工作簿默认的包含工作表个数的更改生效。在该对话框中还可以更改 Excel 默认的字体、字号、配色方案等选项。

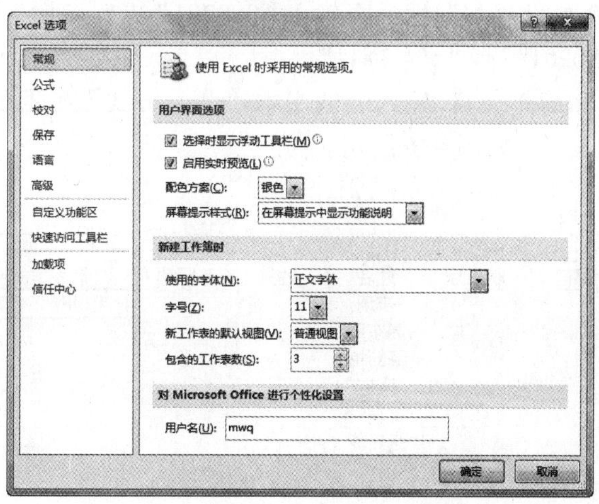

图 4-5　默认工作表个数的更改

（2）工作表。

工作表由单元格、行号、列标、工作表标签等组成。工作表的行用 1，2，3…表示，称为行号，最多可达 1 048 576 行；而列是用 A ～ Z，AA ～ ZZ，AAA ～ XFD 表示，称为列标，最多可达 16 384 列。

（3）单元格。

工作表中行列交汇处的区域称为单元格，用来保存数值和文字等数据。因此，一个工作表由 1 048 576×16 384 个单元格组成。每一个单元格都有一个地址，地址由行号和列标组成，列标在前，行号在后，如第 2 列第 3 行的单元格地址是“B3”。

可以在名称框中输入单元格的地址，快速定位某一个单元格。

单元格是工作表中最基本的数据单元，每个单元格可以保存 32 000 多个字符。活动单元格只有一个，带有粗黑框，其地址显示在名称框中，内容则同时显示在活动单元格和编辑栏中。

2. 建立表格

Excel 2010 允许向单元格中输入各种类型的数据：文字、数字、日期、公式和函数。输入操作总是要在活动单元格内进行，所以首先应该选择单元格，然后输入数据，数据在单元格和编辑栏内同时显示。对于输入少量数字或文字内容，最简单的方法是选中该单元格后直接输入。但是输入较长内容或复杂公式时，最好先单击单元格，然后再单击编辑栏，在编辑栏中进行输入。

1）输入文本

文本数据可由汉字、字母、数字、空格以及键盘能键入的其他可见符号等组合而成。默认情况下，文本数据在单元格内左对齐。

如果输入的是文字，直接输入即可。

如果输入的是无须计算的数字串，如产品代码、学号、邮政编码、电话号码等，虽然是数字，但不必表示其值的大小，在输入时，可在数字串前加英文单引号“'”，Excel 2010 将按文本数据处理。当然也可以直接输入，按数值数据处理，但下列情况除外：

（1）需要保留数字串前面的“0”时，例如学号“080201”等。

（2）输入的字符串的首字符是“=”时，例如“= 3*4”等。

此时应先输入一个单引号“'”，然后再输入“080201”或“= 3*4”，也可以用双引号括起来作为公式输入“= "080201"”或“="= 3*4"”。

在本任务中，单击相应单元格，输入合适文本，“联系方式”列要保留数字串前面的“0”时，在单元格中应先输入“'”，如图 4-6 所示。

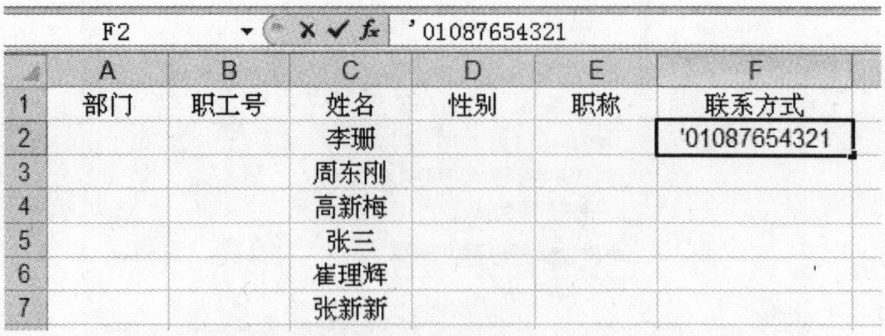

F2 ▾ × ✓ fx '01087654321

	A	B	C	D	E	F
1	部门	职工号	姓名	性别	职称	联系方式
2			李珊			'01087654321
3			周东刚			
4			高新梅			
5			张三			
6			崔理辉			
7			张新新			

图 4-6　输入数据

如果输入的是网址或电子邮箱地址，Excel 2010 在默认情况下会将其自动设为超链接。如果想取消网址或电子邮箱地址的超链接，可以在单元格上单击鼠标右键，选择"超链接 / 取消超链接"即可。此外，以下两种方法可以有效避免输入内容成为超链接形式：

方法一：在单元格内录入内容前加入一个空格。

方法二：单元格内容录入完毕并确认后按下 Ctrl＋Z 组合键撤销即可。

输入时，内容出现在活动单元格和编辑栏中，按 Backspace 键（Delete 键）可以随时删除插入点左（右）边的内容。数据输入完毕以后，通过下列几种方法可以确认所输入的内容：

方法一：单击编辑栏中的"输入"按钮"√"。

方法二：按键盘上的 Enter 键。

方法三：用鼠标直接单击其他单元格（对公式的确认不可以用单击其他单元格的方法）。

方法四：按键盘上的 Tab 键或光标移动键。

单元格内的数据经确认后才能按规定的格式显示在单元格内。如果在输入内容时，想取消此操作，可以单击编辑栏中的"取消"按钮 × 或者按键盘上的 Esc 键。

如果所输入内容的长度超出单元格的列宽，当右侧单元格为空时，超出部分将延伸到右侧单元格，当右侧单元格内有内容时，超出部分将被隐藏，此时适当调整列宽即可完全显示。如果选中的单元格内已有数据，则该数据会显示在编辑栏中，若输入新数据，则原数据将被覆盖。

2）输入数值

数值数据一般由数字和＋、－、( )、,、/、$、%、.、E、e 等各种特殊字符组成。数值数据的特点是可以进行算术运算，对齐方式默认为单元格内右对齐。

对于数值数据的书写格式，Excel 2010 的规定如表 4-1 所示。

表 4-1　数值数据的书写格式

格　式	举　例	显示结果	说　明
科学记数法	100 000 000 000	1E＋11	默认的通用数字格式可显示的最大数字为 99 999 999 999，超出此范围，则改为科学记数法显示
列宽不够	￥88 886 666	####	单元格内的数字被"####"代替，说明单元格宽度不够，增加单元格的宽度即可
正　数	＋89	89	Excel 2010 会自动把加号去掉
负　数	－456 或 (456)	－456	负数可以直接输入"-"，或者用圆括号将数字括起来
真分数	0 1/3	1/3	输入真分数时，必须用零和空格引导，以便与日期相区别
假分数	1 1/2	1 1/2	输入假分数时，应在整数部分和分数部分之间加一个空格
公式中的数值	=(2)＋3	5	对于公式中出现的数值，不能用圆括号来表示负数，不能用千位分隔符","分隔数位，也不能在数字前用货币符号"$"

3）输入日期和时间

日期和时间的输入形式有很多种，一般情况下，日期的年、月、日之间用"-"或"/"分隔，时间的时、分、秒之间用冒号分隔。日期和时间输入后在单元格内默认为右对齐。

如在单元格中输入"5/1"，确认后单元格显示"5 月 1 日"，编辑栏显示"2018/5/1"。

若要输入 12 小时制时间，需要在时间后输入一个空格，然后输入“AM”或“PM”（也可只输入字符“A”或“P”），用来表示上午或下午。否则，Excel 2010 将基于 24 小时制计算时间。例如，输入“1:00”而不是“1:00 PM”，则被视为“1:00 AM”保存。

如果要输入系统当天的日期，可以按 Ctrl+；（分号）键；如果要输入系统当前的时间，可以按 Ctrl+：（冒号）键。

日期和时间可以相加、相减，并可以包含到其他运算中。如果要在公式中使用日期或时间，需用带引号的文本形式输入日期或时间值。例如，输入公式“="2009/5/4"-"2008/5/4"”，将得到数值 365。

3. 填充数据

在输入表格数据时，对于一些相同或有规律的数据，如等差序列、等比序列、时间和日期序列、文本型数据等，当然也包括一些自定义的序列，利用 Excel 2010 中的“填充”功能可以自动高效地完成数据的输入，而不必一一输入。

1）使用填充柄填充数据

一般情况下，在工作表的使用区域内，鼠标形状是一个“胖”加号，当选择一个单元格或一个单元格区域时，在右下角会出现一个填充柄，当光标移动到填充柄时鼠标形状变为“瘦”加号，拖动填充柄，可以实现数据的快速自动填充。利用填充柄不仅可以填充相同的数据，还可以填充有规律的不同数据。

图 4-7 列出了数字、纯文本、文本型数据、日期、星期、等差序列等数据的填充，其中 F 列等差序列自动填充时，应先选择 F2 和 F3 单元格，然后拖动填充柄。

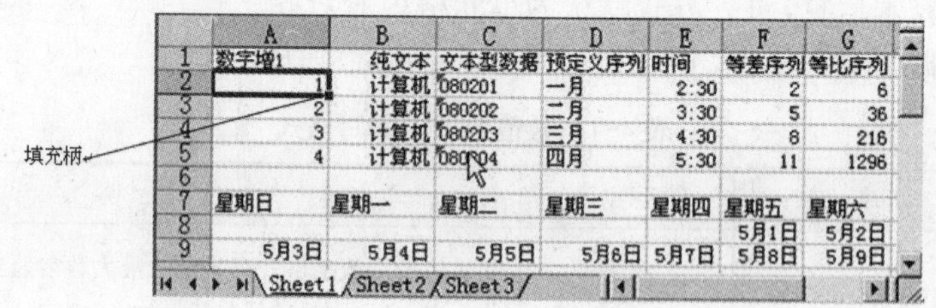

	A	B	C	D	E	F	G
1	数字增1	纯文本	文本型数据	预定义序列	时间	等差序列	等比序列
2	1	计算机	080201	一月	2:30	2	6
3	2	计算机	080202	二月	3:30	5	36
4	3	计算机	080203	三月	4:30	8	216
5	4	计算机	080204	四月	5:30	11	1296
6							
7	星期日	星期一	星期二	星期三	星期四	星期五	星期六
8						5月1日	5月2日
9	5月3日	5月4日	5月5日	5月6日	5月7日	5月8日	5月9日

图 4-7　使用填充柄填充数据

如果在按下 Ctrl 键的同时向下拖动一个单元格的填充柄，则对于数字为增 1 序列填充，而对于其他数据为复制填充。在本任务中，在“部门”列的 A2 单元格中输入“教学部”，拖动填充柄，完成单元格区域 A3～A7 数据的复制填充；在“职工号”列的 B2 单元格中输入数字“1”，按下 Ctrl 键的同时向下拖动填充柄，完成单元格区域 B3～B7 数据的增 1 序列填充。效果如图 4-8 所示。

	A	B	C	D	E	F
1	部门	职工号	姓名	性别	职称	联系方式
2	教学部	1	李珊	女		01087654321
3	教学部	2	周东刚	男		13700010001
4	教学部	3	高新梅	女		13600010002
5	教学部	4	张三	男		053112345678
6	教学部	5	崔理辉	男		13212345678
7	教学部	6	张新新	男		15966666666

图 4-8　数据填充示例

填充柄可以向上、下、左、右四个方向拖动。进行增减序列的填充时，如果向右或向下拖动填充柄，自动填充的是递增的序列，如果向左或向上拖动填充柄，自动填充的是递减的序列。

2）使用“开始/编辑/填充”命令填充数据

使用 Excel 2010 录入数据时，除了利用已定义的序列进行自动填充外，还可以指定某种规律进行智能填充。例如，要从单元格 G2 开始向下填充 3 000 以内 6 的整数次方，对于填充这样的数据，不必全部手工输入，可以按以下步骤完成：

（1）在单元格 G2 中输入起始值“6”。

（2）单击“开始/编辑/填充”命令，在下拉菜单中选择“系列”，出现“序列”对话框。

（3）在该对话框中分别指定“序列产生在”为“列”，“类型”为“等比序列”，在“步长值”文本框中输入公比“6”，“终止值”文本框中输入“3 000”，如图 4-9 所示，单击“确定”按钮。填充结果见图 4-7 的“等比序列”列。

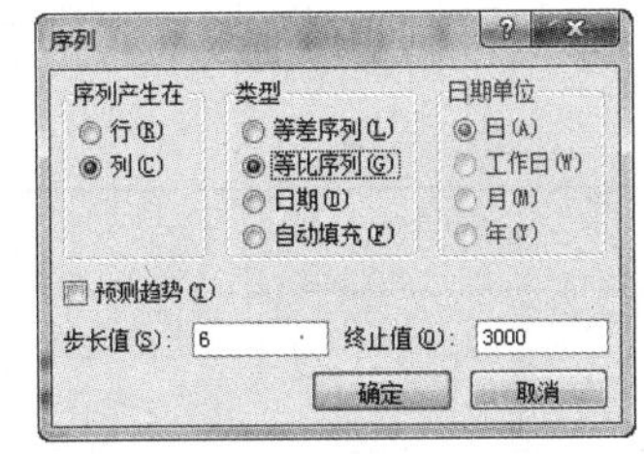

图 4-9　“序列”对话框

“步长值”的缺省值是“1”，如果不指定序列的“终止值”，则要在选取“开始/编辑/填充/系列”命令之前选定序列放置的区域，以起始单元格为起点，向下选择只包含一列的单元格区域，或者向右选择只包含一行的单元格区域。

利用“开始/编辑/填充”命令还可进行其他数据类型的填充，在此不再一一举例。

3）自定义序列

Excel 2010 之所以能够使用填充柄自动进行序列填充，原因在于 Excel 2010 中预先设置好了某些常用的序列，用户也可以自定义序列，将经常用到的数据添加到填充序列列表中，例如某科室的人员名单，可以做成一个自定义序列，以方便日后使用。

添加自定义序列的步骤如下：

（1）单击“文件/选项”，打开“Excel选项”对话框，选择“高级”选项卡，单击其中的“编辑自定义列表”按钮，出现“选项”对话框，如图 4-10 所示。

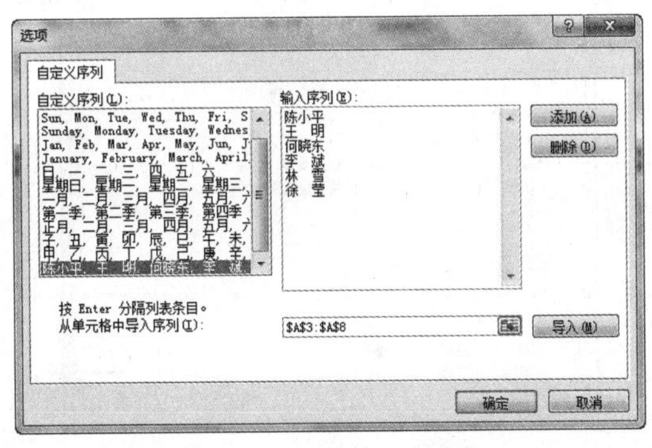

图 4-10　“选项”对话框

（2）在“选项”对话框的“输入序列”框中输入科室的人员名单，每输入一个项目内容，按回车键或空格键分隔，所有内容输入完毕后，单击“添加”按钮，新输入的序列就会出现在“自定义序列”框中。

在“选项”对话框中，还可以对已经存在的序列进行编辑或者将不再使用的序列删除，但是对系统内部的序列不能进行编辑和删除。

4. 有效性验证

利用 Excel 2010 的“有效性验证”功能可以为单元格或单元格区域指定数据的有效范围，例如，将数据限制为一个特定的类型，如整数、分数、文本等，并且限定其取值范围。设置数据有效性验证可以避免用户输入无效的数据，也可以提供信息，以定义用户希望在单元格中输入的内容以及帮助改正错误。

1）有效性验证的数据类型

表 4-2 列出了 Excel 2010 指定的有效性验证的数据类型。

表 4-2　有效性验证的数据类型

类　型	说　明
数　值	指定单元格中的条目必须是整数或小数，可以设置最小值或最大值，将某个数值或范围排除在外，或者使用公式计算数值是否有效
日期和时间	设置最小值或最大值，将某些日期或时间排除在外，或者使用公式计算日期或时间是否有效
文本长度	限制单元格中可以输入的字符个数，或者规定至少输入的字符个数
序　列	为单元格创建一个选项列表，只允许在单元格中输入列表中的值。用户单击单元格时，将显示一个下拉按钮，从而使用户可以轻松地在下拉列表中进行选择

2）设置数据有效性条件

在某些单元格中只允许输入固定格式的数据，可以利用“数据 / 数据工具 / 数据有效性”命令，设置输入数据的有效性条件，做成一个下拉列表，供用户来选择性输入。

在本任务中，设置“职称”列数据有效性验证的步骤如下：选定单元格区域 E2:E7，单击“数据 / 数据工具 / 数据有效性”按钮，打开“数据有效性”对话框，在对话框的“设置”选项卡中，单击“允许”框的下拉按钮，选择“序列”选项，在“来源”框中输入序列“教授，副教授，讲师，助教，其他职称”，如图 4-11 所示，序列各项之间用英文逗号“,”分隔。

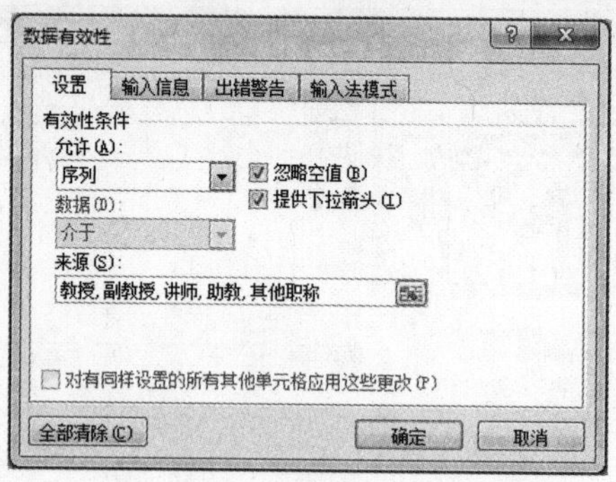

图 4-11　“数据有效性”对话框

3）设置输入信息提示

在本任务中，设置输入信息提示为“请选择！”。选中单元格区域 E2:E7，在图 4-11 所示的“数据有效性”对话框中，单击“输入信息”选项卡，在“标题”框中输入“提示：”，在“输入信息”框中输入“请选择！”，如图 4-12 所示，单击“确定”按钮。

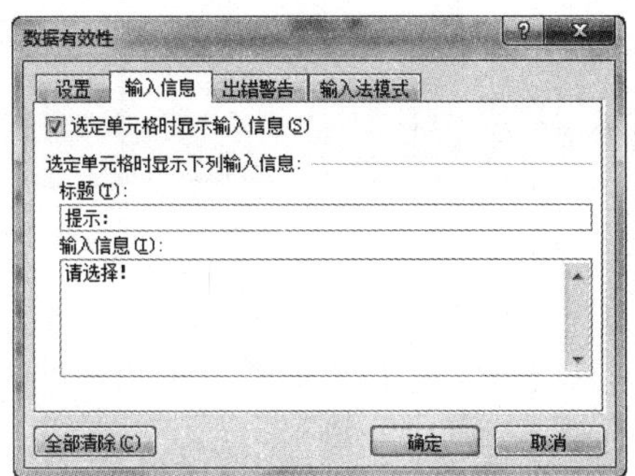

图 4-12　“数据有效性”对话框的“输入信息”选项卡

4）*输入有效数据*

单击单元格区域 E2:E7 中的某个单元格，在其右侧出现一个下拉按钮，如图 4-13 所示，单击此按钮，在随后出现的下拉列表中，选择相应的序列项(如“副教授”)，即可将该元素输入到相应的单元格中。

	A	B	C	D	E	F
1	部门	职工号	姓名	性别	职称	联系方式
2	教学部	1	李珊	女	教授	01087654321
3	教学部	2	周东刚	男		13700010001
4	教学部	3	高新梅	教授		13600010002
5	教学部	4	张三	副教授		53112345678
6	教学部	5	崔理辉	讲师 助教		13212345678
7	教学部	6	张新新	其他职称		15966666666

图 4-13　输入序列中的数据

在设置了数据有效性验证的单元格区域中，如果用户输入有效数据并按下 Enter 键，则数据将被输入单元格中并且不会报错。如果用户输入的数据不符合条件，并且在“数据有效性”对话框的“出错警告”选项卡中为无效数据指定了错误信息，则会弹出错误消息框，如“只能选择序列中的值，请重新输入！”，如图 4-14 所示。

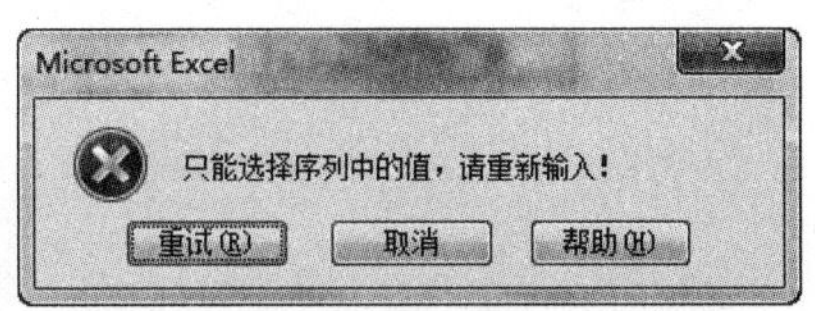

图 4-14　错误消息框

5. 批注

批注是为一些复杂的公式或者特殊的单元格数据做的注释。添加了批注的单元格右上角会出现一个红色三角标识，当鼠标移动到该标识上时，会自动显示批注内容。

1）*添加批注*

选定要加批注的单元格，单击“审阅 / 批注 / 新建批注”按钮，在弹出的批注框中输入批注内容，完成输入后，用鼠标单击任意单元格确认输入。

在本任务中，选定“职称”所在单元格 E1，单击“审阅 / 批注 / 新建批注”按钮，在弹出的批注框中输入批注“统计时间截止到 2015 年 8 月”，如图 4-15 所示。

	A	B	C	D	E	F	G
1	部门	职工号	姓名	性别	职称	统计时间截止到2015年8月	
2	教学部	1	李珊	女	教授		
3	教学部	2	周东刚	男	副教授		
4	教学部	3	高新梅	女	讲师		
5	教学部	4	张三	男	讲师		
6	教学部	5	崔理辉	男	助教	13212345678	
7	教学部	6	张新新	男	其他职称	15966666666	

图 4-15　添加批注

批注框中的批注者是根据安装 Excel 2010 时键入的用户姓名自动标注的，可更改为实际的用户姓名或将其删除。

2）编辑批注

选定有批注的单元格，单击“审阅 / 批注 / 编辑批注”按钮，或者单击鼠标右键，选择快捷菜单中的“编辑批注”命令，即可对批注内容进行修改。

3）删除批注

选定有批注的单元格，单击“审阅 / 批注 / 删除”按钮，或者单击鼠标右键，选择快捷菜单中的“删除批注”命令，可将批注内容删除。

6. 保存工作簿

首次保存工作簿时，单击“文件 / 保存”命令，会打开“另存为”对话框，用户可根据工作簿的内容命名一个见名知义的文件名，如本任务命名为“人事资料表”，同时选择存放的位置和文件类型，如图 4-16 所示。如果需要将当前工作簿保存为模板文件，应在“另存为”对话框中选择保存类型为“Excel 模板（*.xltx）”。

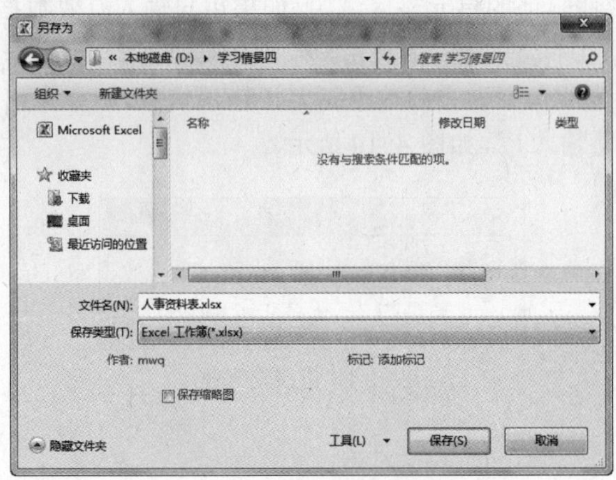

图 4-16　“另存为”对话框

工作簿文件的保存选项的设置包括自动保存和加密保存。

1）自动保存

为了防止在输入数据时碰到停电、死机等情况而丢失数据，Excel 2010 提供的自动保存工作簿的功能可以每隔一段时间自动保存正在编辑的工作簿。具体步骤如下：

单击“文件 / 选项”命令，在打开的“Excel 选项”对话框中，选择左侧列表中的“保存”选项卡，在“保存自动恢复信息时间间隔”框中输入间隔保存的时间（默认为 10 分钟），并勾选该框前面的复选框，如图 4-17 所示。

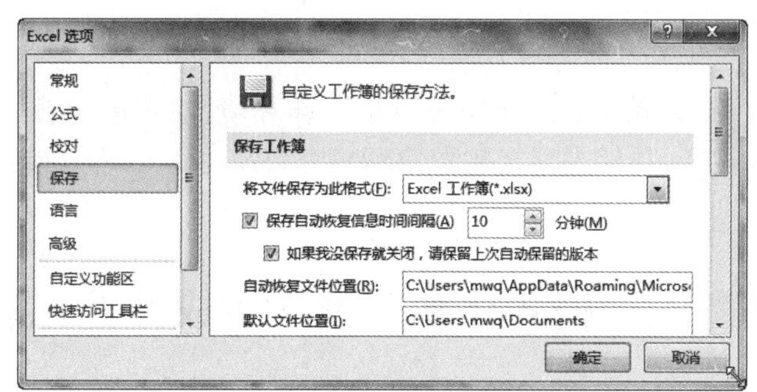

图 4-17　设置自动保存时间间隔

2）加密保存

对于重要的工作簿，Excel 2010 可以通过设置密码有效地对其中的数据进行保护。工作簿的保护有两个层面的含义：第一是设置打开权限密码，防止他人非法访问；第二是设置修改权限密码，禁止他人对工作簿的非法操作。

（1）设置打开权限密码。

① 在图 4-16 所示的“另存为”对话框中，单击“工具”按钮，在下拉菜单中选择“常规选项”，打开“常规选项”对话框，如图 4-18 所示。

② 在对话框的“打开权限密码”框中输入密码后单击“确认”按钮，出现“确认密码”对话框，如图 4-19 所示，重新输入密码，单击“确定”按钮。

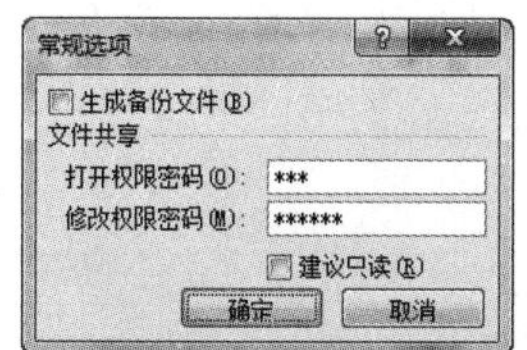

图 4-18　“常规选项”对话框

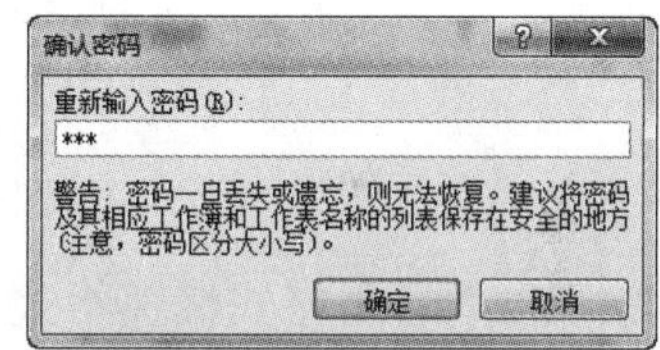

图 4-19　“确认密码”对话框

当打开设置了打开权限密码的工作簿时，将出现“密码”对话框。密码区分大小写字母，可以是字母、数字以及符号，最多可使用 15 个字符，只有正确输入密码才能打开工作簿。

（2）设置修改权限密码。

在图 4-18 所示的“修改权限密码”框中，可以设置修改权限密码。当打开设置了修改权限密码的工作簿时，将出现“密码”对话框，如图 4-20 所示，只有输入正确的密码后才能对该工作簿进行操作，否则只能以只读方式打开该工作簿。

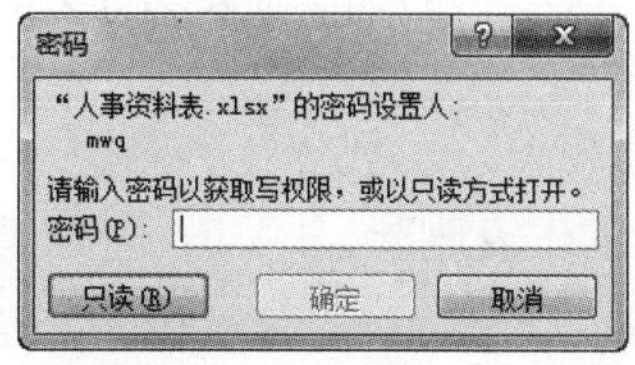

图 4-20　“密码”对话框

在图 4-18 中，选中“建议只读”复选框后，再次打开该文件时，系统会提示是否以只读方式打开该文件，可以根据需要选择打开方式。

归纳总结

通过本任务的练习，熟悉 Excel 2010 软件的工作环境，掌握电子表格的文本、数字、日期和时间等数据的录入技巧，能够灵活运用填充柄填充数据。

任务二　格式化和管理学生成绩登记表

任务描述与分析

建立图 4-21 所示的学生成绩登记表，练习单元格区域的选定，进行数据编辑和美化，并根据需要管理工作表。具体要求如下：

（1）练习单元格区域的选择和命名。

（2）按图 4-21 所示编辑单元格数据。

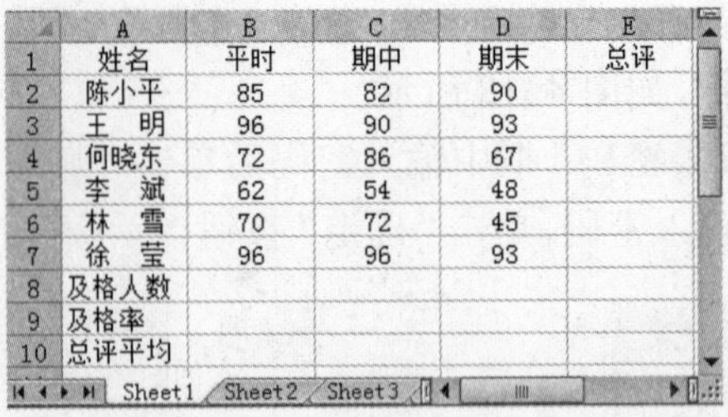

	A	B	C	D	E
1	姓名	平时	期中	期末	总评
2	陈小平	85	82	90	
3	王　明	96	90	93	
4	何晓东	72	86	67	
5	李　斌	62	54	48	
6	林　雪	70	72	45	
7	徐　莹	96	96	93	
8	及格人数				
9	及格率				
10	总评平均				

Sheet1　Sheet2　Sheet3

图 4-21　学生成绩登记表

（3）练习自动套用格式快速格式化工作表。

（4）在表格最上方插入一行，输入标题“学生成绩登记表”。

（5）根据需要调整表格的行高和列宽。

（6）设置单元格的格式。

① 将第 1 行的标题“学生成绩登记表”按表格的宽度跨列居中。

② 设置标题字体为“隶书”，字号为“16”；设置 A2:E8 单元格区域的内容水平居中；合并 A11:D11 单元格区域，并设置内容为右对齐。

③ 设置单元格区域 B3:D8 中的数据保留 0 位小数。

④ 为 A2:E11 单元格区域设置样式为内部细实线和外部粗实线，为 A3:A8 单元格区域设置图案为 6.25% 灰色的单元格底纹。

（7）将 Sheet1 重命名为“成绩表”。

（8）将“成绩表”之外的所有工作表删除。

（9）练习工作表的移动、复制。

（10）冻结“成绩表”前两行的内容，使其不随滚动条的滚动而移动。

（11）设置“成绩表”保护，密码自定。

本任务的效果图如图 4-22 所示。

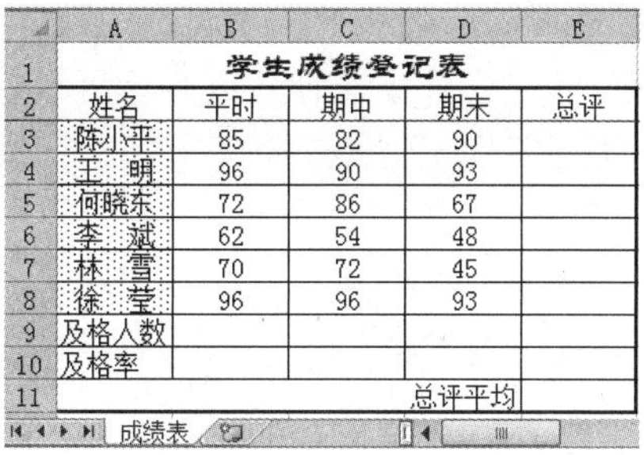

	A	B	C	D	E
1	学生成绩登记表				
2	姓名	平时	期中	期末	总评
3	陈小平	85	82	90	
4	王　明	96	90	93	
5	何晓东	72	86	67	
6	李　斌	62	54	48	
7	林　雪	70	72	45	
8	徐　莹	96	96	93	
9	及格人数				
10	及格率				
11				总评平均	

成绩表

图 4-22　任务二效果图

实现方法

1. 选择和命名工作表中的单元格区域

Excel 2010 在执行大多数命令或任务(如移动、复制、删除、设置格式以及生成图表等)之前,都需要先对其操作的单元格区域进行选择。

1) 单元格区域

多个相邻单元格形成的矩形区域称为单元格区域。单元格区域的表示方法是该区域对角线上的两个单元格地址用引用运算符“:”(冒号)连接。例如,C3:F7 表示从左上角 C3 开始到右下角 F7 的矩形单元格区域。如果单元格区域只包含一个单元格,则直接用该单元格地址来标识。

引用运算符可以将单元格区域合并标识,除了冒号“:”之外,还有逗号“,”和空格“ ”,表 4-3 列出了这三种引用运算符的含义。

表 4-3　引用运算符

引用运算符	含　义	示　例
:(冒号)	区域运算符:对两个引用之间的矩形区域的所有单元格进行引用	A3:H10
,(逗号)	联合运算符:多个引用的并集,将多个引用合并为一个引用	(A1,C5:E9)
(空格)	交叉运算符:多个引用的交集,对同时隶属于多个引用的区域进行引用	(A1:F7 C5:I20) 表示两个引用的交集为 C5:F7

2) 单元格区域的选择

(1) 选定一个单元格。

单击该单元格,即可选定该单元格,使其成为活动单元格。

(2) 选定一个单元格区域。

方法一:单击单元格区域左上角的单元格,按住鼠标左键拖动到单元格区域右下角的单元格,然后放开鼠标。

方法二:单击单元格区域一角的单元格,按住 Shift 键,再单击单元格区域对角线上的单元格,此方法尤其适合快速选择大范围的区域。

(3) 选定整行、整列。

单击工作表的某一行的行号可以选中该行,单击工作表的某一列的列标可以选中该列。

单击工作表的行号或列标,并按住鼠标在行号或列标区域拖动可以选中相邻的行或列。

(4) 选定整个工作表。

单击工作表左上角行号和列标交叉处的"全选"按钮 可选中整个工作表。

(5) 选定不相邻的多个单元格区域。

选定一个单元格区域之后,在按住 Ctrl 键的同时选择其他多个单元格区域即可选定不相邻的多个单元格区域。

单元格区域的选择除了以上常用的方法之外,还可以直接在名称框中输入引用运算符标识的区域地址,然后按下 Enter 键确认。

当选定了所需要的单元格区域后,可以用 Tab 键在选择的单元格区域内移动以确定活动单元格,按键盘上的光标移动键或单击工作表中的任意一个单元格即可取消单元格区域的选择。

3) 单元格区域的命名

在选择了某个单元格区域后,可以为该区域定义一个名称,在 Excel 2010 中,名称是一个便于记忆的标识符,它可以代表单元格、单元格区域、数值或者公式。当用户对工作表进行了编辑,更改了名称的引用位置,则所有使用这个名称的公式都会自动更新。使用名称书写公式易于阅读和记忆。例如,公式"=销售额-成本"比公式"=F6-D6"易于理解。已经定义好的名称可以更改或删除。

(1) 命名规则。

在定义名称时,必须遵循一些基本的规则。关于名称的命名规则见表 4-4。

表 4-4 名称的命名规则

规 则	说 明
有效字符	可以使用的字符包括字母(大小写均可)、数字、句号和下划线,不能以数字开头,不能使用其他单元格的地址
分隔符号	空格不能作为分隔符号
长 度	每一个名称的长度不能超过 255 个字符
大小写	在命名时,不区分大小写,如名称"QQ"与"qq"是指同一个名称

(2) 定义名称。

为单元格区域定义名称时,首先选择需命名的区域,单击"公式 / 定义的名称 / 定义名称"命令,出现"新建名称"对话框,输入名称,单击"确定"按钮,该名称会出现在名称框中。

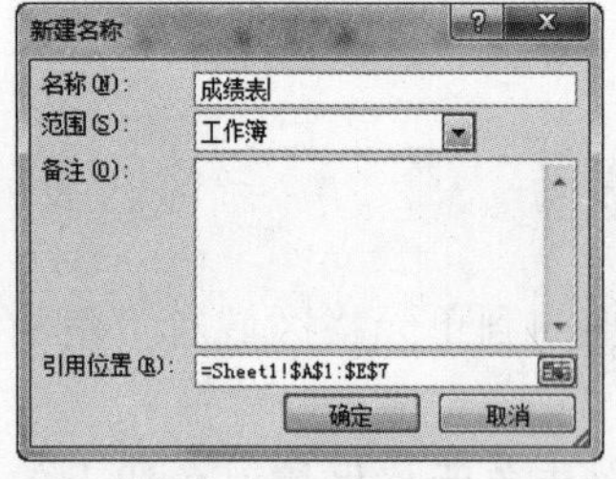

图 4-23 "新建名称"对话框

在本任务中,选择单元格区域 A1:E7,在"新建名称"对话框中输入名称"成绩表",如图 4-23 所示。

(3) 指定名称。

利用 Excel 2010 的自动命名功能,用户可以利用工作表中的文本为单元格区域命名,而且一次可以为多个单元格区域命名。自动命名的步骤如下:

① 选择要命名的单元格区域，此区域要包含用作名称的文本。本任务中，要用图 4-21 所示的表格中的首行作为命名的名称，因此，选择单元格区域 A1:E7。

② 单击“公式 / 定义的名称 / 根据所选内容创建”命令，出现图 4-24 所示的对话框。对话框中各选项的说明如下：

• 首行：利用顶端行的文本作为列的命名名称。

• 最左列：利用最左列的文本作为行的命名名称。

• 末行：利用底端行的文本作为列的命名名称。

• 最右列：利用最右列的文本作为行的命名名称。

③ 在本任务中勾选“首行”，按下“确定”按钮，则名称“姓名”“平时”“期中”“期末”“总评”等就会出现在名称框中。

已命名区域的名称会出现在名称框的下拉列表中，当单击某名称时，该命名区域被选中。例如：单击名称框中的“成绩表”，则工作表中的单元格区域 A1:E7 被选定；单击名称框中的“期末”，则工作表中的单元格区域 D2:D7 被选定，如图 4-25 所示。名称创建完成之后，在使用公式计算“总评”等项时，就可以直接使用这些名称代替所对应的单元格或单元格区域。

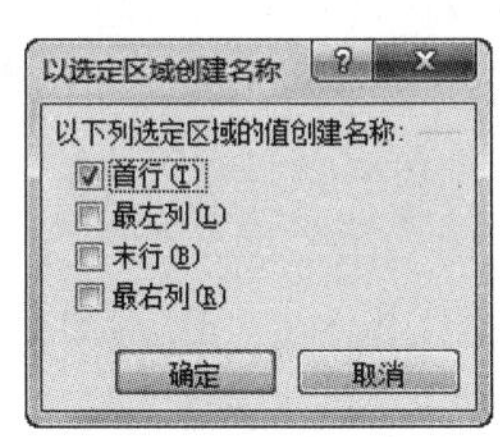

图 4-24 “以选定区域创建名称”对话框

期末　fx　90

成绩表
平时
期末
期中
姓名
总评

			C	D	E
			期中	期末	总评
			82	90	
			90	93	
			86	67	
5	李　斌	62	54	48	
6	林　雪	70	72	45	
7	徐　莹	96	96	93	
8	及格人数				
9	及格率				
10				总评平均	

图 4-25 根据所选内容创建名称

此外，还可以通过名称框来快速定义名称，方法是：选择单元格区域，在名称框中输入相应的名称，然后按回车键。

（4）管理名称。

在 Excel 2010 中，利用“公式 / 定义的名称 / 名称管理器”按钮，打开“名称管理器”对话框，如图 4-26 所示，可以查看当前用户定义的所有名称，还可以对已定义的名称进行修改，单击“删除”按钮则会从名称清单中删除选中的名称。

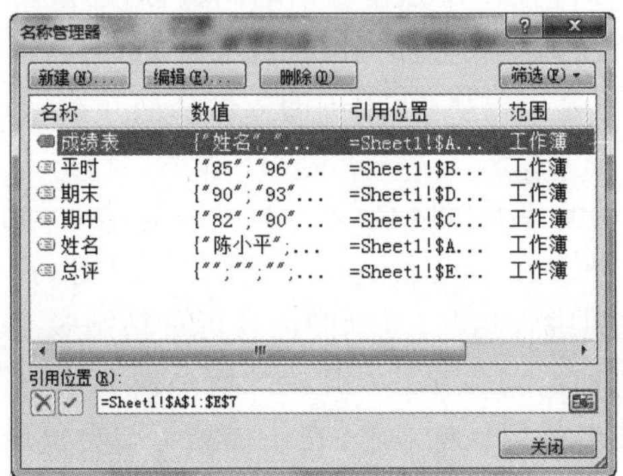

图 4-26 “名称管理器”对话框

默认情况下，用户为选定区域命名的名称，适用于整个工作簿，也就是说，在一个工作表内定义的名称，在同一工作簿内的其他工作表中也可以使用。

2. 编辑工作表

1）单元格的清除

单元格的清除和删除不同：删除是对单元格的操作，删除单元格后，单元格不保留，将由周围的单元格来填充其位置；清除是对单元格中信息的操作，只是清除单元格中所包含的全部或部分信息，单元格仍保留，周围单元格的位置也没有变化。

清除包括格式、内容、批注、超链接等的清除，可以只清除其中一项，也可以清除全部。

选定要清除的单元格区域，单击“开始 / 编辑 / 清除”按钮，在展开的下拉菜单中选择“全部清除”命令，如图 4-27 所示，即可清除全部信息。

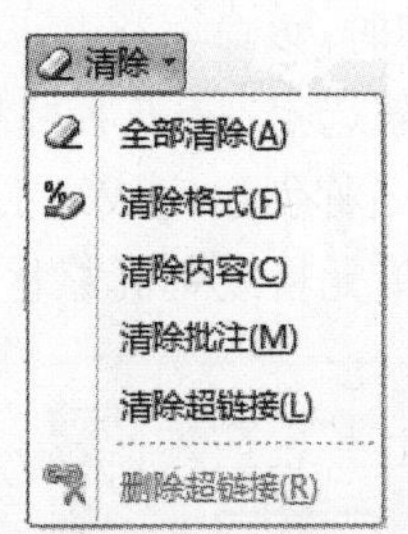

图 4-27 “清除”下拉菜单

如果仅仅是清除单元格区域的内容，而保留单元格区域的其他属性，如格式、批注等，可以在选定要清除的单元格区域后，使用下列方法之一：

(1) 按键盘上的 Delete 键。

(2) 将鼠标指针指向填充柄，当鼠标指针变成“瘦”加号时，反向拖曳填充柄，使灰色阴影覆盖选定的区域，释放鼠标。

(3) 单击右键，选择快捷菜单中的“清除内容”命令。

(4) 单击图 4-27 所示的下拉菜单中的“清除内容”命令。

2）单元格的编辑或修改

编辑或修改单元格的内容可以通过以下三种方法：

(1) 双击单元格，或单击单元格后按下功能键 F2，进行编辑或修改操作。

(2) 单击单元格，在编辑栏内编辑或修改内容。

(3) 单击单元格，重新输入单元格中的内容。

3）单元格的移动和复制

移动和复制操作既可以在同一个工作表中进行，也可以在不同工作表之间、不同工作簿之间进行。可以使用以下方法对单元格区域中的内容进行移动和复制：

(1) 使用鼠标拖动。

选定需要被复制或移动的单元格区域，将鼠标指针指向选定区域的边框，当指针由原来的“胖”加号变成四向箭头时，按住鼠标左键拖动到目标位置，可移动单元格区域的内容；如果要进行复制操作，则只需在拖动鼠标的同时按住 Ctrl 键即可。

鼠标拖动的方法比较适合短距离、小范围的数据移动和复制。

(2) 使用剪贴板。

选定需要被复制或移动的单元格区域，在“开始 / 剪贴板”组中，单击“复制”或“剪切”按钮，或者单击鼠标右键，在快捷菜单中选择“复制”或“剪切”命令，选定目标位置，单击“开始 / 剪贴板 / 粘贴”按钮进行粘贴，复制的内容可被粘贴多次。

要在粘贴时选择特定选项，可以单击“开始 / 剪贴板 / 粘贴”下拉按钮，打开“粘贴”下拉菜单，如图 4-28 所示，或者使用鼠标右击，在快捷菜单中会出现粘贴选项，然后单击所需的粘贴选项按钮。

移动和复制操作也可以用键盘上的快捷键实现，剪切、复制、粘贴的快捷键分别为 Ctrl+X，Ctrl+C，Ctrl+V。

复制数据时，被复制区域周围如果存在闪烁的虚线框，则可以继续进行粘贴操作。单击 Esc 键、数据编辑栏，或双击其他单元格，可去除被复制区域的虚线框，即清除了剪贴板中的内容。

默认情况下，Excel 在粘贴时会显示粘贴选项按钮，以便进行高级粘贴操作。如果不想在每次粘贴时都显示粘贴选项按钮，可以关闭此选项。单击“文件 / 选项”，打开“Excel 选项”对话框，选择左侧的“高级”选项卡，在“剪切、复制和粘贴”选项组中，取消选择“粘贴内容时显示粘贴选项按钮”复选框，然后单击“确定”保存修改，如图 4-29 所示。

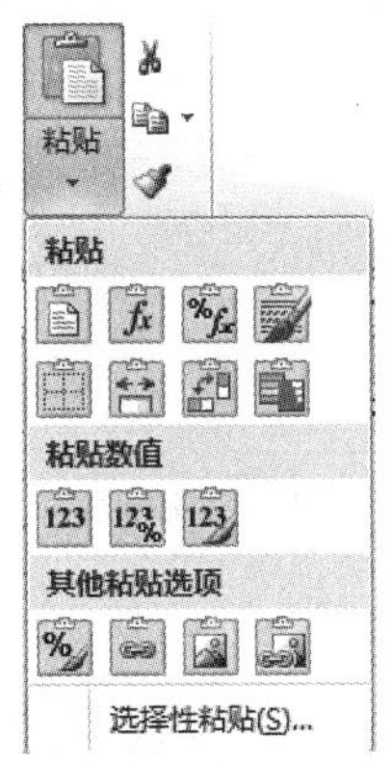

图 4-28　“粘贴”下拉菜单

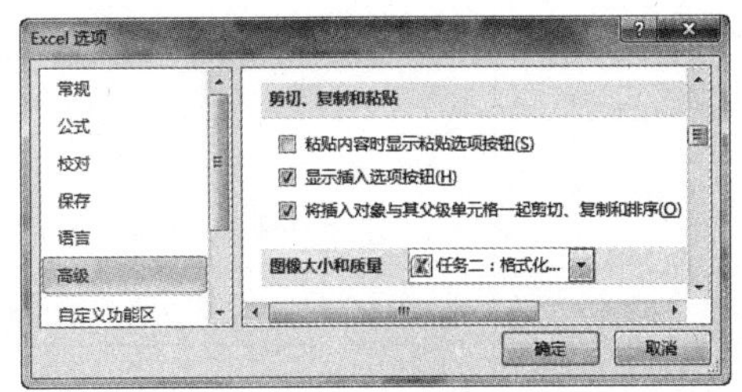

图 4-29　关闭粘贴选项

（3）选择性粘贴。

在用复制与粘贴命令复制单元格时，包含了单元格的全部信息。如果希望复制单元格中的特定内容，例如只对单元格中的公式、格式或数值等进行复制，可以用粘贴选项按钮或“选择性粘贴”命令实现。

选择性粘贴的操作步骤是：在复制单元格内容以后，在图 4-28 中单击“选择性粘贴”命令，在弹出的“选择性粘贴”对话框选择要粘贴的选项，如图 4-30 所示。

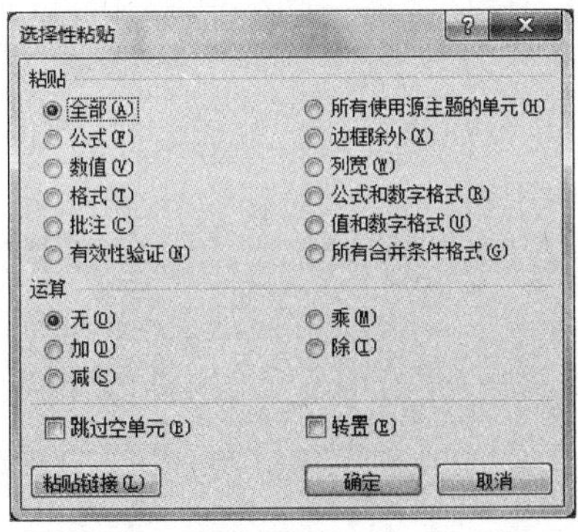

图 4-30　“选择性粘贴”对话框

“选择性粘贴”对话框中各选项的含义如表 4-5 所示。

表 4-5　“选择性粘贴”对话框中各选项的含义

选　项	含　义
全　部	粘贴全部单元格内容与格式
公　式	仅粘贴编辑栏中输入的公式
数　值	仅粘贴单元格中显示的值

续表

选　项	含　义
格　式	仅粘贴单元格中设定的格式
批　注	仅粘贴附加到单元格的批注
有效性验证	仅粘贴单元格中所定义的数据有效性规则
所有使用源主题的单元	粘贴使用复制数据应用的文档主题格式的全部单元格内容
边框除外	粘贴单元格中除边框以外的全部属性
列　宽	将一列或一组列的宽度粘贴到另一列或一组列
公式和数字格式	仅粘贴选定单元格的公式和数字格式选项
值和数字格式	仅粘贴选定单元格的值和数字格式选项
所有合并条件格式	当源区域中包含条件格式时，粘贴时将源区域与目标区域中的条件格式合并。如果源区域不包含条件格式，该选项不可见
跳过空单元	避免复制区域中的空格替换粘贴区域的数值
运　算	将复制区域的内容与粘贴区域的内容按本选项指定的方式运算后，放置在粘贴区域内
转　置	将复制的内容在粘贴时转置放置，即把工作表中一行的数据转换成一列的数据

例如，要实现将图 4-21 中百分制的平时成绩按 20% 折算成实际分数，如果在 B2 单元格中输入“= B2*0.2”，回车后出现“循环引用警告”的错误提示，可以利用“选择性粘贴”命令直接在原数据上实现折算。

具体操作步骤是：

① 在一个空白单元格中输入“0.2”，然后进行复制。

② 选定“平时”列下的所有原始分数，打开“选择性粘贴”对话框，选择“运算”选项组中的“乘”，单击“确定”。

这样就可以把“平时”列的百分制分数折算成实际分数了，最后再把刚刚输入的数据“0.2”删除即可，效果如图 4-31 所示。

	A	B	C	D	E
1	姓名	平时	期中	期末	总评
2	陈小平	17	82	90	
3	王　明	19.2	90	93	
4	何晓东	14.4	86	67	
5	李　斌	12.4	54	48	
6	林　雪	14	72	45	
7	徐　莹	19.2	96	93	
8	及格人数				
9	及格率				
10	总评平均				

图 4-31　选择性粘贴示例

4）查找和替换

查找和替换是工作表编辑过程中经常要执行的操作，可以在不同工作簿、不同工作表或同一工作表的单元格中进行。在 Excel 2010 中，查找和替换操作除了可查找和替换文字外，还可以查找和替换公式和批注，大大提高了编辑处理效率。

（1）查找。

当需要查看或修改工作表中的某部分内容时，可以使用“查找和替换”功能。可查找的数据包括文本、数字、日期、公式、批注等。例如，指定 Excel 2010 只查找具有大写格式的文字，则可以查找“INTERNET”，而不查找“Internet”。

执行“查找”命令的操作步骤如下：

① 在“开始 / 编辑 / 查找和选择”命令的下拉菜单中，单击“查找”命令，出现“查找和替换”对话框的“查找”选项卡，如图 4-32 所示。

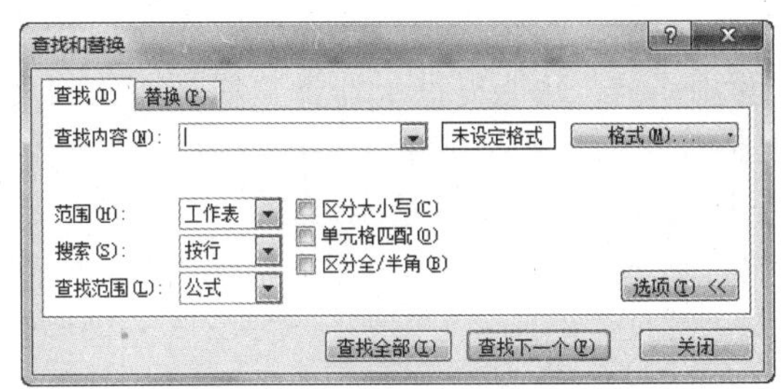

图 4-32　“查找和替换”对话框的“查找”选项卡

在“查找和替换”对话框的“查找”选项卡中有三个复选框，其含义如下：

• 区分大小写：如果没有选择此项，则 Excel 认为大小写字母是一样的。

• 单元格匹配：选择此项后，查找与指定字符串全部匹配的单元格，忽视与指定字符串局部匹配的单元格。例如，查找内容为“Excel”，则单元格内容“Excel 2010”就不会被查找到。

• 区分全 / 半角：全角的数字或字母占两个字符的位置，而半角的数字或字母占一个字符的位置。如果没有选择此项，则认为全角和半角的字母、数字是一样的。

“格式”按钮可以设定数值、对齐、边框、底纹等格式，设定格式后，只有符合设定格式的内容才可以被查找到。

② 在对话框的“查找内容”框中输入要查找的字符串，然后指定搜索方式和搜索范围，最后单击“查找下一个”按钮即可开始查找。

查找是从活动单元格开始的，找到一个符合条件的单元格后，单元格指针就会指向该单元格，再次单击“查找下一个”按钮，继续查找。单击“查找全部”按钮，会在图 4-32 所示的对话框中列出所有查找到的单元格。

（2）替换。

执行替换命令的操作步骤如下：

① 在“开始 / 编辑 / 查找和选择”命令的下拉菜单中，单击“替换”命令，或直接单击图 4-32 中的“替换”选项卡，出现“查找和替换”对话框的“替换”选项卡，如图 4-33 所示。

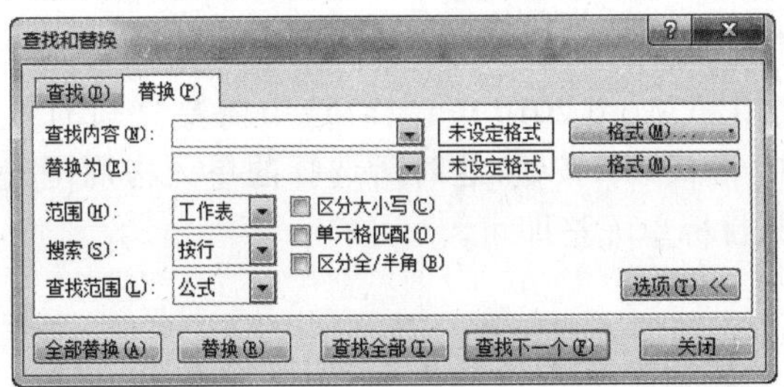

图 4-33　“查找和替换”对话框的“替换”选项卡

② 在对话框的“查找内容”框中输入要查找的内容，然后在“替换为”框中输入新的内容，单击“替换”按钮即可，也可以单击“查找下一个”按钮，Excel 2010 在找到要查找的内容后，会将单元格指针指向所找到的单元格，这时再单击“替换”按钮来替换数据。若不想替换，可继续单击“查找下一个”按钮。如果需将所有被找到的数据都换成新的数据，可单击“全部替换”按钮，则所有查找到的内容全部被替换，而不逐个要求确认。

3. 快速格式化工作表

1）自动套用格式

Excel 2010 的“自动套用格式”功能提供了许多美观且专业的表格形式，使用它可以快速格式化表格。选中需要格式化的单元格或单元格区域后，在“开始 / 样式“组中，单击“套用表格格式”按钮，打开下拉菜单，如图 4-34 所示。

在本任务中，为单元格区域 A1:E10 应用“套用表格样式”下拉菜单中的“表样式浅色 1”格式，效果如图 4-35 所示。

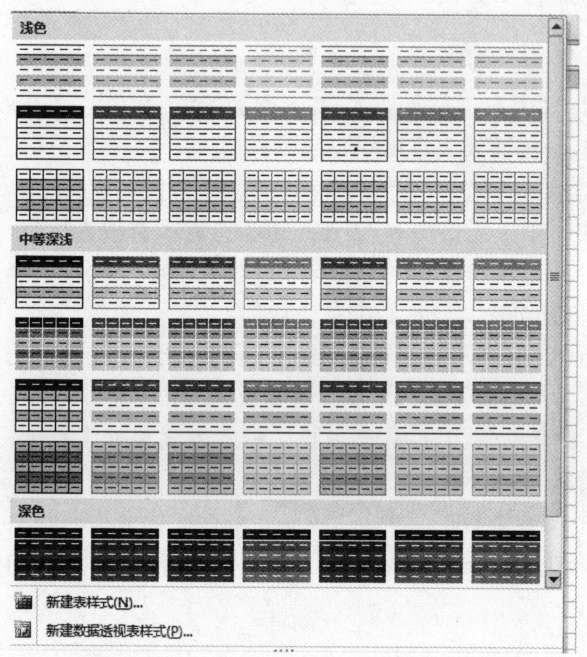

图 4-34 “套用表格格式”下拉菜单

	A	B	C	D	E
1	姓名	平时	期中	期末	总评
2	陈小平	85	82	90	
3	王　明	96	90	93	
4	何晓东	72	86	67	
5	李　斌	62	54	48	
6	林　雪	70	72	45	
7	徐　莹	96	96	93	
8	及格人数				
9	及格率				
10	总评平均				

图 4-35 应用“表样式浅色 1”格式的效果

自动套用格式后，会出现“表格工具 / 设计”选项卡，单击“表格样式”组中的“无”，取消单元格区域自动套用的格式。

2）使用“格式刷”按钮

“格式刷”按钮的使用和 Word 2010 中一样，选中需要复制的源单元格后，单击或双击“开始 / 剪贴板”组中的“格式刷”按钮，这时所选择的单元格周围出现闪动的虚线框，然后用带有格式刷的鼠标单击目标单元格即可。

3）使用样式

样式是指可以定义并成组保存的格式集合，如字体大小、边框、图案、对齐方式和保护等。对于不同的单元格或单元格区域，如果要求具有相同的格式，使用样式可以快速为它们设置同一种格式。单击“开始 / 样式 / 单元格样式”按钮，出现“单元格样式”下拉菜单，如

图 4-36 所示，单击所需样式的名称即可。

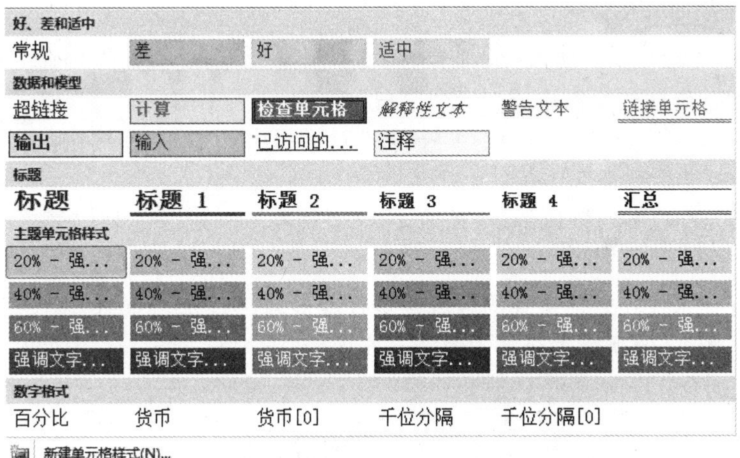

图 4-36　“单元格样式”下拉菜单

4）使用模板

模板是 Excel 2010 提供的一个含有特定内容和格式的工作簿，可以把它作为模型来建立与之类似的其他工作簿，以成倍地提高工作效率。用户可以将自己创建的工作簿建成模板，也可以使用系统的内置模板来创建自己的工作簿。

具体操作为：选择“文件 / 新建”命令，选择适合的模板。

4. 插入与删除单元格、行或列

Excel 2010 提供了强大的编辑功能，可以根据需要方便地插入或删除单元格、行或列。

1）插入单元格

（1）在“开始 / 单元格”组中，单击“插入”下拉按钮，打开下拉菜单，如图 4-37 所示，选择“插入单元格”命令，或单击鼠标右键，选择快捷菜单中的“插入”命令，弹出“插入”对话框，如图 4-38 所示。

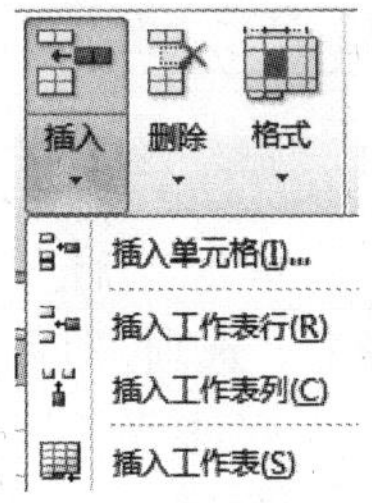

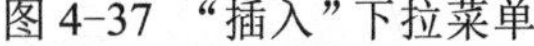

图 4-37　“插入”下拉菜单

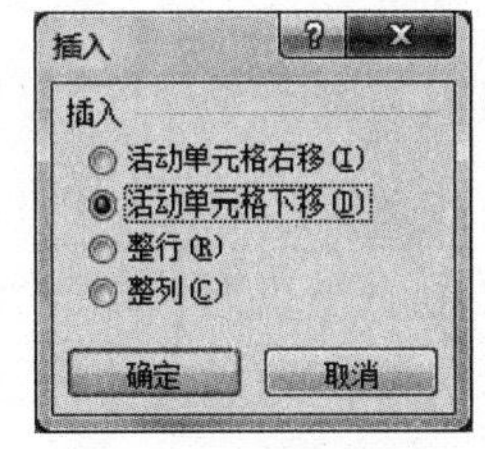

图 4-38　“插入”对话框

（2）在“插入”对话框中，选择被插入位置上现有单元格右移或下移，还是插入整行或整列。

（3）单击“确定”按钮，完成插入操作。

2）插入行或列

插入行或列有以下两种方法：

（1）在图 4-38 所示的“插入”对话框中，选择“整行”或“整列”，则在当前行的上边插入一个空白行或在当前列的左边插入一个空白列。

在本任务中，单击 A1 单元格，利用“插入”对话框中的“整行”按钮，插入一个空白行，输入标题“学生成绩登记表”。

（2）单击插入行或列的目标位置，在图 4-37 中选择“插入工作表行”或“插入工作表列”命令。

如果在执行插入操作之前选择的区域是多行或多列，则选择“插入”命令后，可以一次插入多行或多列。图 4-39 所示为选择了第 3 ～ 5 行后，插入了 3 个空行的效果。

	A	B	C	D	E
1	学生成绩登记表				
2	姓名	平时	期中	期末	总评
3					
4					
5					
6	陈小平	85	82	90	
7	王　明	96	90	93	
8	何晓东	72	86	67	
9	李　斌	62	54	48	
10	林　雪	70	72	45	
11	徐　莹	96	96	93	

Sheet1 Sheet2 Sheet3

图 4-39　一次插入 3 个空行的效果

3）删除单元格、行或列

（1）选定要删除的单元格、行或列，在“开始 / 单元格”组中，单击“删除”下拉按钮，打开下拉菜单，如图 4-40 所示，或用鼠标右键单击，选择快捷菜单中的“删除”命令，打开“删除”对话框，如图 4-41 所示。

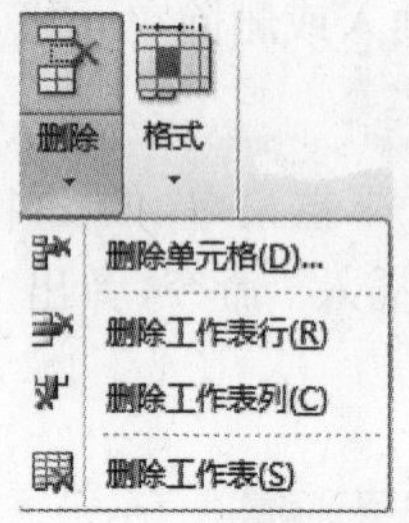

图 4-40　“删除”下拉菜单

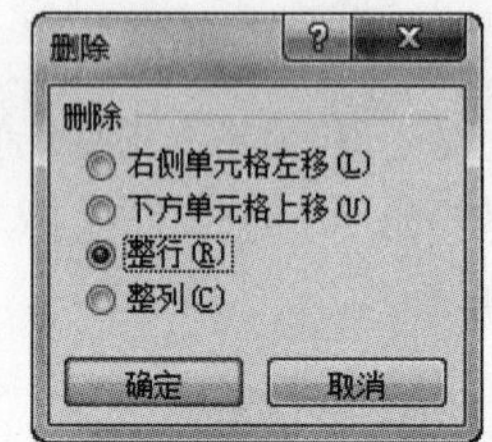

图 4-41　“删除”对话框

（2）在“删除”下拉菜单或“删除”对话框中选择相应的选项，单击“确定”按钮。

选定图 4-39 中的第 3 ～ 5 行，单击“删除”对话框中的“整行”选项，即可删除第 3 ～ 5 行。

5. 设置列宽或行高

默认情况下，工作表的所有单元格的列宽或行高都是相同的，但由于输入数据的长度不同或字号设置等原因，用户需要自行设置列宽或行高。当输入文本的长度超过了单元格的宽度时，会产生两种结果：如果右边相邻的单元格中没有数据，则延伸到右边相邻的单元格中；如果右边单元格中有数据，则超出的数据部分被隐藏，但仍然存在于原单元格中。如果输入的数值数据超出了单元格的宽度，会出现“####”的错误提示。

通过以下三种方法可以调整工作表的列宽或行高，在调整之前，首先要选定需要调整列宽或行高的单元格区域。

1）利用菜单调整列宽或行高

单击“开始／单元格／格式”按钮，打开图4-42所示的“格式”下拉菜单，选择“列宽”选项，在打开的“列宽”对话框中设置列宽值，如图4-43所示，单击“确定”按钮。

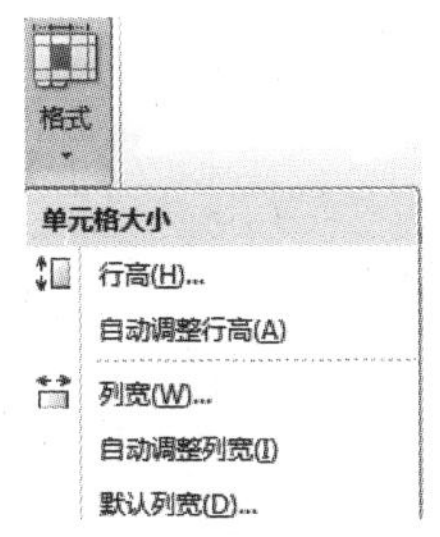

图4-42　“格式”下拉菜单

图4-43　“列宽”对话框

行高的调整方法和列宽类似，只是需在图4-42所示的“格式”下拉菜单中单击“行高”命令。

Excel 2010中行高使用的单位为磅，其取值范围为0～409，列宽使用的单位为0.1英寸（即1个单位为2.54 mm），其取值范围为0～255。

2）手动调整列宽或行高

将鼠标指针指向要调整列宽的列标右边的分界线上，当鼠标指针变成水平双向箭头 ✛ 时，按住鼠标左键并拖动，直至将列宽调到合适的宽度，松开鼠标即可。向左拖动，列宽变窄；向右拖动，列宽变宽。

将鼠标指针移到要调整行高的行号下边的分界线上，当鼠标指针变成垂直双向箭头 ✛ 时，按住鼠标左键上下拖动即可调整行高。

3）自动调整列宽或行高

所谓自动调整列宽，即Excel 2010根据同列各单元格中数据的不同长度，自动调整列的宽度，使其正好能显示最大长度的数据。操作步骤为：选定需要调整列宽的区域，直接将鼠标指针移动到要调整列宽的列标右边的分界线上，当鼠标指针变成水平双向箭头时双击，或者在图4-42所示的“格式”下拉菜单中，单击“自动调整列宽”命令。

自动调整行高的操作是将鼠标指针移到要调整行高的行号下边的分界线上，当指针变成垂直双向箭头时双击，或者在图4-42所示的“格式”下拉菜单中单击“自动调整行高”命令。

图4-44所示的A～C列为根据单元格数据内容自动调整列宽的效果，操作步骤为：首先选择A～C列，将鼠标指针移向其中任一列的列标A，B或C的右边分界线上，当指针变为水平双向箭头时双击。

	A	B	C	D	E
1	学生成绩登记表				
2	姓名	平时	期中	期末	总评
3	陈小平	85	82	90	
4	王　明	96	90	93	
5	何晓东	72	86	67	
6	李　斌	62	54	48	
7	林　雪	70	72	45	
8	徐　莹	96	96	93	
9	及格人数				
10	及格率				
11	总评平均				

图4-44　自动调整A～C列的列宽

6. 设置单元格格式

设置单元格格式包含单元格字体、对齐方式、数字格式以及边框和底纹等的设置，设置格式除了利用“设置单元格格式”对话框之外，还可以利用“开始”选项卡的“字体”“对齐方式”“数字”和“单元格”等组中的命令，快速完成格式的设置，如图 4-45 所示。

图 4-45 “开始”选项卡的“字体”“对齐方式”“数字”和“单元格”组

1）对齐方式与标题居中

（1）对齐方式。

Excel 2010 在默认情况下，输入数据的对齐方式为：文字左对齐，数字、日期、时间右对齐，逻辑值居中对齐。为了使表格更加美观，有时要重新设置对齐方式。

最简单的方式是利用图 4-45 所示的“对齐方式”组中的对齐按钮，包括“顶端对齐”“垂直居中”“底端对齐”“文本左对齐”“居中”“文本右对齐”。

另外一种方法是利用“设置单元格格式”对话框进行设置。在“开始 / 对齐方式”组中，单击扩展按钮，打开“设置单元格格式”对话框，如图 4-46 所示，可以详细设置数据的对齐格式，包括数据在单元格内的水平对齐方式、垂直对齐方式和文字方向，还可以完成单元格区域的合并，合并后只有选定区域左上角单元格的内容保留在合并的单元格中。

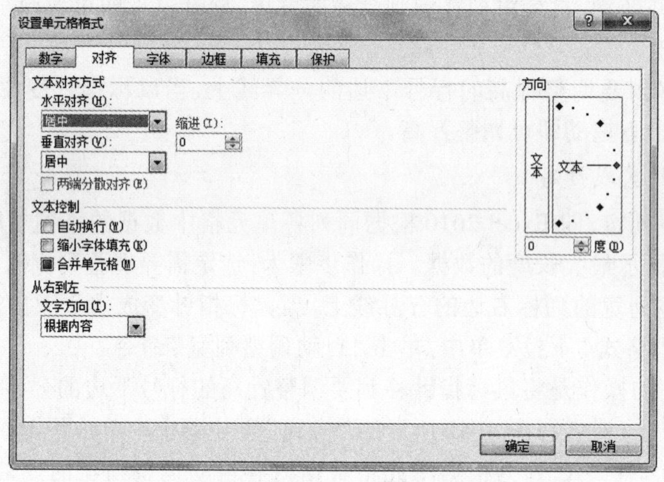

图 4-46 “设置单元格格式”对话框的“对齐”选项卡

在对话框的“文字方向”下拉列表框中，可以改变单元格内容的显示方向。如果选中对话框中的“自动换行”复选框，则当单元格中的内容宽度大于列宽时，会自动换行。若要在单元格内强行换行，可直接按 Alt+Enter 键。

如果要取消合并后的单元格，则选定已合并的单元格，单击“开始 / 对齐方式”组中的“合并后居中”按钮或者打开“设置单元格格式”对话框的“对齐”选项卡，取消“合并单元格”复选框的选择即可。

（2）标题居中。

表格的标题应该在一个单元格中按表格的宽度跨列居中。

在本任务中，首先选定要合并的单元格区域 A1:E1（注意不要选定一整行），然后用以下两种方法之一实现标题“学生成绩登记表”按表格的宽度跨列居中：

① 单击“开始 / 对齐方式”组中的“合并后居中”命令。

② 打开“设置单元格格式”对话框的“对齐”选项卡，在“水平对齐”下拉列表框中选择“居中”，在“文本控制”选项组中选中“合并单元格”复选框。

2）字符格式

Excel 2010 在默认的情况下，输入的字体为“宋体”，字形为“常规”，字号为“12”。可以根据需要，利用“开始 / 字体”组中的按钮，或者“设置单元格格式”对话框中的“字体”选项卡，来修饰单元格内容的字体、颜色、下划线和特殊效果等。

在本任务中，选定 A1 单元格，单击“开始 / 字体”组中“字体”框的下拉按钮，设置字体为“隶书”，字号为“16”；选定 A2:E8 单元格区域，在“开始 / 对齐方式”组中，单击“居中”按钮；选定 A11:D11 单元格区域，在“开始 / 对齐方式”组中，单击“合并后居中”和“右对齐”按钮。

3）数字格式

Excel 2010 中，提供了多种数字格式，在对数字格式化时，可以设置千位分隔位、小数位数、百分号、货币符号等，在单元格中显示的是格式化后的数字，编辑栏中显示的是系统实际存储的数据。

单击“开始 / 数字”组中的快捷按钮，可以设置一些比较简单的数字格式。

单击“开始 / 数字”组的扩展按钮，打开“设置单元格格式”对话框的“数字”选项卡，可以进行详细的数字格式设置。其中，数字格式的分类主要有常规、数值、货币、会计专用、日期、时间、百分比、分数、科学记数、文本、特殊、自定义等，用户还可以设置千位分隔符以及小数位数等。默认情况下，数字格式是常规格式。

在本任务中，单元格区域B3:D8中的数据要保留0位小数，首先选定B3:D8单元格区域，利用“开始 / 数字”组中的“减少小数位数”按钮，或者在“设置单元格格式”对话框的“数字”选项卡中选择“分类”为“数值”，“小数位数”为“0”，如图 4-47 所示，单击“确定”按钮完成设置。

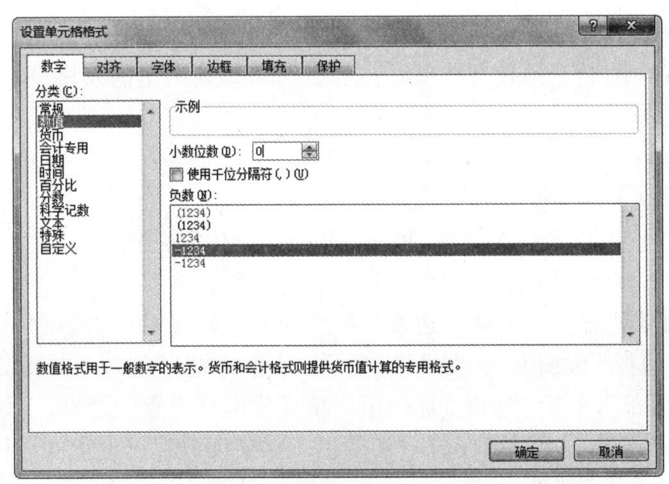

图 4-47 “设置单元格格式”对话框的“数字”选项卡

当 Excel 2010 自带的数字格式无法描述实际的数据时，还可以通过自定义格式来设计如何显示数字、文本、日期等。表4-6中列出了一些常用的格式代码及其含义。

表4-6 常用的格式代码及其含义

代 码	功 能	含 义
#	数字位置标志符	如果小数点右边的位数多于设置的“#”符号个数，Excel会将超出位数的部分四舍五入；如果小数点左边的位数多于设置的“#”符号个数，Excel会显示超出的数字。利用此标志符可以批量加入一段固定的字符
0	数字位置标志符	与“#”不同的是，如果数字的位数小于设置的“0”的个数，Excel会用“0”进行补充
?	数字位置标志符	与“0”不同的是，小数点两边不影响实际数字的零，Excel会用空格代替，以便使小数点对齐
.	小数点	表示小数点的位置
%	百分号	将数字转化成百分数
,	千位分隔符	整数部分用千位分隔符分隔
" "	文字标记符	显示双引号中的文字
"颜色"	颜色标记符	用标记出的颜色显示字符

	A	B
1	设定格式前：	设定格式后：
2	图书编号	图书编号
3	20062018001	tp20062018001
4	20062018002	tp20062018002
5	20062018003	tp20062018003
6	20062018004	tp20062018004
7	20062018005	tp20062018005
8	20062018006	tp20062018006
9	20062018007	tp20062018007
10	20062018008	tp20062018008
11	20062018009	tp20062018009

图4-48 自定义格式示例

利用自定义的数字位置标志符“#”在已有的单元格中批量加入一段固定字符，例如某出版社的图书资料表中，需要在原来的每个11位图书编号的前面加“tp”表示类别，如图4-48所示，如果逐个地改将会很麻烦，可以按如下步骤进行设置：

（1）选定要设置格式的区域，在“设置单元格格式”对话框的“数字”选项卡的“分类”框中单击“自定义”格式。

（2）在对话框的“类型”框中输入自定义的格式“tp#”，然后单击“确定”按钮。

这样就在每个图书编号前加了“tp”。

4）设置边框与底纹

在Excel 2010中，恰当地使用一些边框、底纹，可以使做出的表格更加美观，更具有吸引力。

（1）设置边框。

Excel 2010提供了两种设置边框的方法：

一种方法是在选中单元格区域后，单击“开始／字体”组中的“边框”下拉按钮，打开的下拉列表中共有13种边框格式，可以根据需要任选一种。

另一种方法是在“开始／字体／边框”下拉菜单中单击“其他边框”，打开“设置单元格格式”对话框的“边框”选项卡，如图4-49所示，利用“预置”选项组为选定的单元格区域设置“外边框”和“内部”，利用“边框”选项组为单元格区域设置上边框、下边框、左边框、右边框和斜线等，还可以设置边框的线条样式和颜色。如果要取消已设置的边框，选择图4-49中“预置”选项组中的“无”即可。

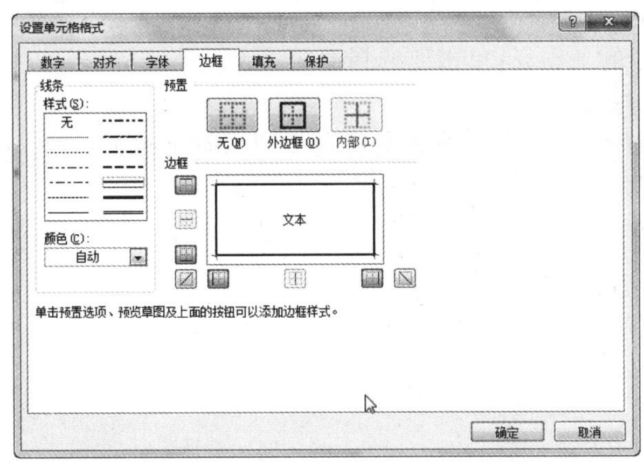

图 4-49　“设置单元格格式”对话框的“边框”选项卡

在本任务中，选定 A2:E11 单元格区域，单击“开始 / 字体 / 边框”下拉按钮，在下拉菜单中选择“所有框线”和“粗匣框线”，将 A2:E11 单元格区域的样式设置为内部细实线和外部粗实线。

（2）设置填充。

为单元格设置底纹和图案填充，可以突出显示某些单元格区域。利用“设置单元格格式”对话框的“填充”选项卡进行设置。

在本任务中，选定 A3:A8 单元格区域，在“设置单元格格式”对话框的“填充”选项卡中，选择“背景色”为“无颜色”，“图案样式”为“6.25% 灰色”，如图 4-50 所示，单击“确定”按钮。

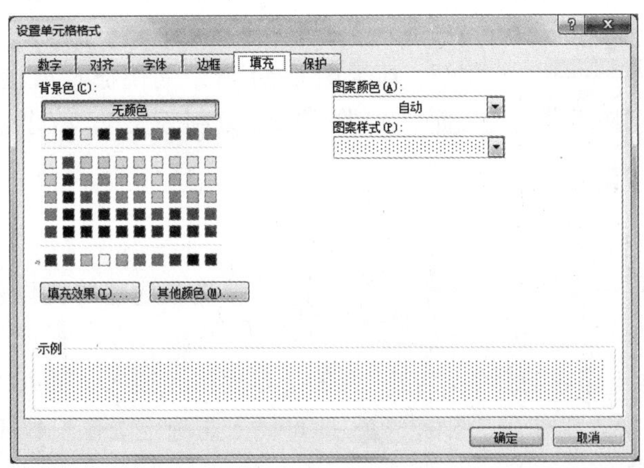

图 4-50　“设置单元格格式”对话框的“填充”选项卡

7. 选定与重命名工作表

1）工作表的选定

要对某个工作表进行操作，首先要选择该表，使其成为当前工作表；要对多个工作表同时进行操作，就要同时选择这些工作表。

（1）选定单个工作表。

单击工作表的标签即可选定单个工作表。

（2）选定多个工作表。

① 选定多个连续的工作表：单击要选择的第一个工作表标签，按住 Shift 键，然后再单击要选择的最后一个工作表标签。

② 选定多个非连续的工作表：单击要选择的第一个工作表标签，按住 Ctrl 键，然后用鼠标分别单击其他要选择的工作表标签。

③ 选定全部工作表：用鼠标右键单击工作表标签任意处，在弹出的快捷菜单中选择“选定全部工作表”命令。

Excel 2010 可以对选定的多个工作表同时进行操作，如同时输入相同的数据、一次插入或者删除多个工作表等。

2）工作表的更名

系统提供的默认工作表名无意义，最好根据工作表中的内容重新命名。其操作方法有如下三种：

（1）双击工作表的标签，此时该标签名反白显示，处于编辑状态，输入一个新的名字，按 Enter 键确认。

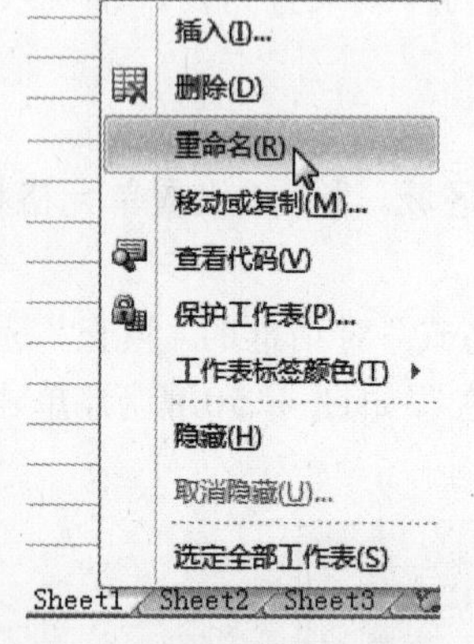

图 4-51　工作表管理快捷菜单

（2）先单击要更名的工作表标签，选择“开始 / 单元格 / 格式 / 重命名工作表”命令，输入新工作表名字，按 Enter 键确认。

（3）鼠标右键单击要修改名称的工作表标签，在弹出的快捷菜单中选择“重命名”命令，如图 4-51 所示，输入新的名字即可。

在本任务中，用以上三种方法之一将“Sheet1”改名为“成绩表”。

利用图 4-51 所示的快捷菜单，还可以对工作表进行插入、删除、移动、复制等操作，不再重复介绍。

8. 添加与删除工作表

1）工作表的添加

Excel 2010 允许一次插入一个或多个工作表，默认在选定的工作表左侧插入新的工作表。

选定一个或多个工作表的标签，单击“开始 / 单元格 / 插入 / 插入工作表”命令，或单击工作表标签右侧的“插入工作表”图标，即可插入与选定工作表数相同的新工作表。

2）工作表的删除

选中要删除的一个或多个工作表，单击“开始 / 单元格 / 删除 / 删除工作表”命令，会出现图 4-52 所示的警告对话框，用户可根据需要进行删除或取消。

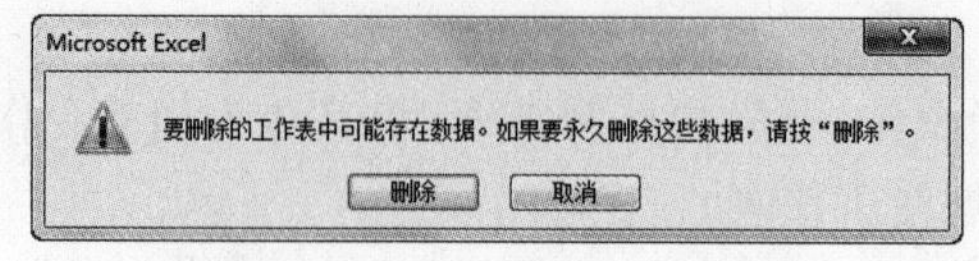

图 4-52　工作表删除警告对话框

在本任务中，将工作表 Sheet2 和 Sheet3 删除。

9. 复制与移动工作表

一个工作簿中的工作表是有前后次序的，可以通过移动工作表来改变它们的次序，还可以通过复制工作表创建备份。移动和复制工作表的方法有鼠标拖动法和菜单法两种方法。

1）鼠标拖动法

单击要移动的工作表的标签，按住鼠标左键沿标签行向左或向右拖动工作表标签，此时在标签行的上方出现一个黑色的小三角形，当黑色小三角形指向要移动到的目标位置时，松开鼠标，工作表即被移到新的位置。若在移动的同时按 Ctrl 键，工作表即被复制到新的位置。若原工作表名为“Sheet1”，则复制后的工作表名为“Sheet1 (2)”，表示是“Sheet1”的副本。

2）菜单法

操作步骤如下：

（1）选定要移动或复制的一个或多个工作表的标签。

（2）单击“开始 / 单元格 / 格式 / 移动或复制工作表”命令，弹出“移动或复制工作表”对话框，如图 4-53 所示。

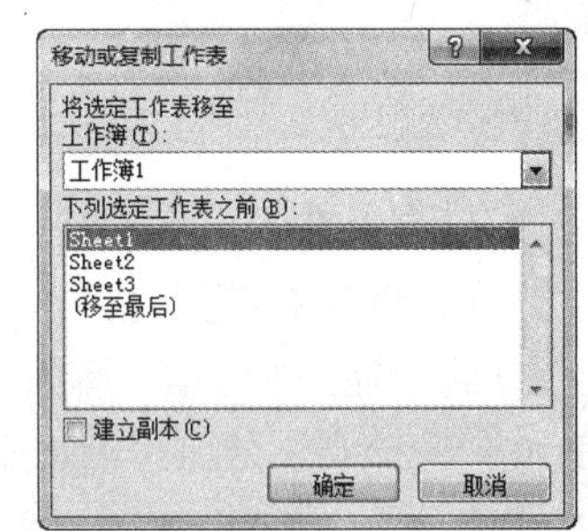

图 4-53　“移动或复制工作表”对话框

（3）在对话框的“工作簿”下拉列表框中选择要复制或移动到的目标工作簿。

（4）在对话框的“下列选定工作表之前”列表框中选中某个工作表，则欲移动的工作表将移到选中的工作表之前，单击“确定”按钮完成设置。若是复制工作表，则必须选中对话框底部的“建立副本”复选框。

用户使用鼠标拖动法和菜单法既可以在一个工作簿中移动或复制工作表，也可以在不同的工作簿之间移动或复制工作表。通常使用菜单法来实现不同工作簿之间工作表的移动或复制。

10. 冻结工作表窗口

工作表较大时，在向下或向右浏览时将无法始终在窗口中显示前几行或前几列，采用冻结行或列的方法可以将工作表窗口的上部或左部固定住，使其不随滚动条的滚动而移动。

1）冻结行或列

选定要冻结的行或列的下一行或右边一列，单击“视图 / 窗口 / 冻结窗格 / 冻结拆分窗格”命令，例如选定第二行冻结第一行，选定第三行冻结前两行等。图 4-54 所示为冻结本任务工作表前两行的效果。

	A	B	C	D	E
1	学生成绩登记表				
2	姓名	平时	期中	期末	总评
6	李　斌	62	54	48	
7	林　雪	70	72	45	
8	徐　莹	96	96	93	
9	及格人数				
10	及格率				
11				总评平均	

图 4-54　冻结“成绩表”前两行的效果

2）撤销冻结

单击“视图 / 窗口 / 冻结窗格 / 取消冻结窗格”命令可撤销对窗口的冻结。

11. 保护工作表

Excel 2010 中可以保护某些工作表或工作表中某些单元格的数据，还可以把工作表、工作表中的某行或列以及单元格中的公式隐藏起来。

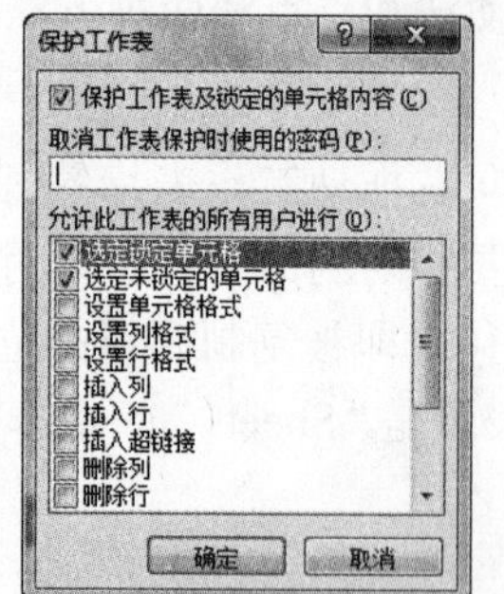

图 4-55 “保护工作表”对话框

1）保护工作表

单击要保护的工作表的标签，使其成为当前工作表，选择“开始 / 单元格 / 格式 / 保护工作表”命令，出现“保护工作表”对话框，选中“保护工作表及锁定的单元格内容”复选框，如图 4-55 所示，为防止他人取消工作表保护，可以键入密码，单击“确定”按钮完成设置。

如果要取消保护工作表，选择“开始 / 单元格 / 格式 / 撤销工作表保护”命令即可。

2）保护单元格

保护单元格是对单元格的内容进行锁定，可以保护全部或部分单元格的内容。单元格一旦被锁定，就不能进行删除、清除、移动、编辑和格式化等操作。

单元格保护要生效，必须使工作表被保护，而工作表一旦被保护内容后，就不能进行单元格保护操作。所以要使单元格保护生效，必须先进行单元格保护操作，然后再进行工作表保护操作，具体步骤如下：

（1）选定需要锁定的单元格区域，单击“开始 / 单元格 / 格式 / 锁定单元格”命令。

（2）单击“开始 / 单元格 / 格式 / 保护工作表”命令，出现图 4-55 所示的“保护工作表”对话框，选中“保护工作表及锁定的单元格内容”复选框，可以在下面的文本框中输入密码，在“允许此工作表的所有用户进行”列表框中，根据需要选择允许用户进行的操作，单击“确定”按钮，则锁定的单元格区域的内容被保护，其余单元格区域是可以进行修改的区域。

由于保护工作表就意味着保护工作表的所有单元格，所以，如果要取消对单元格的锁定，取消对工作表的保护即可。

3）隐藏特性

对工作表除了采用密码保护外，也可以赋予其隐藏特性，使之可以使用，但其内容不可见，从而得到一定程度的保护。

（1）隐藏工作表。

选定要隐藏的工作表，单击“开始 / 单元格 / 格式 / 隐藏和取消隐藏 / 隐藏工作表”命令。工作表被隐藏后不可见，但仍处于打开状态，可以被其他工作表访问。

如果要取消工作表的隐藏，只要单击“开始 / 单元格 / 格式 / 隐藏和取消隐藏 / 取消隐藏工作表”命令，出现“取消隐藏”对话框，单击要取消隐藏的工作表名，最后单击“确定”按钮，如图 4-56 所示。

图 4-56 “取消隐藏”对话框

（2）隐藏行或列。

选定需要隐藏的行或列，单击“开始 / 单元格 / 格式 / 隐藏和取消隐藏”级联菜单中的“隐藏行”或“隐藏列”命令，则隐藏的行或列将不再显示，但可以使用其中单元格的数据，行或列隐藏处出现一条黑线。

要取消行或列的隐藏，首先选定已隐藏行或列的上下相邻两行或左右相邻两列，然后单击“开始 / 单元格 / 格式 / 隐藏和取消隐藏”级联菜单中的“取消隐藏行”或“取消隐藏列”命令。

（3）隐藏单元格。

隐藏单元格是指隐藏单元格的公式，隐藏后只能在单元格中看到公式的计算结果，而公式本身不在编辑栏里显示。

选定要隐藏的单元格，单击“开始 / 单元格 / 格式 / 设置单元格格式”命令，在“设置单元格格式”对话框中单击“保护”选项卡，撤销选择“锁定”复选框，选中“隐藏”复选框，如图 4-57 所示，单击“确定”按钮完成设置。单击“审阅 / 更改 / 保护工作表”命令，使隐藏特性起作用。

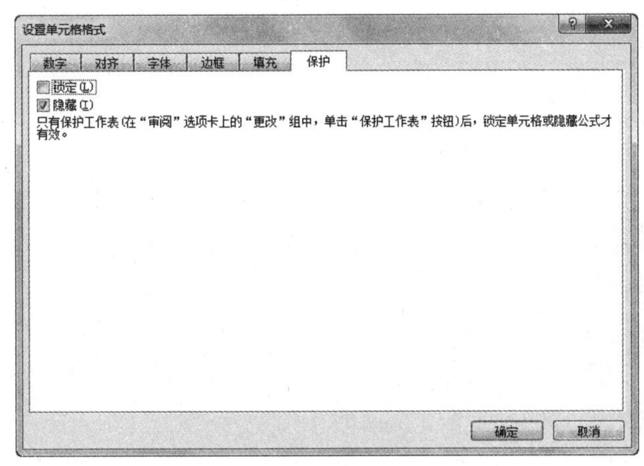

图 4-57　“设置单元格格式”对话框的“保护”选项卡

与取消单元格的保护一样，如果要取消单元格的隐藏，只要取消工作表的保护即可。

归纳总结

通过本任务的完成，熟悉工作表中单元格、行、列的选择、插入和删除方法，熟练掌握单元格的移动、复制、修改、清除、查找和替换，能够根据需要格式化和管理工作表，如调整工作表的行高和列宽、设置单元格格式及自动套用格式等。

任务三　电视台广告收入数据计算

任务描述与分析

电子表格 Excel 的主要功能就是计算报表，利用 Excel 的公式可以方便快捷地完成日常工作中各种报表（例如工资表、成绩表等）的制作。本任务让用户亲身体验 Excel 强大的运算功能，掌握 Excel 2010 中输入和编辑公式的方法，以及单元格地址的相对引用、绝对引用和混合引用，能够利用常用函数进行数据计算。具体要求如下：

（1）新建图 4-58 所示的工作表，使用公式在 E4 单元格中计算“综合”频道一季度的广告收入总和，复制填充单元格区域 E5:E7。在 E8 单元格中计算一季度所有频道广告收入的总和，在F4单元格中计算“综合”频道一季度的广告收入总和所占的百分比，复制填充单元格区域F5:F7。

	A	B	C	D	E	F
1	快乐电视台一季度广告收入统计表					
2				单位:	（万元）	
3	频道	一月	二月	三月	一季度	百分比
4	综合	500	360	900		
5	影视	1000	900	1200		
6	生活	2500	3000	3600		
7	体育	1000	860	1900		
8	合计					

图4-58　电视台广告收入数据计算

（2）使用自动求和函数在B8单元格计算一月所有频道的广告收入总和，复制填充单元格区域C8:D8。

实现方法

1．使用公式

只要在目标单元格中输入正确的计算公式并按Enter键后就会立即在该单元格中显示计算结果。如果工作表的数据有变动，系统会自动更新计算结果。

公式中可以包含运算符、数据、单元格引用和函数，但不能含有空格，输入公式必须以等号“=”来引导，Excel 2010以等号来识别公式。例如，在某单元格中输入“= 3*A1”，按Enter键后该单元格中的数据是A1单元格中数据的3倍。

1）公式中的运算符

运算符用来对公式中的各数据进行运算操作，Excel 2010的运算符包括算术运算符、比较运算符、文本运算符和引用运算符四种类型。

（1）算术运算符。

算术运算符可以完成基本的数学运算，如加、减、乘、除等。算术运算符有“()”（圆括号）、“＋”（加）、“－”（减）、“*”（乘）、“/”（除）、“%”（百分比）、“^”（乘方）。

（2）比较运算符。

比较运算符用来对两个数据进行比较，可以比较的数据类型有数字型、文本型（字符按ASCII码值的大小比较，汉字按内码大小比较）、日期型（今天的日期比昨天的大），当比较的结果成立时，其值为“TRUE”（真），否则为“FALSE”（假）。比较运算符有“=”（等于）、“>”（大于）、“<”（小于）、“>=”（大于或等于）、“<=”（小于或等于）、“<>”（不等于）。

例如，若在某单元格中输入公式“= 10<6”，则按Enter键确认后该单元格的值为“FALSE”。

（3）文本运算符。

文本运算符“&”（连接符）用来将一个或多个文本连接成一个组合文本。

（4）引用运算符。

引用运算符在表4-3中已介绍。

运算符的优先顺序从高到低为“:”（冒号）、“,”（逗号）、“ ”（空格）、“－”（负号）、“%”（百分比）、“^”（乘方）、“*”和“/”（乘和除）、“＋”和“－”（加和减）、“&”（连接符）、比较运算符。

2）公式的输入与编辑

输入和编辑公式的方法如下：

（1）单击需要输入公式的单元格。

（2）在选定的单元格中输入等号“=”。

（3）输入公式内容。如果计算中用到其他单元格中的数据，可以用鼠标单击所需引用的单元格，也可在光标处直接键入单元格的地址。

（4）输入公式后按 Enter 键，Excel 自动进行计算，并将计算结果显示在选定的单元格中，公式内容显示在编辑栏中。双击单元格，可对公式进行编辑修改。

在本任务中，输入图 4-58 所示的数据后，要计算“综合”频道一季度的广告收入总和，单击目标单元格 E4，在该单元格或编辑栏中输入公式“= B4＋C4＋D4”，按 Enter 键确认，结果即显示在 E4 单元格中。

3）公式的复制

输入后的公式不仅可以进行编辑和修改，为了完成快速计算，还可以将公式复制到其他单元格中。公式复制的方法通常有以下两种：

方法一：使用填充柄。

选定含有公式的单元格，拖动该单元格的填充柄，可完成相邻单元格公式的复制，这是公式复制最常用、最快速的方法。

在本任务中，拖动 E4 单元格的填充柄，完成单元格区域 E5:E7 的复制填充，如图 4-59 所示。

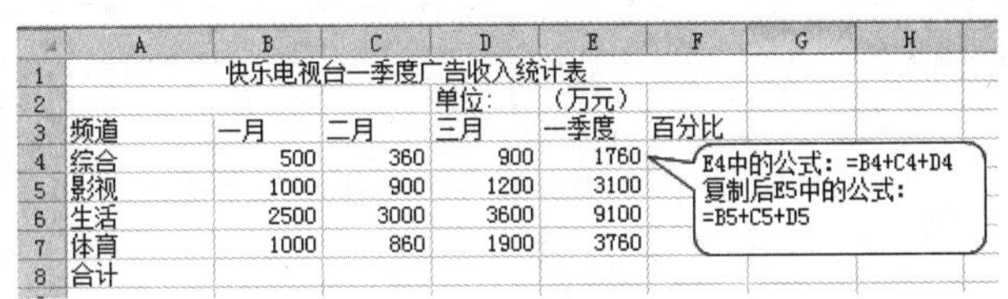

	A	B	C	D	E	F	G	H
1		快乐电视台一季度广告收入统计表						
2				单位:	（万元）			
3	频道	一月	二月	三月	一季度	百分比		
4	综合	500	360	900	1760			
5	影视	1000	900	1200	3100			
6	生活	2500	3000	3600	9100			
7	体育	1000	860	1900	3760			
8	合计							

图 4-59 公式的复制

方法二：使用命令。

选定含有公式的单元格，单击“开始 / 剪贴板 / 复制”命令，选定目标单元格区域，单击“开始 / 剪贴板 / 粘贴”命令，即可完成公式的复制。

4）单元格地址的引用

当进行公式复制时，我们发现复制后的公式会发生变化，如复制后 E5 单元格中的公式变为“= B5＋C5＋D5”，之所以有如此变化是由 Excel 2010 的单元格地址的引用引起的。

Excel 2010 根据计算要求将单元格地址的引用方式分为相对引用、绝对引用和混合引用三种。

（1）相对引用。

单元格地址的相对引用是指当复制公式的目标单元格地址发生变化时，它所引用的单元格地址也会发生相应的变化。相对引用的格式为单元格地址本身，如 A1，C6 等。

相对引用时，被复制的公式不是照搬原来单元格的地址，而是根据目标单元格的变化推算出公式中单元格地址相对原位置的变化，使用变化后的单元格地址的内容进行计算。

例如，在图 4-59 中，当目标单元格由 E4 变为 E5 时，列标没有变化，行号加 1，所以公式中引用的单元格地址均发生了相同的变化。B4 变为 B5，C4 变为 C5，D4 变为 D5，即 E5 单元格中复制后的公式为“= B5＋C5＋D5”，正好满足计算的要求。

单元格地址的相对引用可以用在目标单元格的行、列均发生变化时，例如，将图 4-59 中 E4 单元格中的公式“= B4＋C4＋D4”复制到 G6 单元格中时，目标单元格地址的列标加 2，行号加 2,因此 G6 单元格中的公式为“= D6+E6+F6”。

(2)绝对引用。

单元格地址的绝对引用是指当复制公式的目标单元格地址发生变化时,它所引用的单元格地址不发生变化。绝对引用的格式为单元格地址的行号和列标前面分别加“$”,如 $D$6,$A$4 等,“$”就像一把锁,将单元格地址的行号和列标锁定,公式不管被复制到哪个单元格,永远是照搬原来引用的单元格的地址。

在本任务中,首先在单元格 E8 中输入公式“= E4+E5+E6+E7”,得到一季度所有频道的广告收入总和。当计算每个频道广告收入占广告收入总和的百分比时,目标单元格地址分别为 F4,F5,F6,F7,此时我们希望复制公式时每个频道的广告收入随目标单元格的变化而变化,由 E4 变为 E5,E6,E7,所以 E4 采用单元格地址的相对引用,而广告收入总和不随目标单元格的变化而变化,E8 应采用绝对引用 $E$8。经过分析之后,在 F4 单元格中应该输入的公式为“= E4/$E$8”,拖动 F4 的填充柄对单元格区域 F5:F7 进行公式复制后,公式中绝对引用的部分不变,而相对引用的部分发生相应的变化,如 F5 单元格的公式为“= E5/$E$8”,如图 4-60 所示。

	A	B	C	D	E	F
1	快乐电视台一季度广告收入统计表					
2				单位:	(万元)	
3	频道	一月	二月	三月	一季度	百分比
4	综合	500	360	900	1760	0.10
5	影视	1000	900	1200	3100	0.17
6	生活	2500	3000	3600	9100	0.51
7	体育	1000	860	1900	3760	0.21
8	合计	5000	5120	7600	17720	

图 4-60 单元格地址的绝对引用和混合引用

(3)混合引用。

单元格的混合引用是指单元格地址的引用一部分为绝对引用,另一部分为相对引用,例如 A$3,$A6。当复制公式时,如果“$”符号在行号前,则表明该行号是绝对不变的,而列标随目标单元格的变化而变化;反之,如果“$”符号在列标前,则表明该列标是绝对不变的,而行号随目标单元格的变化而变化。

图 4-60 中 F4 单元格中的公式也可以改为混合引用,当进行公式复制时,目标单元格由 F4 变为 F5,F6,F7,列标本身没有变,所以在单元格 F4 的公式中,列标加不加“$”没有影响。因此,在 F4 单元格中可以输入混合引用的公式“= $E4/E$8”。

单元格地址的引用不局限于一个工作表之中,可以跨工作簿或工作表进行。跨工作簿的单元格地址引用的一般形式为:[工作簿文件名]工作表名!单元格地址。当前工作簿的各工作表的单元格地址可以省略“[工作簿文件名]”,当前工作表的单元格地址可以省略“工作表名!”。例如,在工作表 Sheet1 单元格 A4 中的公式为“= A2*Sheet2!A2”,表示当前工作表 Sheet1 中的单元格 A2 与当前工作簿中 Sheet2 工作表的单元格 A2 相乘,结果存入当前工作表的单元格 A4 中。

2. 使用函数

函数是一个预先定义好的内置公式,利用函数可以方便地进行计算。Excel 提供了 11 类函数,包括财务函数、逻辑函数、文本函数、日期和时间函数、查找与引用函数、数学和三角函数、统计函数、工程函数、多维数据集函数、信息函数和兼容性函数等。函数可以单独使用,如“= SUM(A1:A3)”,也可以出现在公式中,如“= 6*SUM(A1:A3)”。

1）函数的形式

函数的一般形式为：函数名（参数 1，参数 2，……，参数 N）。

函数名由 Excel 2010 提供，函数名中的大小写字母等价，函数的参数是可选项，可以有一个或多个参数，也可以没有参数，但函数名后的一对圆括号是必须保留的，多个参数用英文逗号分隔，参数可以是常数、单元格地址、单元格区域地址、单元格区域名称和函数等。

2）函数的输入

（1）利用“公式 / 函数库”组中的“自动求和”命令。

使用“自动求和”命令可以对活动单元格上方或左侧的数据进行求和、求平均值、统计个数、计算最大值和最小值等自动计算。自动计算既可以在相邻的数据区域进行，也可以在不相邻的数据区域进行。可以先选定数据区域，再使用“自动求和”命令，计算的结果会自动放在数据区域末端的单元格中；也可以先单击存放结果的单元格，再使用“自动求和”命令，Excel 将自动向左或向上寻找数据区域，如果自动选择的数据区域（虚线框住的部分）符合要求，则按 Enter 键确认，否则用鼠标重新选择数据区域。

在本任务中，单击 B8 单元格，再单击“公式 / 函数库 / 自动求和”按钮，自动选定数据区域 B4:B7，如图 4-61 所示，按 Enter 键确认。拖动填充柄，复制填充单元格区域 C8:D8。当然 E4 单元格也可利用“自动求和”按钮得到求和的结果。

VLOOKUP　　=SUM(B4:B7)

	A	B	C	D	E	F
1		快乐电视台一季度广告收入统计表				
2				单位：	（万元）	
3	频道	一月	二月	三月	一季度	百分比
4	综合	500	360	900	1760	
5	影视	1000	900	1200	3100	
6	生活	2500	3000	3600	9100	
7	体育	1000	860	1900	3760	
8	合计	=SUM(B4:B7)				
9		SUM(number1, [number2], ...)				

图 4-61　使用自动求和函数

（2）利用“插入函数”对话框。

① 选定要插入函数的单元格。

② 单击“公式 / 插入函数”，打开“插入函数”对话框，如图 4-62 所示。

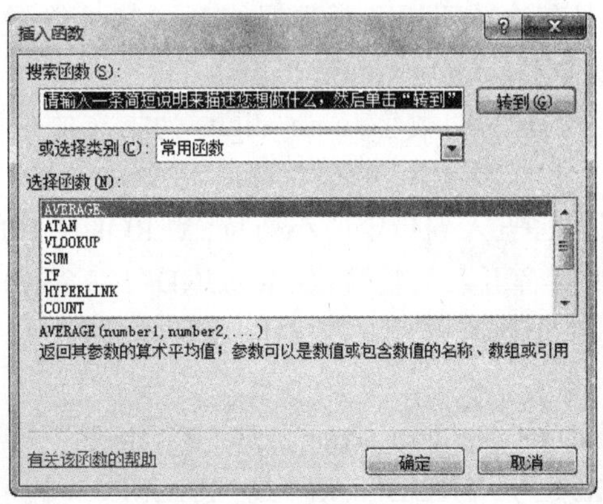

图 4-62　“插入函数”对话框

③ 在对话框的“或选择类别”下拉列表框中选择合适的函数类型，再在“选择函数”列表框中选择所需的函数名。

④ 单击“确定”按钮,将打开所选函数的“函数参数”对话框,图 4-63 所示为求平均值函数的“函数参数”对话框。“函数参数”对话框显示了该函数的函数名、函数的每个参数,以及参数的描述和函数的功能。

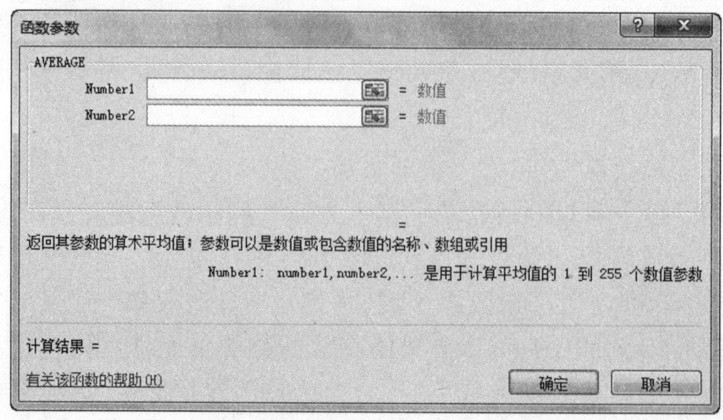

图 4-63 “函数参数”对话框

⑤ 在“函数参数”对话框中根据提示输入每个参数值,也可单击参数框右侧的折叠按钮 将对话框折叠,从工作表中选择相应的单元格区域,然后单击展开按钮 展开对话框,单击“确定”按钮完成设置。

3)常用函数

(1)求和函数 SUM(number1,number2…)。

参数 number1, number2…为 1 ~ 30 个数值或含有数值的单元格的引用,各参数之间必须用逗号加以分隔。

(2)平均值函数 AVERAGE(number1,number2…)。

参数同求和函数 SUM。

(3)最大值函数 MAX(number1, number2…)、最小值函数 MIN(number1,number2…)。

如单元格区域 C1:C42 存放着 42 名学生的考试成绩,利用函数“= MAX(C1:C42)”可计算出最高分,利用函数“= MIN(C1:C42)”则可以计算出最低分。

(4)计数函数 COUNT(value1,value2…)。

参数 value1, value2…是包含或引用各类数据的 1 ~ 30 个参数。

(5)四舍五入函数 ROUND(number,num_digits)。

参数 number 是需要四舍五入的数字;num_digits 为指定的位数,number 将按此位数进行四舍五入。

如果 num_digits>0,则四舍五入到指定的小数位,如 ROUND(123.23,1) 的结果是 123.2。

如果 num_digits = 0,则四舍五入到整数,如 ROUND(123.23,0) 的结果是 123。

如果 num_digits<0,则在小数点左侧按指定位数四舍五入,如 ROUND(123.23,-2) 的结果是 100。

(6)逻辑函数 IF(logical_test,value_if_true,value_if_false)。

参数 logical_test 是结果为“TRUE”(真)或“FALSE”(假)的数值或表达式,value_if_true 是 logical_test 为“TRUE”时函数的返回值,value_if_false 是 logical_test 为“FALSE”时函数的返回值。

（7）条件计数函数 COUNTIF(range,criteria)。

参数 range 为需要统计的符合条件的单元格区域，criteria 为参与计算的单元格条件（如 ">60" 和 "男" 等）。表达式和文本必须加双引号。

例如，函数“= COUNTIF(A1:A58,"女")”可以用来统计单元格区域 A1:A58 中女职工的数量。

（8）条件求和函数 SUMIF(range,criteria,sum_range)。

参数 range 是用于条件判断的单元格区域，criteria 是由数字、逻辑表达式等组成的判定条件，sum_range 为需要求和的单元格区域。

（9）排序函数 RANK.EQ(number,ref,order)。

参数 number 是需要计算其排位的一个数字或单元格地址的引用；ref 是单元格地址的引用（其中的非数值型参数将被忽略）；order 是用来说明排序方式的数字，如果 order 为 0 或省略则按降序方式给出结果，order 为 1 则按升序方式给出结果。

4）常用函数应用举例

图 4-64 中灰色底纹的部分均为使用函数计算得到的。

	A	B	C	D	E	F	G
1	姓名	平时	期中	期末	总评	排名	备注
2	陈小平	85	82	90	87	3	
3	王　明	96	90	93	93	2	
4	何晓东	72	86	67	72	4	
5	李　斌	62	54	48	52	6	不及格
6	林　雪	70	72	45	55	5	不及格
7	徐　莹	96	96	93	94	1	
8	平均分				76		
9	最高分				94		
10	学生人数				6		
11	及格人数				4		
12	及格率				67%		
13	及格学生平均分				86.6		

图 4-64　使用函数示例

各单元格中输入的函数公式如表 4-7 所示。

表 4-7　函数公式

单元格	函　数	说　明
E8	= AVERAGE(E2:E7)	计算学生总评平均分
E9	= MAX(E2:E7)	计算总评最高分
E10	= COUNT(E2:E7)	统计学生总人数
E11	= COUNTIF(E2:E7,">= 60")	统计总评大于或等于 60 分的学生人数
E12	= E11/COUNT(E2:E7)	计算及格率
E13	= SUMIF(E2:E7,">= 60")/E11	计算及格学生的平均分
F2	= RANK.EQ(E2,$E$2:$E$7,0)	排出名次，拖动 F2 的填充柄，复制填充 F3:F7
G2	= IF(E2<60,"不及格","")	标注“不及格”，拖动 G2 的填充柄，复制填充 G3:G7

5）函数错误提示信息

在公式和函数运算中经常会出现诸如“####!”或“#VALUE!”的出错信息，出错信息一般以“#”符号开头，下面将几种常见的出错信息以及产生这些出错信息的可能原因归纳如下：

（1）####!。

有两种原因可能导致单元格中出现“####!”错误信息：一是单元格中的计算结果太长，单元格宽度容纳不下，可以通过调整单元格的列宽来消除该错误；二是日期或时间格式的单元格中出现负值，可以通过修改单元格的数字格式来解决。

（2）#DIV/0!。

若单元格中出现“#DIV/0!”错误信息，毫无疑问是因为单元格的公式中出现了被零除的问题，即输入的公式中包含零除数，或公式中的除数引用了零值单元格或空白单元格（Excel 2010 中空白单元格的值被解释为零值）。解决办法是修改公式中的零除数以及零值单元格和空白单元格的引用。

（3）#VALUE!。

当使用了不正确的参数或运算符，或者在执行自动更正公式功能不能更正公式的情况下，都可能产生错误信息“#VALUE!”。解决的办法是检查公式或函数所需的参数或运算符是否正确，并且检查公式引用的单元格所包含的是否均为有效的数值。

（4）#NAME?。

顾名思义，这是由于公式中使用了 Excel 不能识别的文本而产生的错误，或者可能是删除了公式中使用的共同名称或使用了不存在以及拼写错误的名称所致。

（5）#N/A。

当在函数或公式中没有可用的数值时，将产生错误信息“#N/A”。如果工作表中某些单元格中暂时没有数值，函数或公式在引用这些单元格时，将不进行数值计算，而是返回“#N/A”。

（6）#REF!。

单元格中出现该错误信息表示该单元格引用无效，可能是删除了有公式引用的单元格，或者把移动单元格粘贴到了其他公式引用的单元格中等原因造成的。

（7）#NUM!。

这是在公式或函数中某个数字有问题时产生的错误信息。例如，在需要数字参数的函数中使用了不能接受的参数，或者公式产生的数字太大或太小等。解决方法是检查数字是否超出限定区域，以及函数中使用的参数类型是否正确。

（8）#NULL!。

当为两个并不相交的区域指定交叉点时会产生该错误信息。例如，使用了不正确的区域运算符或不正确的单元格引用等。

归纳总结

通过本任务的完成，应熟悉 Excel 2010 公式的输入、函数的使用和数据的计算，并能正确理解相对引用、绝对引用和混合引用的区别，会在不同的公式计算中恰当地使用相应的引用方式。

任务四　企业员工的工资数据统计分析

任务描述与分析

在 Excel 2010 中可以通过数据清单来管理数据。数据清单是指包含一组相关数据的一系列工作表数据。当数据被组织成一个数据清单之后，就能够以数据库的方式来管理数据，进行数据的查询、排序、筛选以及分类汇总等操作。具体要求如下：

（1）创建数据清单“企业员工工资表”。

（2）对数据清单按“性别”简单升序排序。对数据清单按主要关键字“部门”的递增次序和次要关键字“实发工资”的递减次序进行复杂排序。

（3）练习自动筛选，只显示“部门”为“培训部”的记录；练习自定义筛选，显示“职工编号”大于或等于“200609”且小于或等于“200611”的记录；练习高级筛选，显示“职工编号”小于“200609”或“实发工资”大于“4 000”的记录。

（4）查看数据清单中各部门的平均实发工资情况，汇总结果显示在数据下方；查看各部门男女职工的平均实发工资情况，汇总结果显示在数据下方。

实现方法

1. 认识数据清单

1）建立数据清单

数据清单（或称为数据表）由标题行和数据部分组成。清单中的列被看成是数据库中的字段，清单中的列标题被看成是数据库的字段名，清单中的每一行被看成是数据库中的一条记录。本任务的数据清单如图 4-65 所示。

	A	B	C	D	E	F	G	H
1	职工编号	姓名	性别	部门	基本工资	奖金	扣款	实发工资
2	200301	程　辉	男	培训部	2200	2000	200	4000
3	200302	周信宇	女	发展部	2600	2200	300	4500
4	200303	张成好	男	发展部	3000	2200	400	4800
5	200609	官伟梅	女	业务部	1800	1500	150	3150
6	200610	李　强	男	业务部	2000	2500	200	4300
7	200611	胡瑞雪	女	培训部	2500	2000	150	4350
8	200804	张国勇	男	企划部	1800	1600	100	3300
9	200805	杨　浦	男	培训部	1900	1600	100	3400
10	200806	吴　江	女	企划部	2000	2000	200	3800
11	200807	孙海业	男	培训部	1400	1600	100	2900

图 4-65　数据清单示例

（1）建立数据清单的字段结构。

在工作表的第一行输入各字段名，如：“职工编号”“姓名”“性别”“部门”“基本工资”“奖金”“扣款”“实发工资”。

（2）输入记录。

可以直接由标题行的下一行开始逐行输入记录，也可使用“记录单”功能建立数据清单。

在 Excel 2010 中,要想使用“记录单”功能,需要通过“Excel 选项”对话框将其添加到快速访问工具栏中。将记录单添加到快速访问工具栏的方法如下:

① 单击“文件 / 选项”按钮,打开“Excel 选项”对话框。

② 在对话框左侧窗格中选择“快速访问工具栏”选项卡,在右侧窗格中的“从下列位置选择命令”下拉列表框中选择“不在功能区中的命令”选项,从下面的列表框中选择“记录单”选项,如图 4-66 所示,单击“添加”按钮,再单击“确定”按钮,“记录单”按钮即被添加到快速访问工具栏中。

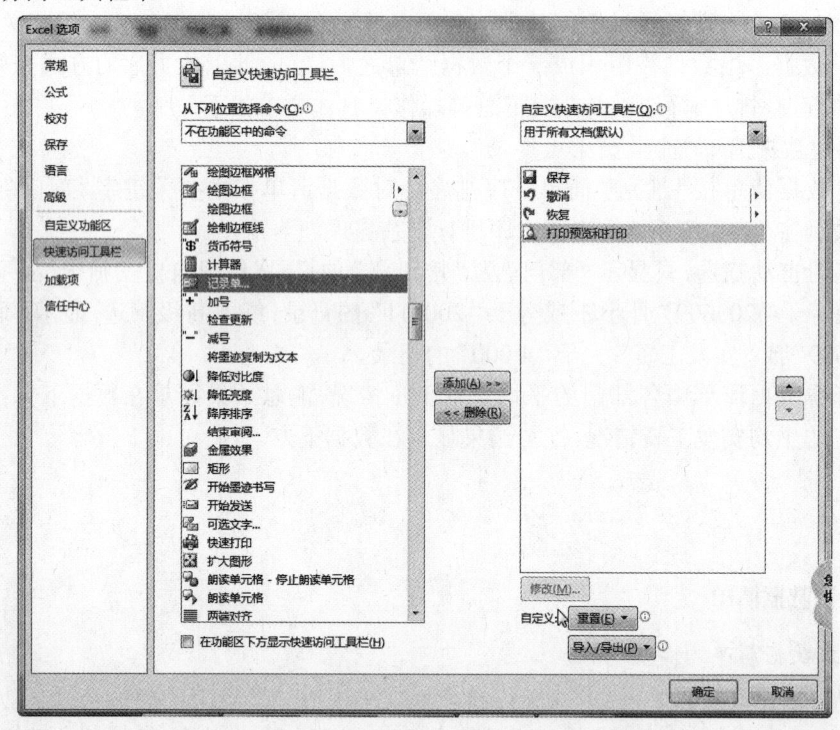

图 4-66 “Excel 选项”对话框

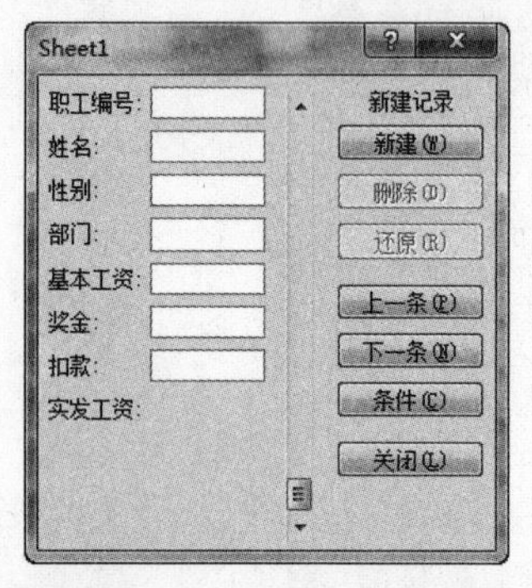

图 4-67 “记录单”对话框

这样,单击快速访问工具栏中的“记录单”按钮,会出现“记录单”对话框,如图 4-67 所示。使用记录单管理数据,会为工作提供很大的方便。

(3) 遵循的原则。

① 一般情况下,一张工作表建立一张数据清单。

② 在数据清单的第一行建立各列标题,同一列数据的类型应一致。

③ 数据清单的数据区不能出现空白行或空白列。

④ 数据清单的数据与工作表中的其他数据之间至少留出一个空白行或一个空白列。

2) 添加记录

首先定位要插入记录的位置,利用“开始 / 单元格 / 插入 / 插入工作表行”命令,然后在插入的空白行中输入新记录数据。

如果是在数据表的末尾追加记录,则可以直接在最后一条记录的下一行中输入数据。

3）编辑记录

数据清单创建完成后，可以直接在工作表中对记录进行修改、添加、查找、删除和移动等操作。

首先选定要修改、删除的记录，然后直接编辑有关单元格的数据或删除选定的行即可。

当然，对于记录的编辑修改，也可以利用图 4-67 所示的“记录单”对话框完成。在该对话框中，可以查找符合条件的记录，单击“条件”按钮，然后在相应字段输入查找条件，如在“实发工资”框中输入“>4 000”，如图 4-68 所示；如果查找条件涉及多个字段，只需在相应的字段中输入条件即可。最后，单击“下一条”按钮，向下查找相匹配的记录，或者单击“上一条”按钮，向上查找相匹配的记录。

单击“记录单”对话框中的“新建”“清除”“上一条”“下一条”等按钮，可以方便地在数据清单中输入、删除、修改记录。

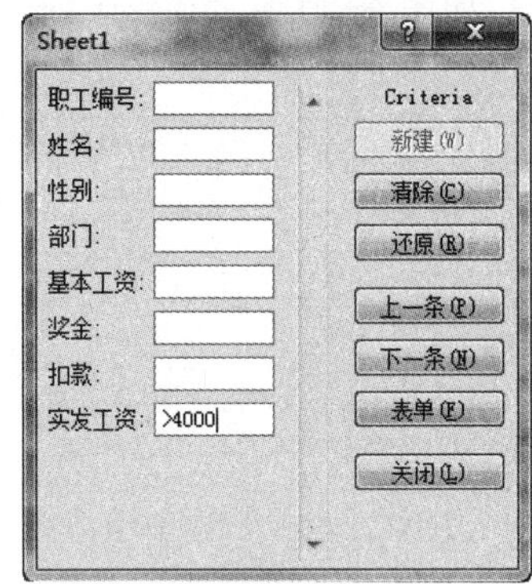

图 4-68　设置记录单的条件

2. 数据排序

排序就是根据数据清单中的一列或几列数据的大小对各记录的顺序进行重新排列。排序有升序和降序两种。排序的依据字段称为关键字，有时需要指定的关键字不止一个，用户可根据需要选择。

1）简单排序

当仅仅需要对数据清单中的某一列数据进行排序时，只需单击此列中的任一单元格，然后单击“数据 / 排序和筛选”组中的“升序”按钮 A↓Z 和“降序”按钮 Z↓A 即可。

在本任务中，要对数据清单按关键字“性别”升序排序，操作步骤为：

（1）单击单元格区域 C1:C11 中的任一单元格。

（2）单击“升序”按钮，即可完成要求的排序，如图 4-69 所示。

	A	B	C	D	E	F	G	H
1	职工编号	姓名	性别	部门	基本工资	奖金	扣款	实发工资
2	200301	程　辉	男	培训部	2200	2000	200	4000
3	200303	张成好	男	发展部	3000	2200	400	4800
4	200610	李　强	男	业务部	2000	2500	200	4300
5	200804	张国勇	男	企划部	1800	1600	100	3300
6	200805	杨　浦	男	培训部	1900	1600	100	3400
7	200807	孙海业	男	培训部	1400	1600	100	2900
8	200302	周信宇	女	发展部	2600	2200	300	4500
9	200609	官伟梅	女	业务部	1800	1500	150	3150
10	200611	胡瑞雪	女	培训部	2500	2000	150	4350
11	200806	吴　江	女	企划部	2000	2000	200	3800

图 4-69　按“性别”升序排序结果

2）复杂排序

有时需要指定多个关键字进行排序，在“主要关键字”相同的情况下，会自动按“次要关键字”排序。

在本任务中，要对数据清单按主要关键字“部门”的递增次序和次要关键字“实发工资”的递减次序进行排序，操作步骤如下：

（1）单击数据清单区域的任一单元格，单击“数据 / 排序和筛选 / 排序”命令，出现“排序”对话框，同时整个数据清单区域被选定。

（2）在对话框的“主要关键字”下拉列表框中选择“部门”，并在“次序”下拉列表框中选择“升序”，单击“添加条件”按钮，出现“次要关键字”行，在“次要关键字”下拉列表框中选择“实发工资”，并在“次序”下拉列表框中选择“降序”，默认“数据包含标题”复选框被选中，如图 4-70 所示，单击“确定”按钮，排序结果如图 4-71 所示。

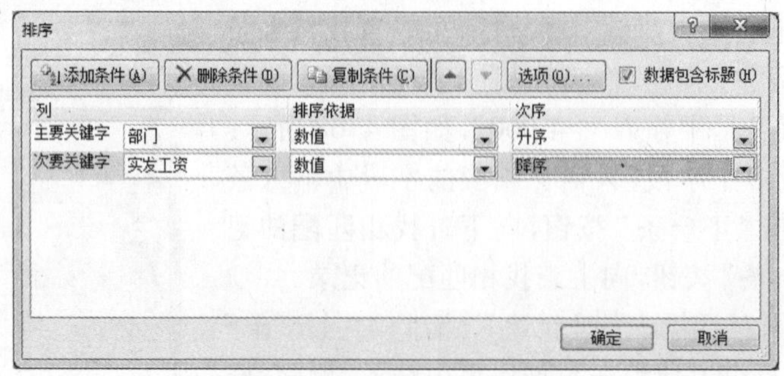

图 4-70 “排序”对话框

	A	B	C	D	E	F	G	H
1	职工编号	姓名	性别	部门	基本工资	奖金	扣款	实发工资
2	200303	张成好	男	发展部	3000	2200	400	4800
3	200302	周信宇	女	发展部	2600	2200	300	4500
4	200611	胡瑞雪	女	培训部	2500	2000	150	4350
5	200301	程　辉	男	培训部	2200	2000	200	4000
6	200805	杨　浦	男	培训部	1900	1600	100	3400
7	200807	孙海业	男	培训部	1400	1600	100	2900
8	200806	吴　江	女	企划部	2000	2000	200	3800
9	200804	张国勇	男	企划部	1800	1600	100	3300
10	200610	李　强	男	业务部	2000	2500	200	4300
11	200609	官伟梅	女	业务部	1800	1500	150	3150

图 4-71 按“部门”升序和“实发工资”降序排序结果

在“排序”对话框中，利用“选项”按钮可以进行自定义次序排序，即按照用户自己定义好的次序进行排序，也可以选择按行或按列，以及是否区分大小写等选项进行排序。

3）恢复排序

如果希望经过多次排序后仍能恢复原来的数据清单，排序前可以在数据清单中增加一个“记录号”字段，在该列中输入一个数字序列“1，2，3…”，经过多次排序后只要按“记录号”字段升序排列即可恢复到排序前的数据清单。

3. 数据筛选

数据筛选是指在工作表的数据清单中快速查找并显示符合特定条件的记录，而不符合条件的记录被隐藏。利用“数据 / 排序和筛选”组，可以进行自动筛选、高级筛选和数据的全部显示。

1）自动筛选

根据筛选条件的不同，自动筛选可以利用列标题的下拉列表，也可以利用“自定义自动筛选方式”对话框进行。

在本任务中，要对数据清单进行自动筛选，只显示“部门”为“培训部”的记录，操作步骤为：

（1）单击数据清单区域的任一单元格，单击“数据 / 排序和筛选 / 筛选”命令，此时，数据清单中在每一列的列标题右侧都出现了自动筛选箭头按钮。

（2）单击“部门”右侧的箭头按钮，弹出一个下拉列表，选择“培训部”，筛选结果如图4-72所示。

	A	B	C	D	E	F	G	H
1	职工编号	姓名	性别	部门	基本工资	奖金	扣款	实发工资
4	200611	胡瑞雪	女	培训部	2500	2000	150	4350
5	200301	程　辉	男	培训部	2200	2000	200	4000
6	200805	杨　浦	男	培训部	1900	1600	100	3400
7	200807	孙海业	男	培训部	1400	1600	100	2900

图4-72　自动筛选“部门”为“培训部”的记录

可以同时对多列字段设定筛选条件，这些筛选条件之间是逻辑“与”的关系。例如，在上例的基础上，再在“性别”列的下拉列表中选择“男”，则筛选后只显示培训部男职工的记录。筛选结果如图4-73所示。

	A	B	C	D	E	F	G	H
1	职工编号	姓名	性别	部门	基本工资	奖金	扣款	实发工资
5	200301	程　辉	男	培训部	2200	2000	200	4000
6	200805	杨　浦	男	培训部	1900	1600	100	3400
7	200807	孙海业	男	培训部	1400	1600	100	2900

图4-73　自动筛选“部门”为“培训部”且“性别”为“男”的记录

如果要取消筛选条件，在自动筛选箭头按钮的下拉列表中选择“全部”选项即可。有关下拉列表中的选项说明见表4-8。

表4-8　自动筛选条件选项

选　项	说　明
升　序	按照该列标题升序显示所有记录
降　序	按照该列标题降序显示所有记录
全　选	显示该列标题的全部记录
文本筛选	单击级联选项中的“自定义筛选”命令，出现“自定义自动筛选方式”对话框，用户可以建立“与”或“或”关系的筛选条件
按颜色排序	单击级联选项中的“自定义排序”命令，出现“排序”对话框

对于某些特殊条件的筛选，可以用自定义自动筛选来完成。在本任务中，要对数据清单进行自定义筛选，只显示“职工编号”大于或等于“200609”且小于或等于“200611”的记录，操作步骤为：单击“职工编号”右侧的自动筛选箭头按钮，选择下拉列表中的“数字筛选／自定义筛选”，弹出“自定义自动筛选方式”对话框，进行图4-74所示的设置：在第一个条件的左侧下拉列表框中选择“大于或等于”，在右侧框中输入或选择“200609”，在第二个条件的左侧下拉列表框中选择“小于或等于”，在右侧框中输入或选择“200611”，然后单击“与”单选按钮，只显示同时满足两个设定条件的记录，最后单击“确定”按钮即可。

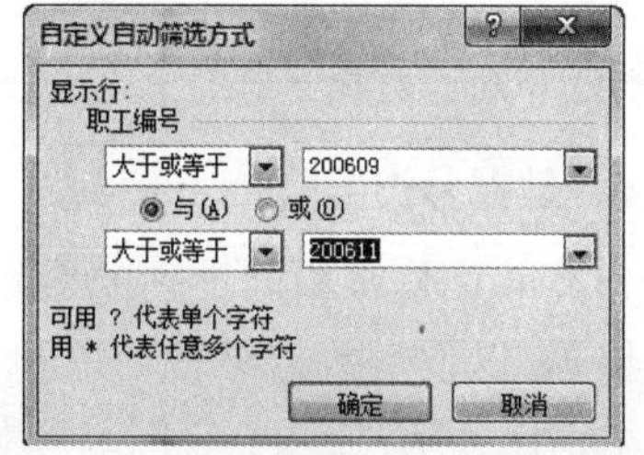

图4-74　“自定义自动筛选方式”对话框

2）取消自动筛选

单击“数据／排序和筛选／清除”命令即可显示全部记录，但各列标题右侧的自动筛选箭头按钮仍然存在。在取消自动筛选后，可再次选择“数据／排序和筛选／筛选”命令。

3）高级筛选

Excel 2010 的高级筛选方式主要用于多字段条件的筛选。在自动筛选中，每次只能针对一个字段进行筛选，要对多字段进行筛选，必须多次实现，而用高级筛选一次就能完成。

在进行高级筛选之前，必须在数据清单以外的区域构建条件区域，通常在数据清单后选择或插入若干空行作为条件区域，空行的个数以能容纳条件为限。条件区域的第一行为多个筛选条件的字段名，这些字段名必须与数据清单中的字段名完全一样。在筛选字段名的下方单元格中输入筛选条件，“与”关系的条件必须出现在同一行内，“或”关系的条件不能出现在同一行内。

在本任务中，要对数据清单进行多字段筛选，显示“职工编号”小于“200609”或“实发工资”大于“4 000”的记录，操作步骤为：

（1）构建条件区域：将数据清单的下方作为条件区域，在条件区域中输入筛选条件，如图 4-75 所示。

（2）单击数据清单内的任一单元格，单击“数据 / 排序和筛选 / 高级”命令，弹出“高级筛选”对话框。

（3）在对话框的“方式”选项组中选择筛选结果的存放位置，确定“列表区域”和“条件区域”，如图 4-76 所示，单击“确定”按钮。筛选结果如图 4-77 所示。

	A	B	C	D	E	F	G	H
1	职工编号	姓名	性别	部门	基本工资	奖金	扣款	实发工资
2	200303	张成好	男	发展部	3000	2200	400	4800
3	200302	周信宇	女	发展部	2600	2200	300	4500
4	200611	胡瑞雪	女	培训部	2500	2000	150	4350
5	200301	程　辉	男	培训部	2200	2000	200	4000
6	200805	杨　浦	男	培训部	1900	1600	100	3400
7	200807	孙海业	男	培训部	1400	1600	100	2900
8	200806	吴　江	女	企划部	2000	2000	200	3800
9	200804	张国勇	男	企划部	1800	1600	100	3300
10	200610	李　强	男	业务部	2000	2500	200	4300
11	200609	官伟梅	女	业务部	1800	1500	150	3150
12								
13	职工编号							实发工资
14	<200609							
15								>4000

图 4-75　构建条件区域

图 4-76 “高级筛选”对话框

	A	B	C	D	E	F	G	H
1	职工编号	姓名	性别	部门	基本工资	奖金	扣款	实发工资
2	200303	张成好	男	发展部	3000	2200	400	4800
3	200302	周信宇	女	发展部	2600	2200	300	4500
4	200611	胡瑞雪	女	培训部	2500	2000	150	4350
5	200301	程　辉	男	培训部	2200	2000	200	4000
10	200610	李　强	男	业务部	2000	2500	200	4300

图 4-77　高级筛选结果

（4）单击“数据 / 排序和筛选 / 清除”命令即可取消高级筛选，显示全部记录。

4. 数据分类汇总

分类汇总是将相同类别的数据进行统计汇总，例如求和、计数、求平均值、求最大值、求最小值等，以便对数据进行管理和分析。使用分类汇总命令并不需要创建公式，Excel 2010 将自动创建公式，插入分类汇总总和行，并自动分级显示数据，结果数据可以打印出来。在进行分类汇总前，必须先对数据进行排序。

1）分类汇总

在本任务中，要对数据清单进行分类汇总，查看各部门的平均实发工资情况，汇总结果显示在数据下方，操作步骤如下：

（1）首先按关键字“部门”升序或降序对数据清单进行排序。

（2）选择“数据 / 分级显示 / 分类汇总”命令，出现“分类汇总”对话框，选择“分类字段”为“部门”，“汇总方式”为“平均值”，“选定汇总项”为“实发工资”，选中“汇总结果显示在数据下方”复选框，如图 4-78 所示，单击“确定”按钮。

汇总结果如图 4-79 所示。

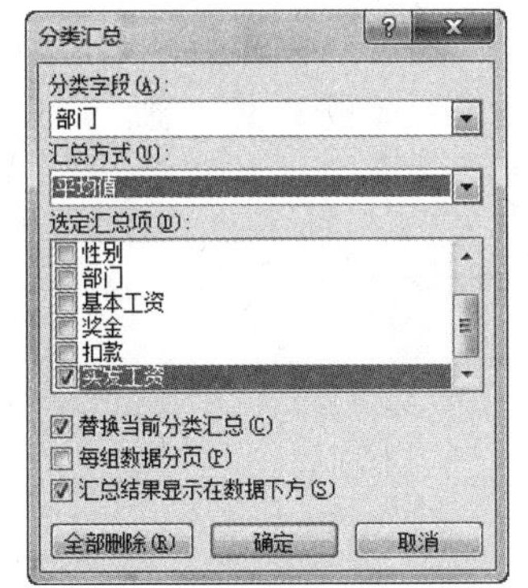

图 4-78　“分类汇总”对话框

	A	B	C	D	E	F	G	H
1	职工编号	姓名	性别	部门	基本工资	奖金	扣款	实发工资
2	200303	张成好	男	发展部	3000	2200	400	4800
3	200302	周信宇	女	发展部	2600	2200	300	4500
4				**发展部 平均值**				4650
5	200301	程　辉	男	培训部	2200	2000	200	4000
6	200611	胡瑞雪	女	培训部	2500	2000	150	4350
7	200807	孙海业	男	培训部	1400	1600	100	2900
8	200805	杨　浦	男	培训部	1900	1600	100	3400
9				**培训部 平均值**				3662.5
10	200806	吴　江	女	企划部	2000	2000	200	3800
11	200804	张国勇	男	企划部	1800	1600	100	3300
12				**企划部 平均值**				3550
13	200609	官伟梅	女	业务部	1800	1500	150	3150
14	200610	李　强	男	业务部	2000	2500	200	4300
15				**业务部 平均值**				3725
16				**总计平均值**				3850

图 4-79　按“部门”分类汇总的结果

2）多级分类汇总

多级分类汇总是指对数据进行多级分类，并求出每级的分类汇总。在本任务中，要对数据清单进行两级分类汇总，查看各部门男女职工的平均实发工资，汇总结果显示在数据下方，操作步骤如下：

（1）首先对数据清单按照“部门”为“第一关键字”、“性别”为“第二关键字”进行排序。

（2）按“部门”分类汇总实发工资的平均值，选择“数据 / 分级显示 / 分类汇总”命令，在“分类汇总”对话框中，选择“分类字段”为“部门”，“汇总方式”为“平均值”，“选定汇总项”为“实发工资”，选中“汇总结果显示在数据下方”复选框，单击“确定”按钮。

（3）再次选择“数据 / 分级显示 / 分类汇总”命令，在“分类汇总”对话框中选择“分类字段”为“性别”，“汇总方式”为“平均值”，“选定汇总项”为“实发工资”，选中“汇总结果显示在数据下方”复选框，清除“替换当前分类汇总”复选框，以保留上次分类汇总的结果，单击“确定”按钮。汇总结果如图 4-80 所示。

	A	B	C	D	E	F	G	H
1	职工编号	姓名	性别	部门	基本工资	奖金	扣款	实发工资
2	200303	张成好	男	发展部	3000	2200	400	4800
3			**男 平均值**					4800
4	200302	周信宇	女	发展部	2600	2200	300	4500
5			**女 平均值**					4500
6				**发展部 平均值**				4650
7	200301	程　辉	男	培训部	2200	2000	200	4000
8	200807	孙海业	男	培训部	1400	1600	100	2900
9	200805	杨　浦	男	培训部	1900	1600	100	3400
10			**男 平均值**					3433.333
11	200611	胡瑞雪	女	培训部	2500	2000	150	4350
12			**女 平均值**					4350
13				**培训部 平均值**				3662.5
14	200804	张国勇	男	企划部	1800	1600	100	3300
15			**男 平均值**					3300
16	200806	吴　江	女	企划部	2000	2000	200	3800
17			**女 平均值**					3800
18				**企划部 平均值**				3550
19	200610	李　强	男	业务部	2000	2500	200	4300
20			**男 平均值**					4300
21	200609	官伟梅	女	业务部	1800	1500	150	3150
22			**女 平均值**					3150
23				**业务部 平均值**				3725
24				**总计平均值**				3850

图 4-80　按“部门”“性别”进行两级分类汇总的结果

3）删除分类汇总

如果要删除已经创建的分类汇总,可在“分类汇总”对话框中单击“全部删除”按钮。

4）分级显示汇总数据

为方便查看数据,可以将分类汇总后暂时不需要的数据隐藏起来,当需要查看时再显示。

单击工作表左边列表树的“－”号可以隐藏对应级的数据信息,此时,“－”号变成“＋”号;单击“＋”号时,即可将隐藏的数据信息显示出来。也可单击列表树上边的数字,分级显示数据信息,图 4-81 显示的是图 4-80 中第 3 级数据的结果,隐藏了原始的数据信息。

	A	B	C	D	E	F	G	H
1	职工编号	姓名	性别	部门	基本工资	奖金	扣款	实发工资
3			男 平均值					4800
5			女 平均值					4500
6				发展部 平均值				4650
10			男 平均值					3433.333
12			女 平均值					4350
13				培训部 平均值				3662.5
15			男 平均值					3300
17			女 平均值					3800
18				企划部 平均值				3550
20			男 平均值					4300
22			女 平均值					3150
23				业务部 平均值				3725
24				总计平均值				3850

图 4-81　隐藏原始数据的分类汇总结果

归纳总结

通过本任务的完成,应熟悉数据清单的结构,熟练掌握数据清单的排序、筛选和分类汇总操作,快速有效地进行数据的统计分析。

任务五　学生成绩表数据统计分析

任务描述与分析

在 Excel 中,利用数据清单进行数据的查询、排序、筛选以及分类汇总的内容,既是重点,也是难点。本任务与“任务四:企业员工的工资数据统计分析”的要求类似,具体要求如下:

(1) 创建数据清单“学生成绩统计表”。

(2) 计算总分、平均分和名次。

(3) 查看年级排序情况,将数据清单按照“总分”从高到低的顺序重新排列;查看班级排序情况,按照主要关键字“班级”升序排列,按照次要关键字“总分”降序排列。

(4) 筛选出“物理”成绩在 90 分及以上的学生。取消刚才的筛选,使用高级筛选命令,在数据清单中筛选出“总分”大于 320 分且“英语”成绩大于 60 分的同学。

(5) 取消(4)中的筛选,计算各班级各科的平均成绩。

实现方法

1. 建立数据清单

在工作表的第一行输入各字段名,从下一行开始逐行输入记录。数据清单“学生成绩统计表”如图 4-82 所示。

	A	B	C	D	E	F	G	H	I	J	K
1	序号	姓名	性别	班级	英语	数学	物理	化学	总分	平均分	名次
2	1	沈时辰	男	高三2班	89	84	90	89			
3	2	李光良	男	高三3班	86	90	94	69			
4	3	孙寺江	男	高三1班	95	89	87	96			
5	4	李兵	男	高三1班	78	45	76	55			
6	5	王朝猛	男	高三3班	99	96	82	58			
7	6	王小芳	女	高三2班	96	86	88	89			
8	7	郭峰	男	高三3班	56	94	93	84			
9	8	任春花	女	高三3班	96	64	77	81			
10	9	方子萍	女	高三2班	51	76	55	79			
11	10	徐洁	女	高三3班	79	87	69	70			
12	11	张艳红	女	高三2班	94	90	93	78			
13	12	程前	男	高三3班	53	90	91	96			
14	13	李佳政	男	高三1班	67	76	50	90			

图 4-82　数据清单“学生成绩统计表”

2. 数据计算

（1）选择单元格 I2，单击“公式 / 函数库 / 自动求和”按钮，Excel 自动向左寻找数据区域，符合本例的数据区域为 E2:H2，按 Enter 键确认，结果即显示在 I2 单元格中。拖动 I2 单元格的填充柄，完成单元格区域 I3:I14 中公式的复制填充。

（2）选择单元格 J2，单击“公式 / 函数库 / 自动求和”下拉按钮，选择下拉菜单中的“平均值”，Excel 自动向左寻找数据区域，如图 4-83 所示，结果不符合本例的数据区域，可以用鼠标重新选定区域 E2:H2，也可以在单元格或编辑栏中直接修改数据区域，然后按 Enter 键确认，结果显示在 J2 单元格中。拖动 J2 单元格的填充柄，完成单元格区域 J3:J14 中公式的复制填充。

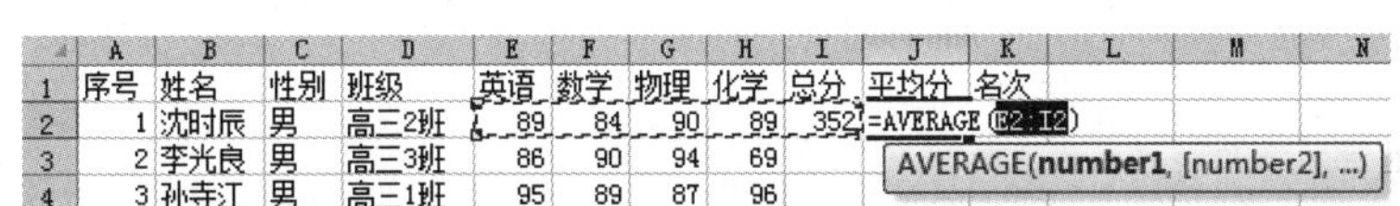

	A	B	C	D	E	F	G	H	I	J	K	L	M	N
1	序号	姓名	性别	班级	英语	数学	物理	化学	总分	平均分	名次			
2	1	沈时辰	男	高三2班	89	84	90	89	352	=AVERAGE(E2:I2)				
3	2	李光良	男	高三3班	86	90	94	69						
4	3	孙寺江	男	高三1班	95	89	87	96						

AVERAGE(number1, [number2], ...)

图 4-83　选定数据区域

（3）选择单元格 K2，单击“公式 / 函数库 / 插入函数”命令，打开“插入函数”对话框，在“或选择类别”下拉列表框中选择“统计”，在“选择函数”列表框中选择函数名“RANK.EQ”，如图 4-84 所示，单击“确定”按钮，打开所选函数的“函数参数”对话框，输入各参数的数据区域，注意第二个参数应为绝对地址的形式，如图 4-85 所示，然后单击“确定”按钮，结果即显示在 K2 单元格中。拖动 K2 单元格的填充柄，完成单元格区域 K3:K14 中公式的复制填充，结果如图 4-86 所示。

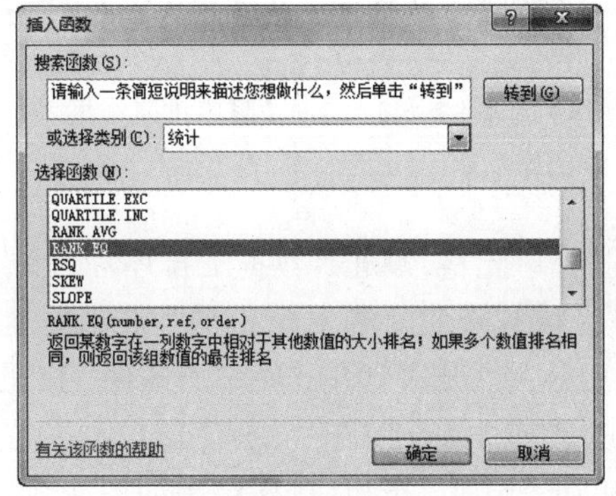

图 4-84　“插入函数”对话框

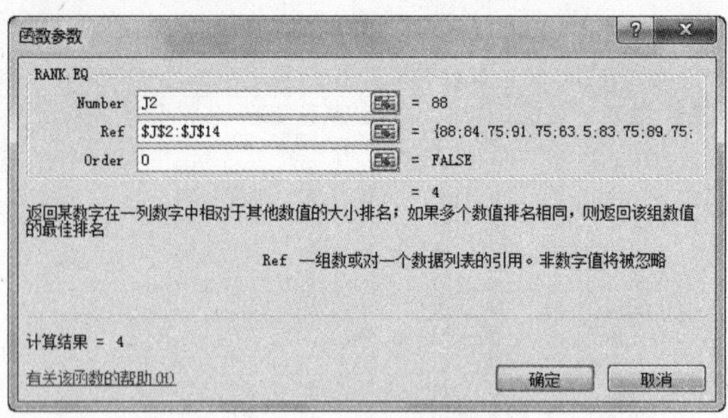

图 4-85 RANK 函数的参数选择

1	序号	姓名	性别	班级	英语	数学	物理	化学	总分	平均分	名次
2	1	沈时辰	男	高三2班	89	84	90	89	352	88	4
3	2	李光良	男	高三3班	86	90	94	69	339	84.75	5
4	3	孙寺江	男	高三1班	95	89	87	96	367	91.75	1
5	4	李兵	男	高三1班	78	45	76	55	254	63.5	13
6	5	王朝猛	男	高三3班	99	96	82	58	335	83.75	6
7	6	王小芳	女	高三2班	96	86	88	89	359	89.75	2
8	7	郭峰	男	高三3班	56	94	93	84	327	81.75	8
9	8	任春花	女	高三3班	96	64	77	81	318	79.5	9
10	9	方子萍	女	高三2班	51	76	55	79	261	65.25	12
11	10	徐洁	女	高三3班	79	87	69	70	305	76.25	10
12	11	张艳红	女	高三2班	94	90	93	78	355	88.75	3
13	12	程前	男	高三3班	53	90	91	96	330	82.5	7
14	13	李佳政	男	高三1班	67	76	50	90	283	70.75	11

图 4-86 函数计算结果

如果熟悉 RANK.EQ 函数，可直接在单元格 K2 中输入"= RANK.EQ(J2,$J$2:$J$14,0)"，按 Enter 键确认。

3. 排序

1）简单排序

单击"总分"列单元格区域 I2:I14 中的任一单元格，单击"数据 / 排序和筛选 / 降序"按钮，即可完成要求的排序，如图 4-87 所示。

1	序号	姓名	性别	班级	英语	数学	物理	化学	总分	平均分	名次
2	3	孙寺江	男	高三1班	95	89	87	96	367	91.75	1
3	6	王小芳	女	高三2班	96	86	88	89	359	89.75	2
4	11	张艳红	女	高三2班	94	90	93	78	355	88.75	3
5	1	沈时辰	男	高三2班	89	84	90	89	352	88	4
6	2	李光良	男	高三3班	86	90	94	69	339	84.75	5
7	5	王朝猛	男	高三3班	99	96	82	58	335	83.75	6
8	12	程前	男	高三3班	53	90	91	96	330	82.5	7
9	7	郭峰	男	高三3班	56	94	93	84	327	81.75	8
10	8	任春花	女	高三3班	96	64	77	81	318	79.5	9
11	10	徐洁	女	高三3班	79	87	69	70	305	76.25	10
12	13	李佳政	男	高三1班	67	76	50	90	283	70.75	11
13	9	方子萍	女	高三2班	51	76	55	79	261	65.25	12
14	4	李兵	男	高三1班	78	45	76	55	254	63.5	13

图 4-87 按"总分"降序排序结果

2）复杂排序

单击数据清单区域的任一单元格，单击"数据 / 排序和筛选 / 排序"命令，出现"排序"对话框，同时整个数据清单区域被选定。在对话框的"主要关键字"下拉列表框中选择"班级"，在"次序"下拉列表框中选择"升序"，单击"添加条件"按钮，出现"次要关键字"行，在"次要关键字"下拉列表框中选择"总分"，在"次序"下拉列表框中选择"降序"，默认"数据包含标题"复选框被选中，单击"确定"按钮，排序结果如图 4-88 所示。

	A	B	C	D	E	F	G	H	I	J	K
1	序号	姓名	性别	班级	英语	数学	物理	化学	总分	平均分	名次
2	3	孙寺江	男	高三1班	95	89	87	96	367	91.75	1
3	13	李佳政	男	高三1班	67	76	50	90	283	70.75	11
4	4	李兵	男	高三1班	78	45	76	55	254	63.5	13
5	6	王小芳	女	高三2班	96	86	88	89	359	89.75	2
6	11	张艳红	女	高三2班	94	90	93	78	355	88.75	3
7	1	沈时辰	男	高三2班	89	84	90	89	352	88	4
8	9	方子萍	女	高三2班	51	76	55	79	261	65.25	12
9	2	李光良	男	高三3班	86	90	94	69	339	84.75	5
10	5	王朝猛	男	高三3班	99	96	82	58	335	83.75	6
11	12	程前	男	高三3班	53	90	91	96	330	82.5	7
12	7	郭峰	男	高三3班	56	94	93	84	327	81.75	8
13	8	任春花	女	高三3班	96	64	77	81	318	79.5	9
14	10	徐洁	女	高三3班	79	87	69	70	305	76.25	10

图 4-88　按“班级”升序、“总分”降序排序结果

4. 筛选

1）自动筛选

单击数据清单区域的任一单元格，单击“数据 / 排序和筛选 / 筛选”命令，此时，数据清单中每一列的列标题右侧都出现了自动筛选箭头按钮。

2）自定义筛选

单击图 4-89 中“物理”列右侧的自动筛选箭头按钮，弹出一个下拉列表，选择“数字筛选 / 大于或等于”命令，如图 4-89 所示，出现“自定义自动筛选方式”对话框，选择筛选的条件，如图 4-90 所示，单击“确定”按钮。筛选结果如图 4-91 所示。

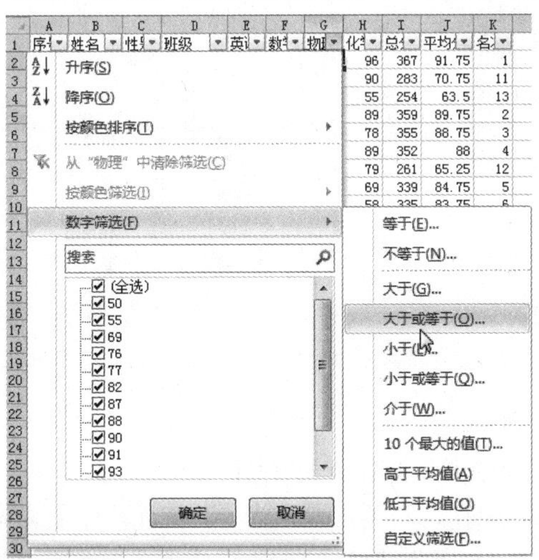

图 4-89　数据的自动筛选

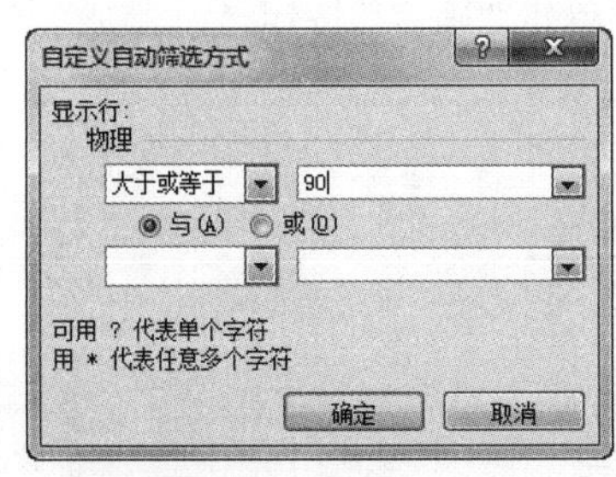

图 4-90　“自定义自动筛选方式”对话框

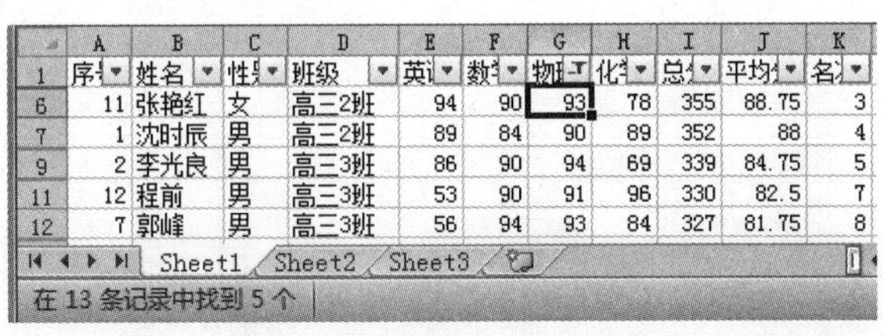

	A	B	C	D	E	F	G	H	I	J	K
1	序号	姓名	性别	班级	英语	数学	物理	化学	总分	平均分	名次
6	11	张艳红	女	高三2班	94	90	93	78	355	88.75	3
7	1	沈时辰	男	高三2班	89	84	90	89	352	88	4
9	2	李光良	男	高三3班	86	90	94	69	339	84.75	5
11	12	程前	男	高三3班	53	90	91	96	330	82.5	7
12	7	郭峰	男	高三3班	56	94	93	84	327	81.75	8

Sheet1　Sheet2　Sheet3

在 13 条记录中找到 5 个

图 4-91　自定义筛选结果

3）高级筛选

（1）单击“数据 / 排序和筛选 / 筛选”命令，取消刚才的自动筛选，显示数据清单中的全部记录。

(2) 构建条件区域:将数据清单的下面几行作为条件区域,在条件区域中输入筛选条件,如图 4-92 所示。

	A	B	C	D	E	F	G	H	I	J	K
1	序号	姓名	性别	班级	英语	数学	物理	化学	总分	平均分	名次
2	3	孙寺江	男	高三1班	95	89	87	96	367	91.75	1
3	6	王小芳	女	高三2班	96	86	88	89	359	89.75	2
4	11	张艳红	女	高三2班	94	90	93	78	355	88.75	3
5	1	沈时辰	男	高三2班	89	84	90	89	352	88	4
6	2	李光良	男	高三3班	86	90	94	69	339	84.75	5
7	5	王朝猛	男	高三3班	99	96	82	58	335	83.75	6
8	12	程前	男	高三3班	53	90	91	96	330	82.5	7
9	7	郭峰	男	高三3班	56	94	93	84	327	81.75	8
10	8	任春花	女	高三3班	96	64	77	81	318	79.5	9
11	10	徐洁	女	高三3班	79	87	69	70	305	76.25	10
12	13	李佳政	男	高三1班	67	76	50	90	283	70.75	11
13	9	方子萍	女	高三2班	51	76	55	79	261	65.25	12
14	4	李兵	男	高三1班	78	45	76	55	254	63.5	13
15											
16					英语				总分		
17					>60				>320		

图 4-92　构建条件区域

(3) 单击数据清单内的任一单元格,单击"数据 / 排序和筛选 / 高级"命令,弹出"高级筛选"对话框,如图 4-93 所示。在对话框的"方式"选项组中选择筛选结果的存放位置,单击对话框中的两个折叠按钮,分别选择"列表区域"为"$A$1:$K$14","条件区域"为"Sheet1! $E$16:$I$17",单击"确定"按钮。筛选结果如图 4-94 所示。

图 4-93　"高级筛选"对话框

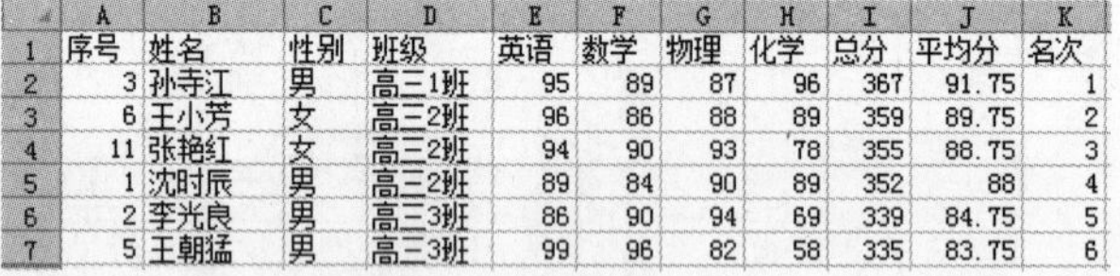

	A	B	C	D	E	F	G	H	I	J	K
1	序号	姓名	性别	班级	英语	数学	物理	化学	总分	平均分	名次
2	3	孙寺江	男	高三1班	95	89	87	96	367	91.75	1
3	6	王小芳	女	高三2班	96	86	88	89	359	89.75	2
4	11	张艳红	女	高三2班	94	90	93	78	355	88.75	3
5	1	沈时辰	男	高三2班	89	84	90	89	352	88	4
6	2	李光良	男	高三3班	86	90	94	69	339	84.75	5
7	5	王朝猛	男	高三3班	99	96	82	58	335	83.75	6

图 4-94　高级筛选结果

5. 分类汇总

(1) 单击"数据 / 排序和筛选 / 清除"命令,显示数据清单中的全部记录。

(2) 按关键字"班级"升序对数据清单进行排序。

(3) 选择"数据 / 分级显示 / 分类汇总"命令,出现"分类汇总"对话框,选择"分类字段"为"班级","汇总方式"为"平均值","选定汇总项"为"英语""数学""物理""化学",选中"汇总结果显示在数据下方"复选框,如图 4-95 所示,单击"确定"按钮。

分类汇总结果如图 4-96 所示。

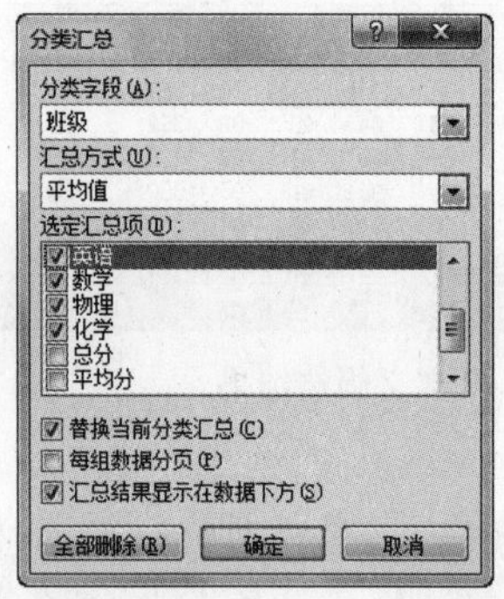

图 4-95　"分类汇总"对话框

	A	B	C	D	E	F	G	H	I	J	K
1	序号	姓名	性别	班级	英语	数学	物理	化学	总分	平均分	名次
2	3	孙寺江	男	高三1班	95	89	87	96	367	91.75	1
3	13	李佳政	男	高三1班	67	76	50	90	283	70.75	11
4	4	李兵	男	高三1班	78	45	76	55	254	63.5	13
5				**高三1班**	80	70	71	80.33			
6	6	王小芳	女	高三2班	96	86	88	89	359	89.75	2
7	11	张艳红	女	高三2班	94	90	93	78	355	88.75	3
8	1	沈时辰	男	高三2班	89	84	90	89	352	88	4
9	9	方子萍	女	高三2班	51	76	55	79	261	65.25	12
10				**高三2班**	82.5	84	81.5	83.75			
11	2	李光良	男	高三3班	86	90	94	69	339	84.75	5
12	5	王朝猛	男	高三3班	99	96	82	58	335	83.75	6
13	12	程前	男	高三3班	53	90	91	96	330	82.5	7
14	7	郭峰	男	高三3班	56	94	93	84	327	81.75	8
15	8	任春花	女	高三3班	96	64	77	81	318	79.5	9
16	10	徐洁	女	高三3班	79	87	69	70	305	76.25	10
17				**高三3班**	78.17	86.83	84.33	76.33			
18				**总计平均**	79.92	82.08	80.38	79.54			

图 4-96　分类汇总结果

归纳总结

通过本任务的练习，进一步掌握数据清单的排序、筛选和分类汇总等操作。

任务六　创建图表并打印输出

任务描述与分析

Excel 图表可以将数据图形化，更直观地显示数据，使数据的趋势变得一目了然，方便统计分析。

在制作完一张工作表后，根据需要可将它打印出来，在打印之前要对文件进行页面设置，包括纸张大小、页边距、页眉 / 页脚设置等，然后使用“打印预览”窗口查看打印效果，直到效果满意时再打印。

本任务要求用户熟悉图表的创建和编辑，并能对工作表及图表进行页面设置及打印。具体要求如下：

（1）打开任务三的“快乐电视台一季度广告收入统计表”，选择 A3:D7 生成图表，要求“图表类型”为“簇状柱形图”，以频道为 *X* 轴上的项，每个频道每个月的广告收入为 *Y* 轴上的项，图表标题为“快乐电视台广告收入统计图”。

（2）将生成图表的 *X* 轴对齐方式设为“45°”，图例的字体改为“华文彩云”。

（3）对该工作表进行如下页面设置：

① 纸张大小为 A4，方向为横向。

② 上、下页边距都为 2 厘米，页眉和页脚距上、下边界的距离都为 1.5 厘米，水平居中对齐。

③ 设置页眉格式为“第 1 页，共 ? 页”。

④ 在第 20 行之后插入水平分页符，在第 M 列之后插入垂直分页符。

（4）页面设置完成后，进行打印。

实现方法

1. 创建图表

1）选择图表类型

创建图表前，通常先选择生成图表的源数据，本任务中选择 A3:D7，如图 4-97 所示，单击“插入 / 图表”组中的一种图表类型，如“柱形图”中的“簇状柱形图”，如图 4-98 所示。

	A	B	C	D	E	F
1	快乐电视台一季度广告收入统计表					
2				单位：	（万元）	
3	频道	一月	二月	三月	一季度	百分比
4	综合	500	360	900	1760	0.10
5	影视	1000	900	1200	3100	0.17
6	生活	2500	3000	3600	9100	0.51
7	体育	1000	860	1900	3760	0.21
8	合计	5000	5120	7600	17720	

图 4-97　数据表

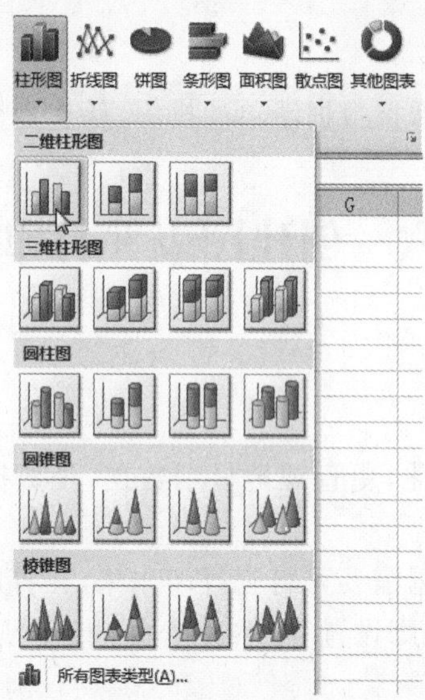

图 4-98　选择图表类型

Excel 2010 提供了 11 种标准图表类型。每一种图表类型又分为多个子类型，可以根据需要选择不同的图表类型表现数据。常见的图表类型有柱形图、条形图、折线图、饼图、面积图等。

这样，生成了初步的图表，并出现“图表工具”功能区，如图 4-99 所示。

图 4-99　“图表工具”功能区

2）选择图表源数据

在“图表工具 / 设计”选项卡中，单击“数据 / 选择数据”命令，出现“选择数据源”对话框，如图 4-100 所示，如果图表数据源不符合要求，可以在“图表数据区域”框中直接输入数据区域的单元格地址范围，或单击输入框的折叠按钮，然后用鼠标在工作表中拖曳选定数据区域。

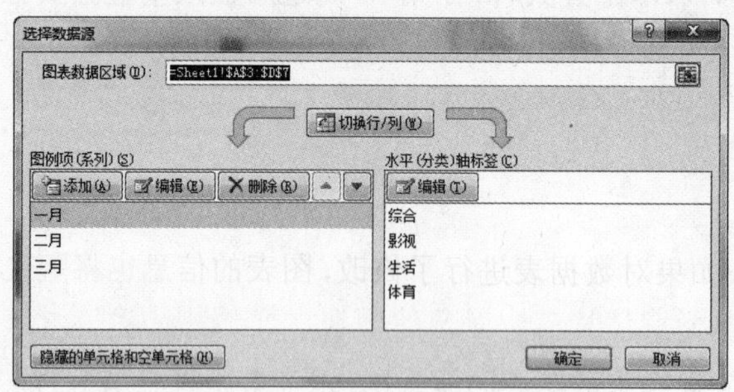

图 4-100　“选择数据源”对话框

3）设置图表选项

单击“图表工具 / 设计 / 图表布局”组中的任一布局，本任务中选择“布局 1”，将图表标题改为“快乐电视台广告收入统计图”。

4）选择图表的位置

在“图表工具 / 设计”选项卡中，单击“位置 / 移动图表”命令，出现“移动图表”对话框，如图 4-101 所示，可选择放置图表的位置。图表按放置位置可分为两种类型：一种是作为一个对象与其相关的工作表数据存放在同一工作表中，这种图表称为嵌入式图表；另一种是以一个工作表的形式插在工作簿中，称为独立图表。

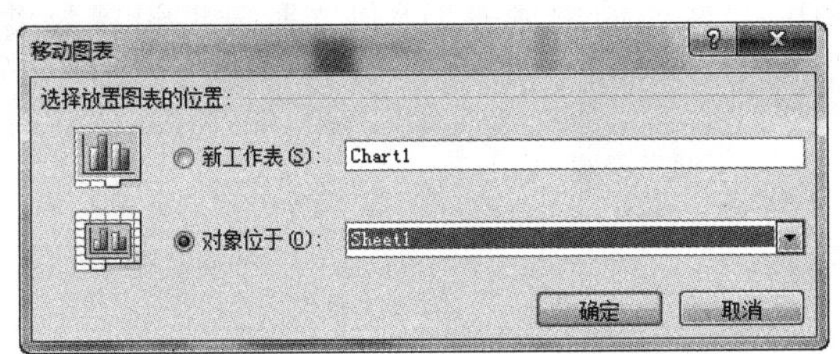

图 4-101　“移动图表”对话框

这样，一个图表就基本创建完成了，从图 4-102 生成的图表中可以看出，一个图表主要由以下几部分构成：

（1）图表标题：描述图表的名称，默认在图表的顶端，可有可无。

（2）数据系列：数据系列是一组相关的数据，通常对应工作表中选定区域的一行或一列数据。

（3）数据标记：一个数据标记对应于工作表中一个单元格的具体数值。数据标记在图表中的表现形式可以是柱形、折线、扇形等。

（4）图例：包含图表中相应的数据系列的名称和数据系列在图表中的颜色。

（5）坐标轴与坐标轴标题：坐标轴标题是 X 轴与 Y 轴的名称，可有可无。Y 轴为图表中的数据标记提供计量和比较的参照轴。

（6）绘图区：以坐标轴为界的区域。

（7）网格线：从坐标轴刻度线延伸出来并贯穿整个绘图区的线条系列，可有可无。

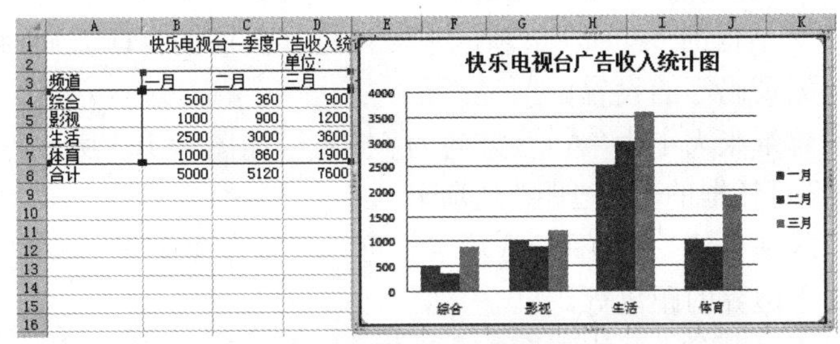

图 4-102　生成图表

2. 编辑图表

图表创建完成后，如果对数据表进行了修改，图表的信息也将随之更新。图表的选择、移动、复制、删除等操作与学习情境三中对象的操作一样，不再重复介绍。

1）删除图表数据系列

如果要同时删除工作表和图表中的数据，只要删除工作表中的数据，图表就会自动更新。如果只是从图表中删除数据，则在图表上单击所要删除的数据系列，按 Delete 键即可完成。

2）格式化图表

选中了一个图表后，利用“图表工具”功能区或右击图表区域弹出的快捷菜单，可以对图表进行格式化。

图表格式的设置主要包括对标题、坐标轴、图例、网格线等区域进行颜色、图案、线型、填充效果、边框等的设置。

在本任务中，双击图表的 X 轴，打开“设置坐标轴格式”对话框，如图 4-103 所示，将图表 X 轴的对齐方式设为自定义角度“45°”。右击图表中的图例，在快捷菜单中选择“字体”，在弹出的“字体”对话框中，将图例的字体改为“华文彩云”，设置效果如图 4-104 所示。

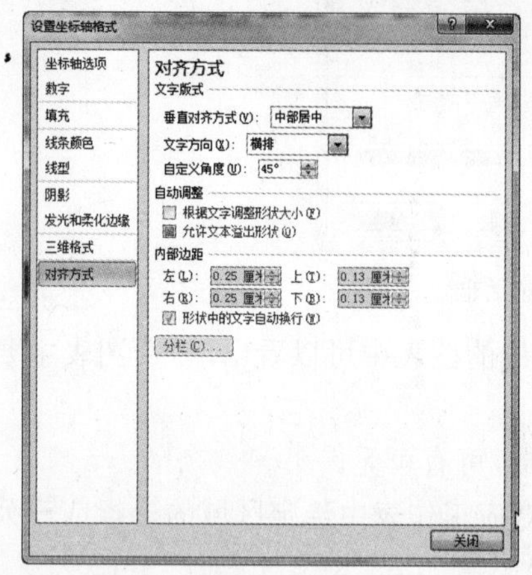

图 4-103　“设置坐标轴格式”对话框

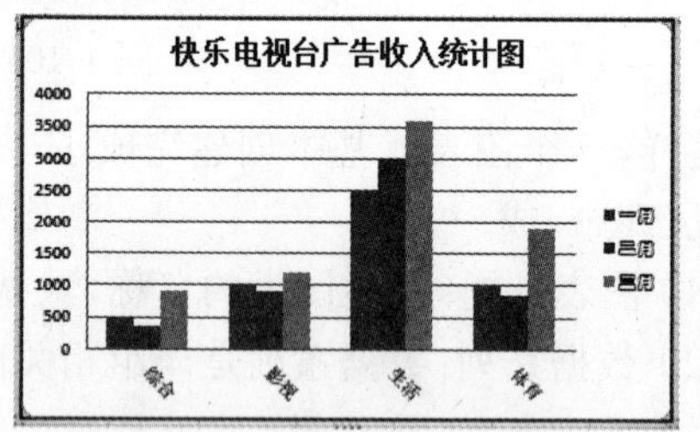

图 4-104　格式化后的图表示例

3. 设置打印格式

工作表在打印之前，首先要做好页面设置和分页的工作。

1）**页面设置**

单击“页面布局 / 页面设置”组的扩展按钮，出现“页面设置”对话框，包括“页面”“页边距”“页眉 / 页脚”和“工作表”等选项卡。

（1）“页面设置”对话框的“页面”选项卡。

在“页面设置”对话框的“页面”选项卡中可以进行页面的打印方向、缩放比例、纸张大小以及打印质量、起始页码等的设置。

在本任务中，设置纸张大小为“A4”，方向为“横向”，如图 4-105 所示。

（2）“页面设置”对话框的“页边距”选项卡。

在“页面设置”对话框的“页边距”选项卡中可以设置页面中正文与页面边缘的距离，以及页眉和页脚距上、下边界的距离等。

在“页面设置”对话框的“页边距”选项卡中设置上、下页边距均为 2 厘米，页眉和页脚距上、下边界的距离均为 1.5 厘米，居中方式为“水平”，如图 4-106 所示。

图 4-105　“页面设置”对话框的“页面”选项卡

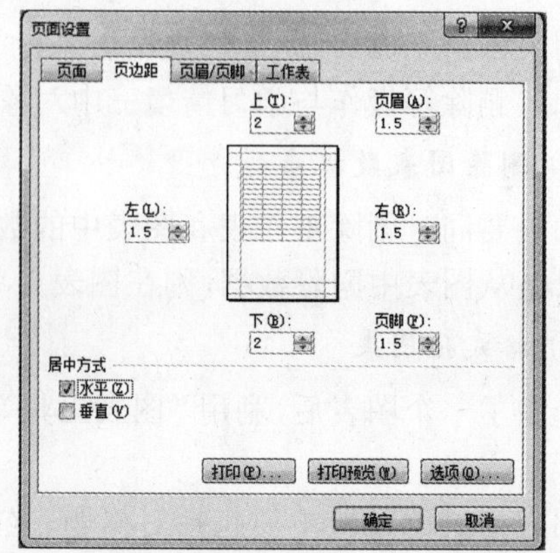

图 4-106　“页面设置”对话框的“页边距”选项卡

（3）“页面设置”对话框的“页眉 / 页脚”选项卡。

所谓页眉和页脚是打印在工作表每页顶端和底端的叙述性文字，单击“页面设置”对话框的“页眉 / 页脚”选项卡，可以在“页眉”和“页脚”下拉列表框中选择内置的页眉和页脚格式。

在本任务中，选择页眉为“第 1 页，共 ? 页”，如图 4-107 所示。

如果要自定义页眉或页脚，还可以单击“页面设置”对话框中的“自定义页眉”或“自定义页脚”按钮，在打开的对话框中完成所需的设置。

如果要删除页眉或页脚，则选定要删除页眉或页脚的工作表，在“页面设置”对话框的“页眉 / 页脚”选项卡的“页眉”或“页脚”下拉列表框中选择“（无）”，表明不使用页眉或页脚。

（4）“页面设置”对话框的“工作表”选项卡。

在图 4-108 所示的“页面设置”对话框的“工作表”选项卡中可以进行如下设置：

① 打印区域：若不设置，Excel 2010 会自动选择工作表中有文字的最大行和列进行打印；若需设置，可直接在“打印区域”框中输入打印区域的单元格地址，也可通过“打印区域”框右侧的折叠按钮在工作表中用鼠标拖动选定打印区域。

② 打印标题：当打印一个较长的工作表时，常常需要在每一页上重复打印行或列标题。如果要设定在每页上端重复打印标题行，则在“顶端标题行”框中输入标题行的行号，如顶端标题行为第 1 行，则输入“$1:$1”；如果要设定在每页左端重复打印标题列，则在“左端标题列”框中输入标题列的列标。也可通过折叠按钮在工作表中用鼠标拖动的方式选定标题行或列。

③ 打印顺序：设置打印顺序是“先列后行”还是“先行后列”。

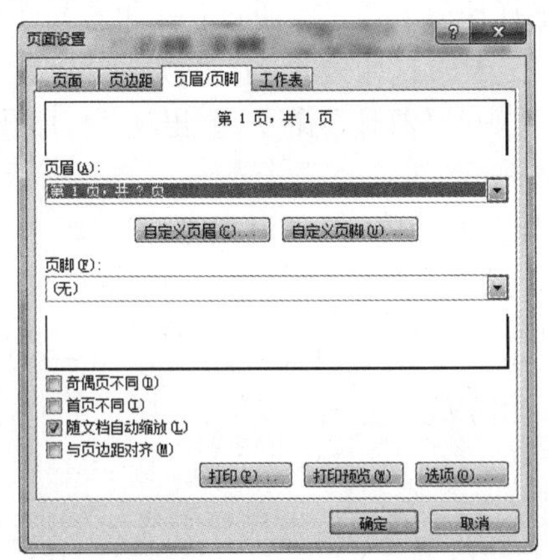

图 4-107　“页面设置”对话框的“页眉 / 页脚”选项卡

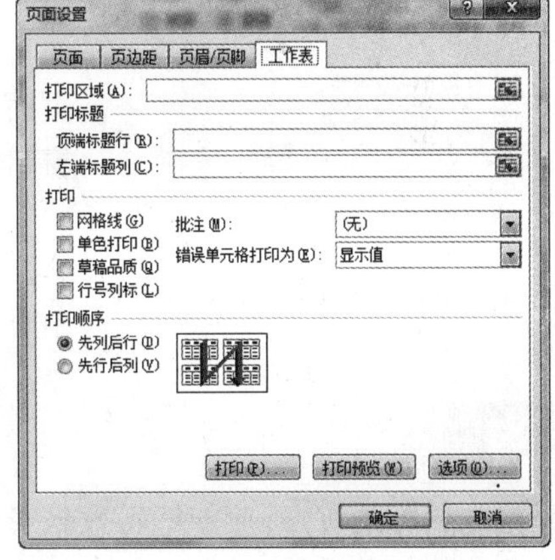

图 4-108　“页面设置”对话框的“工作表”选项卡

2）使用分页符

如果需要打印的工作表中的内容不止一页，Excel 会自动插入分页符，将工作表分成多页。这些分页符的位置取决于纸张的大小、页边距的设置和设定的打印比例。当用户有特别需要时，可以通过插入水平分页符来改变页面上数据行的数量，也可以通过插入垂直分页符来改变页面上数据列的数量。

（1）插入水平分页符。

单击新起页第 1 行所对应的行号，选择“页面布局 / 页面设置 / 分隔符 / 插入分页符”

命令。

（2）插入垂直分页符。

单击新起页第1列所对应的列标，选择“页面布局 / 页面设置 / 分隔符 / 插入分页符”命令。

在本任务中，单击第21行的行号和第N列的列标，选择“页面布局 / 页面设置 / 分隔符 / 插入分页符”命令，则在第20行之后插入水平分页符，在第M列之后插入垂直分页符。

（3）移动分页符。

选择“视图 / 工作簿视图 / 分页预览”命令，进入分页预览视图后可以看到蓝色的框线，这些框线就是分页符，可以拖动分页符来改变分页的位置。

（4）删除分页符。

如果要删除一个人工插入的水平或垂直分页符，则单击水平分页符下方或垂直分页符右侧的单元格，选择“页面布局 / 页面设置 / 分隔符 / 删除分页符”命令，也可在分页预览视图中将分页符拖到打印区域外来删除分页符。

如果希望删除工作表中所有的人工分页符，只需选择“页面布局 / 页面设置 / 分隔符 / 重设所有分页符”命令即可。

图 4-109 “打印预览”窗口

4. 打印

Excel 2010采用了“所见即所得”的技术，我们可以对一个工作表在打印输出之前，通过“打印预览”窗口在屏幕上观察工作表的打印效果，若不满意可重新进行页面设置。单击“文件 / 打印”命令，会出现“打印预览”窗口，如图4-109所示。

在“打印预览”窗口中，可以设置打印范围、打印内容、打印份数等。设置完成后单击“打印”按钮即可开始打印。

归纳总结

通过本任务的练习，应能够将数据表转化成图表，以便更直观地进行分析统计，以及熟悉工作表打印的相关设置。

课后习题

一、填空题

1. 活动单元格的地址显示在__________中。
2. 数据筛选的方法有__________和__________两种。
3. 在Excel 2010中可设置的打印方向有__________和__________两种。

4. 用鼠标拖动单元格的内容复制到另一个单元格中时应同时按下__________键。

5. 要在活动单元格中引用A2单元格地址，绝对引用形式为______________，相对引用形式为__________。

6. 将C2单元格中的公式“= A2－$B3＋C1”复制到D4单元格，则D4单元格中的公式是__________。

7. COUNT(2,1,"A") 的值为__________。

8. ROUND(3.1415,1) 的值是__________。

二、单项选择题

1. 启动Excel 2010后，会自动创建一个新的工作簿，默认的文件名为____。

A. 工作簿1　B. 文档1　C. Sheet1　D. Book1

2. 在Excel 2010中的一个工作簿文件中，最多可容纳工作表的个数为____。

A. 3　B. 128　C. 255　D. 256

3. Excel 2010工作表最多可有____列。

A. 65 535　B. 25　C. 16 384　D. 128

4. 在Excel 2010中，为节省设计工作簿格式的时间，可利用____快速建立工作簿。

A. 超链接　B. 模板　C. 工作簿　D. 图表

5. 在Excel 2010中，输入分数1/3的方法是____。

A. 直接输入1/3

B. 先输入一个0，再输入1/3

C. 先输入一个0，再输入一个空格，最后输入1/3

D. 以上方法都不对

6. 在Excel 2010中，可使用组合键____在活动单元格内输入当天的日期。

A. Ctrl＋;　B. Ctrl＋Shift＋;

C. Alt＋;　D. Alt＋Shift＋;

7. 在Excel 2010的活动单元格中，要输入电话号码“01081234567”，应该在前面加上____。

A. 0和空格　B. '

C. 0　D. ;

8. 在Excel 2010中，工作簿存盘时默认的文件扩展名是____。

A. dbf　B. xlsx　C. docx　D. txt

9. 要在Excel 2010的某单元格内输入小于100的数据，并设置如超出范围就出现错误提示，可使用____。

A.“数据 / 数据工具 / 数据有效性”命令

B.“开始 / 单元格 / 格式”命令

C.“开始 / 样式 / 条件格式”命令

D.“开始 / 样式 / 单元格样式”命令

10. 在Excel 2010的工作表中，选择单元格区域后，其中活动单元格是指____。

A. 一列单元格　B. 一行单元格

C. 一个单元格　D. 被选择的单元格区域

11. 在Excel 2010中，单元格区域“A1:B3,B2:E5”包含____个单元格。

A. 2　B. 22　C. 20　D. 25

12. 在 Excel 2010 中,选取整个工作表的方法是____。

A. 单击工作表标签

B. 单击工作表的“全选”按钮

C. 单击 A1 单元格,然后按住 Shift 键单击当前屏幕右下角的单元格

D. 单击 A1 单元格,然后按住 Ctrl 键单击工作表右下角的单元格

13. 在 Excel 2010 中,选定一个单元格后按 Delete 键,将被删除的是____。

A. 单元格　　B. 单元格中的内容

C. 单元格的内容及格式等　　D. 单元格所在的行

14. 在 Excel 2010 工作表中,只复制单元格的批注信息,可通过____来实现。

A. 选择性复制　　B. 部分复制

C. 选择性粘贴　　D. 部分粘贴

15. 在 Excel 2010 中按文件名查找时,可用____代替任意单个字符。

A. ?　　B. *　　C. !　　D. %

16. 在 Excel 2010 中,对数据库进行分类汇总之前必须先____。

A. 使数据库中的数据无序

B. 设置筛选条件

C. 对数据库的分类字段进行排序

D. 使用记录单

17. 在 Excel 2010 中,能够快速复制数据格式的是____。

A. 单元格格式　　B. “格式刷”按钮

C. 自动套用格式　　D. “复制”命令

18. 选取单元格区域 A1:B6,单击“格式刷”按钮,然后选择 C3 单元格,则单元格区域 A1:B6 的格式被复制到____中。

A. 单元格 C3　　B. 单元格区域 C3:C8

C. 单元格区域 C3:D8　　D. 单元格区域 C3:D3

19. Excel 2010 提供了很多已经设置好的表格格式,可以方便地选择所需样式,套用到选定的工作表单元格区域,这称为____。

A. 自动套用格式　　B. 单元格格式

C. 表格格式　　D. 数据样式

20. 在 Excel 2010 中打印学生成绩单时,对不及格的成绩用醒目的方式表示(如用红色表示等),当要处理大量的学生成绩时,利用____命令最为方便。

A. 查找　　B. 条件格式

C. 数据筛选　　D. 定位

21. 在 Excel 2010 中,不能复制工作表的操作是____。

A. 使用“开始 / 单元格 / 格式 / 移动或复制工作表”命令

B. 使用“复制”和“粘贴”命令

C. 按住 Ctrl 键,用鼠标左键拖放

D. 用鼠标右击工作表标签,从快捷菜单中选择“移动或复制”命令

22. 在 Excel 2010 中,输入公式时必须以____开头。

A. "　　B. =　　C. －　　D. !

23. 在向 Excel 2010 工作表的单元格中输入公式时，运算符有优先顺序，下列说法错误的是____。

A. 百分比优先于乘方

B. 乘和除优先于加和减

C. 连接符优先于比较运算符

D. 乘方优先于负号

24. 在 Excel 2010 中，已知 B3 和 B4 单元格中的内容分别为“中国”和“济南”，要在 B1 单元格中显示“中国济南”，可在 B1 单元格中输入公式____。

A. = B3＋B4　　B. = B3－B4

C. = B3&B4　　D. = B3$B4

25. 在 Excel 2010 中，如在 A4 单元格中输入公式“= 100>100”，确认后的结果是____。

A. 200　　B. 0

C. TRUE　　D. FALSE

26. 当向 Excel 2010 工作表的单元格中输入公式时，使用单元格地址 D$2 引用第 D 列第 2 行单元格，该单元格地址的引用称为____。

A. 交叉引用　　B. 混合引用

C. 相对引用　　D. 绝对引用

27. 在 Excel 2010 中，对单元格地址的绝对引用，正确的方法是____。

A. 在单元格地址前加“$”

B. 在单元格地址后加“$”

C. 在单元格地址的列标和行号前分别加“$”

D. 在单元地址的列标和行号间加“$”

28. 在 Excel 2010 的公式运算中，如果要引用第 6 行的绝对地址、第 D 列的相对地址，则地址表示为____。

A. D$6　　B. D6　　C. $D$6　　D. $D6

29. 在 Excel 2010 中使用函数时，多个函数参数之间必须用____分隔。

A. 圆点　　B. 逗号　　C. 分号　　D. 竖线

30. 在单元格中输入“= AVERAGE(10, －3)－PI()”，则该单元格显示的值____。

A. 大于零　　B. 小于零

C. 等于零　　D. 不确定

31. 在 Excel 2010 中，如果要求 A1，A2，A3 单元格中数据的平均值，下列公式中错误的是____。

A. = (A1＋A2＋A3)/3

B. = SUM(A1:A3)/3

C. = AVERAGE(A1:A3)

D. = AVERAGE(A1:A2:A3)

32. 在 Excel 2010 中输入公式时，如出现“#REF!”提示，表示____。

A. 运算符号有错　　B. 没有可用的数值

C. 某个数字出错　　D. 引用了无效的单元格

33. Excel 2010 的数据清单的列相当于数据库的____。

A. 字段　　B. 记录
C. 顺序　　D. 列标

34. 在工资表中要单独显示“实发工资”大于 1 000 的每条记录,下列命令能实现的是____。

A. 使用“数据 / 分级显示 / 分类汇总”命令
B. 使用“数据 / 排序和筛选 / 排序”命令
C. 使用“开始 / 样式 / 单元格样式”命令
D. 使用“记录单”对话框

35. 筛选是____。

A. 把数据清单中的数据分门别类地进行处理,可自动进行多种计算
B. 根据给定的条件,从数据清单中找出满足条件的记录,不满足条件的记录直接被删除
C. 根据给定的条件,从数据清单中找出并显示满足条件的记录,不满足条件的记录被隐藏
D. 把数据清单中的数据分门别类地进行处理,可通过公式的方式进行多种计算

三、多项选择题

1. 以下退出 Excel 2010 的方法正确的有________。

A. 按 Alt+F4 组合键
B. 单击 Excel 2010 应用程序窗口右上角的“关闭”按钮
C. 单击 Excel 2010 应用程序窗口左上角的控制菜单图标,选择“关闭”
D. 单击“文件”选项卡中的“退出”命令

2. 某区域由 A1, A2, A3, B1, B2, B3 六个单元格组成,下列能表示该区域的是________。

A. A1:B3　　B. A3:B1
C. B3:A1　　D. A1:B1

3. 在 Excel 2010 中,要选定 B2:E6 单元格区域可以先选择 B2 单元格,然后________。

A. 按住鼠标右键拖动到 E6 单元格
B. 按住 Shift 键的同时,单击 E6 单元格
C. 按住鼠标左键拖动到 E6 单元格
D. 按住 Ctrl 键的同时,单击 E6 单元格

4. 在 Excel 2010 中,可以实现的操作是________。

A. 反向选定单元格的区域
B. 选定不相邻的行
C. 选定不相邻的工作表
D. 选定多列

5. 在 Excel 中,通过________可以将整个工作表全部选中。

A. 单击“全选”按钮
B. 按 Ctrl+A 键
C. 单击工作表标签
D. 单击“视图”选项卡中的“全选”命令

6. Excel 2010 提供的单元格中数据的垂直对齐方式有________。

A. 常规　　B. 居中
C. 两端对齐　　D. 分散对齐

7. 在 Excel 2010 中，修改工作表名称的操作可以从________工作表标签开始。

A. 用鼠标左键单击　　B. 用鼠标右键单击

C. 用鼠标左键双击　　D. 按住 Ctrl 键单击

8. Excel 2010 中，公式 SUM(A1:A4) 等价于________。

A. SUM(A1:A3,A4)

B. SUM(A1＋A4)

C. SUM(A1＋A2,A3＋A4)

D. SUM(A1,A4)

9. Excel 2010 中的图表创建后，可以对________进行修改。

A. 图表大小　　B. 图表数据区域

C. 图表名称　　D. 图表所在位置

E. 图表类型

10. 下列________是调整行高的方法。

A. 拖动行号的下边界

B. 选定待调整行高的行中的任一单元格，单击“开始 / 单元格 / 格式 / 行高”命令

C. 复制行高

D. 双击行号下方的边界，使行高适合单元格中的内容

11. Excel 2010 的工作表管理包括________。

A. 删除工作表到回收站

B. 彻底删除工作表

C. 重命名工作表

D. 移动工作表

12. 关于 Excel 2010 中的工作表，下列说法正确的是________。

A. 各个工作表可以相互独立

B. 一个工作表就是一个“.xlsx”文件

C. 可以根据需要给工作表重命名

D. 一个工作簿中建立的工作表的数量是有限的

四、判断题

1. 在 Excel 2010 中，工作表的列标以 A，B，C…字母形式表示，其中第 30 列的列标为 AD。（　）

2. 在 Excel 2010 中，输入的数值型数据在单元格中自动右对齐。（　）

3. Excel 2010 的每个单元格都可以保存不同类型的数据和公式。（　）

4. 在 Excel 2010 中，如果要将已存在的工作簿另存为一个文件，可以选择“文件”选项卡中的“保存”命令。（　）

5. 在 Excel 2010 中，单击某行的行号可以选择整行。（　）

6. 在 Excel 2010 中，B3:D8 与 D3:B8 代表同一单元格区域。（　）

7. 在 Excel 2010 中，可以预先设置某一个单元格允许输入的数据类型。（　）

8. Excel 2010 工作表窗口只能水平拆分。（　）

9. 在 Excel 2010 中，可通过“开始 / 编辑 / 查找和选择”命令实现对单元格中数据的查找或替换操作。（　）

10. Excel 2010 工作表中的列宽和行高是可以改变的。（　）

11. 在 Excel 2010 中，当用户调整某行的高度时，双击该行的上边界即可实现，双击下边界无效。（ ）

12. Excel 2010 中，用快速访问工具栏的“撤销”按钮可以恢复被删除的工作表。（ ）

13. 在 Excel 2010 所选单元格中创建公式，应先键入“;”。（ ）

14. Excel 2010 中，混合引用的单元格地址不会随着公式位置的改变而改变。（ ）

15. Excel 2010 中，数据清单使用行号来查找和组织数据。（ ）

16. 在 Excel 2010 中，可以按多个字段进行分类汇总。（ ）

17. 建立图表时，数据源必须为相邻的单元格区域。（ ）

五、操作题

1. 操作文件“工资表”如图 4-110 所示，请完成以下操作：

	A	B	C	D	E	F	G	H	I	J	K	L	M
1	工资表												
2	序号	姓名	性别	岗位工资	薪级工资	岗位津贴	住房补贴	其他补贴	扣税金	扣考勤	扣其他	应发工资	实发工资
3	050812002	张小敏	女	680	643	440	463	300	123	0	200		
4	050812005	王楠南	男	960	673	660	580	320	156	0	0		
5	050812006	刘紧珂	男	1024	760	800	680	340	240	0	0		
6	050812009	刘小林	男	960	643	660	580	360	160	0	320		
7	050812010	李小玉	女	960	610	660	580	310	154	0	0		
8	050812021	王子森	男	680	510	440	450	280	110	0	100		
9	050812011	张玉宁	女	1024	760	800	680	360	246	0	0		
10	050812012	张一林	男	960	580	660	580	300	148	0	360		
11	050812014	刘成飞	男	680	540	440	463	300	110	0	0		
12	050812015	陈林	女	550	500	400	450	243	148	0	0		

图 4-110 操作文件“工资表”

（1）将第一行内容作为表格标题居中，字体设置为隶书、20 磅。

（2）用公式计算应发工资（岗位工资＋薪级工资＋岗位津贴＋住房补贴＋其他补贴）和实发工资（应发工资－扣税金－扣考勤－扣其他），为“应发工资”和“实发工资”列填充数据。

（3）按“岗位工资”降序排序，“岗位工资”相同时再按“薪级工资”降序排序。

（4）给单元格区域 A2:M12 中的所有单元格加上细边框线。

（5）将工作表 Sheet1 改名为“工资表”。

2. 操作文件“学生成绩统计表”如图 4-111 所示，请完成以下操作：

	A	B	C	D	E	F	G	H	I
1	学生成绩统计表								
2	学号	姓名	性别	班级	英语	体育	数学	物理	总分
3	2003001	陈小峰	男	北营051	92	93	85	98	
4	2003002	沈时辰	男	机械051	89	82	84	90	
5	2003003	李光良	男	机械051	86	93	90	94	
6	2003004	孙寺江	男	北营051	95	91	89	87	
7	2003005	李兵	男	北营051	78	86	92	60	
8	2003006	王朝猛	男	北营051	99	83	96	82	
9	2003007	王小芳	女	机械051	96	82	86	88	
10	2003008	张慧	女	机械051	99	88	93	92	
11	2003009	郭峰	男	营销051	88	92	94	93	
12	2003010	任春花	女	北营051	96	93	64	77	
13	2003011	方子萍	女	北营051	85	90	76	82	
14	2003012	徐洁	女	机械051	79	94	87	91	
15	2003013	张艳红	女	营销051	94	87	90	93	
16	2003014	李娟	女	信息052	91	60	73	82	
17	2003015	宋大远	男	营销051	84	82	98	93	
18	2003016	程前	男	信息052	84	88	80	91	
19	2003017	王子荐	男	信息052	99	92	95	86	
20	2003018	李佳政	男	信息052	67	93	76	83	

图 4-111 操作文件“学生成绩统计表”

（1）将表格标题设置为黑体、20 磅、红色。

（2）删除表格中的“体育”成绩列，并将所有“英语”成绩设置为红色字体，“数学”成绩设置为绿色字体。

（3）计算每个学生的“总分”，按“班级”升序排序，“班级”相同时再按“总分”降序排序。

（4）使单元格区域 A2:I20 中的所有数据水平居中。

（5）将单元格区域 A2:I20 中的所有列的列宽设置为 8，所有行的行高设置为 20。

（6）将工作表 Sheet2 和 Sheet3 删除。

3．请根据“图书销售数据报表.xlsx”工作簿中的“订单明细表”“编号对照”“统计报告”工作表（如图 4-112、图 4-113、图 4-114 所示），按照如下要求完成统计和分析工作：

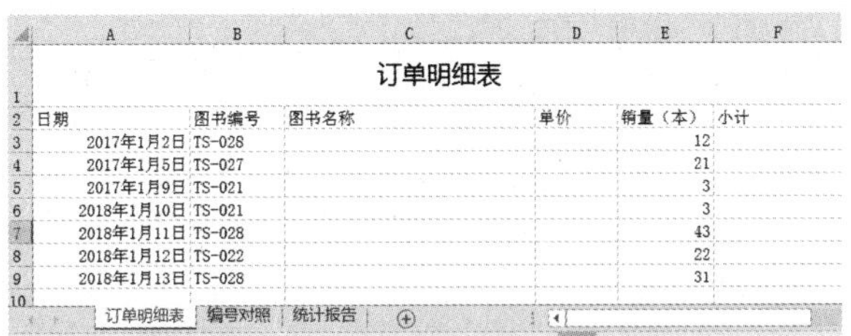

订单明细表

日期	图书编号	图书名称	单价	销量（本）	小计
2017年1月2日	TS-028			12	
2017年1月5日	TS-027			21	
2017年1月9日	TS-021			3	
2018年1月10日	TS-021			3	
2018年1月11日	TS-028			43	
2018年1月12日	TS-022			22	
2018年1月13日	TS-028			31	

图 4-112　“订单明细表”工作表

图书编号对照表

图书编号	图书名称	定价
TS-021	《计算机基础》	36
TS-022	《Photoshop应用》	34
TS-027	《数据库设计》	40
TS-028	《Office高级应用》	39

图 4-113　“编号对照”工作表

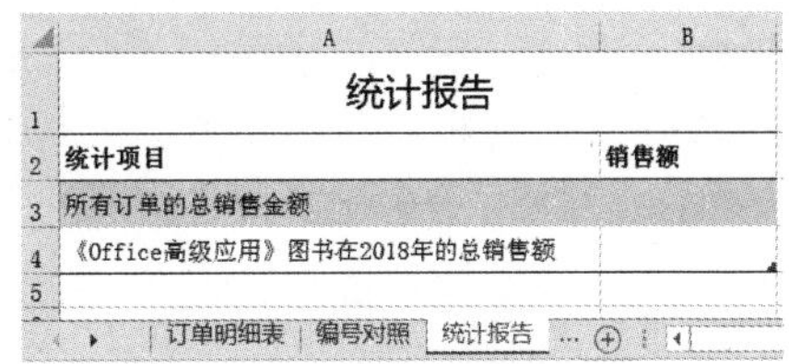

统计报告

统计项目	销售额
所有订单的总销售金额	
《Office高级应用》图书在2018年的总销售额	

图 4-114　“统计报告”工作表

（1）根据图书编号，在“订单明细表”工作表的“图书名称”列中，使用 VLOOKUP 函数完成“图书名称”列的自动填充。“图书名称”和“图书编号”的对应关系在“编号对照”工作表中。

（2）根据图书编号，在“订单明细表”工作表的“单价”列中，使用 VLOOKUP 函数完成图书单价的自动填充。“单价”和“图书编号”的对应关系在“编号对照”工作表中。

（3）在“订单明细表”工作表的“小计”列中，计算每笔订单的销售额。

（4）根据“订单明细表”工作表中的销售数据，统计所有订单的总销售金额，并将其填写在“统计报告”工作表的 B3 单元格中。

（5）根据“订单明细表”工作表中的销售数据，统计《Office 高级应用》图书在 2018 年的总销售额，并将其填写在“统计报告”工作表的 B4 单元格中。

完成的效果图如图 4-115、图 4-116 所示。

订单明细表

日期	图书编号	图书名称	单价	销量（本）	小计
2017年1月2日	TS-028	《Office高级应用》	¥39.00	12	¥468.00
2017年1月5日	TS-027	《数据库设计》	¥40.00	21	¥840.00
2017年1月9日	TS-021	《计算机基础》	¥36.00	3	¥108.00
2018年1月10日	TS-021	《计算机基础》	¥36.00	3	¥108.00
2018年1月11日	TS-028	《Office高级应用》	¥39.00	43	¥1,677.00
2018年1月12日	TS-022	《Photoshop应用》	¥34.00	22	¥748.00
2018年1月13日	TS-028	《Office高级应用》	¥39.00	31	¥1,209.00

图 4-115　“订单明细表”完成效果

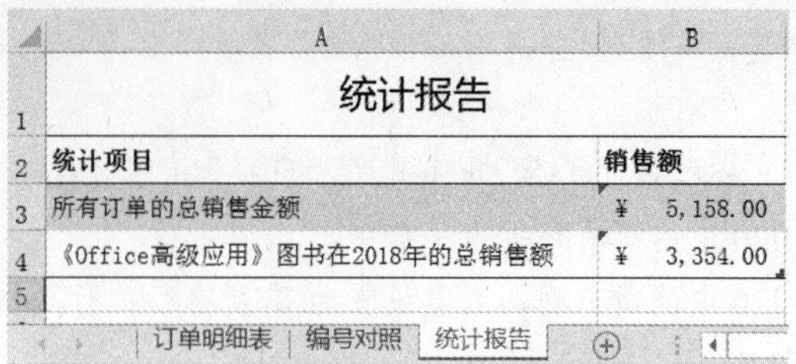

统计报告	
统计项目	销售额
所有订单的总销售金额	¥ 5,158.00
《Office高级应用》图书在2018年的总销售额	¥ 3,354.00

图 4-116 “统计报告”完成效果

学习情境五

演示文稿制作

学习情境描述

通过本情境的学习，应熟练掌握演示文稿的创建及幻灯片的制作、编辑、格式化操作，了解幻灯片的视图方式及特点，掌握幻灯片风格的改变及动画效果的添加，学会幻灯片的放映及打印等。本学习情境主要通过以下五个任务来完成学习目标：

任务一　“求职简历”演示文稿的制作

任务二　幻灯片的编辑与管理

任务三　幻灯片的美化与设计

任务四　放映演示文稿

任务五　演示文稿的打印

任务一　“求职简历”演示文稿的制作

任务描述与分析

PowerPoint 2010 是一个专门制作演示文稿的应用程序。用户利用它可以创建包含文本、图表、表格、图形、图像及音频、视频等的演示文稿，用于学术交流、工作汇报、产品推介及管理咨询等领域。

本任务通过制作一个“求职简历”演示文稿，熟悉 PowerPoint 2010 的工作界面，掌握演示文稿的基本操作及幻灯片的制作，并学会对幻灯片中的内容对象进行格式的改变。

演示文稿的制作要求如下：

（1）演示文稿包含 8 张幻灯片，第 1 张幻灯片为封面，其他幻灯片包含简历的主题内容。

（2）第 1 张幻灯片的标题为“求职简历”，副标题为“赵华”，并在左侧插入一张“人物”类的剪贴画。

（3）第 2 张幻灯片的标题为“我的简历”，文本列表为“自我介绍”“学习实践”“获奖情况”“求职意向”“我的形象”，为文本创建超链接，分别指向演示文稿中的第3～7张幻灯片。在幻灯片中插入并编辑图片。

（4）第3张幻灯片的标题为“自我介绍”，并将“素材1”文本作为内容填充，设置其文字格式为黑体、20磅，并设置文字阴影，行距为1.5行，文本两端对齐。插入图片素材并旋转。

（5）第4张幻灯片的标题为“学习实践”，插入内容为“素材2”文本的表格，并适当调整大小和位置。

（6）在第5张幻灯片中插入版式为“空白”的幻灯片，插入艺术字对象作为标题，文本为“获奖情况”，设置文字格式为隶书、24磅，并设置文字阴影。插入文本框，并将“素材3”文本作为内容填充，设置文本的行距为1.5行，文本两端对齐，并给文本添加形式为“一、二、三……”的编号。

（7）第6张幻灯片的标题为“求职意向”，将“素材4”文本作为内容填充；第7张幻灯片的标题为“我的形象”，在幻灯片中插入一张个人形象照片。

（8）最后一张幻灯片的标题为“谢谢观赏！”，副标题为“成功来自于——您的选择和我的努力！”。

（9）在第3～7张幻灯片中添加动作按钮，超链接到第2张幻灯片。在第2张幻灯片上添加动作按钮，超链接到最后一张幻灯片，并伴随照相机的声音效果。

（10）保存制作的演示文稿。

素材1：

光阴荏苒，大学的短短四年的学习生活即将过去。在菁菁校园中，老师的教诲，同学的友爱以及各方面的熏陶，使我学到了许多东西。

大学期间我所学习的专业是计算机科学与技术，在这四年中我刻苦学习专业知识，掌握了JAVA语言、汇编语言、编译原理、数据库原理，并对面向对象的VC和JAVA等编程有一定的了解。课外我还自学了ASP动态网页设计及网络数据库的应用。学好计算机必须有过硬的外语水平，我以较好的成绩通过了国家英语四、六级考试，现已能阅读并翻译计算机资料。

素材2：

实践时间	实践单位	实践内容
2008年7~8月	中慧计算机软件公司	JAVA程序开发
2009年7~8月	宏腾网站设计公司	网站开发与设计
2010年4~6月	远辉网络公司	网络管理与维护

素材3：

2008年荣获学院数学建模大赛二等奖；

2008年参加学院组织的英语话剧比赛，并获二等奖；

2009年荣获学院“青春杯”网页设计大赛一等奖；

2009年被评为“优秀学生干部”；

2010年获得三等奖学金。

素材4：

期望职业岗位：网络／系统工程师、软件开发工程师等

期望工作地区：上海

期望薪资水平：面谈

本任务的效果图如图5-1所示。

图 5-1　任务一效果图

实现方法

1. 熟悉 PowerPoint 2010 的基本操作

1）PowerPoint 2010 的启动

采用以下方法可以启动 PowerPoint 2010 应用程序：

（1）在任务栏中单击“开始 / 所有程序 /Microsoft Office/Microsoft Office PowerPoint 2010”。

（2）双击桌面或其他位置处的 PowerPoint 2010 快捷图标。

（3）打开任意一个 PowerPoint 2010 文档即可同时启动 PowerPoint 2010。

2）PowerPoint 2010 窗口的组成

启动 PowerPoint 2010 应用程序之后，屏幕上就会出现 PowerPoint 2010 窗口，如图 5-2 所示，它由标题栏、选项卡、工作区、状态栏等组成。

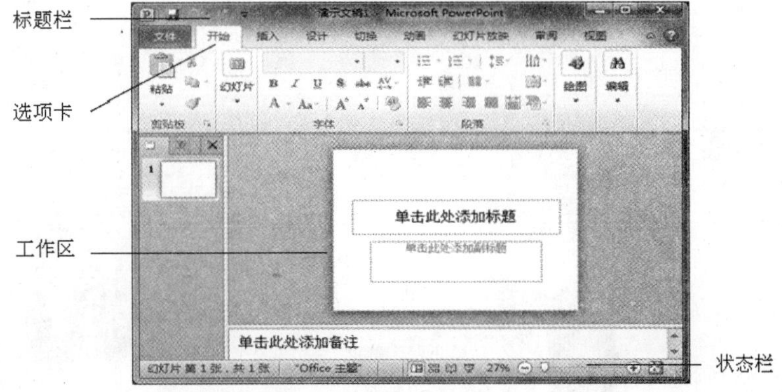

图 5-2　PowerPoint 窗口的组成

3）新建 PowerPoint 演示文稿

（1）利用空白演示文稿创建演示文稿。

单击“文件”选项卡中的“新建”命令，在中间窗格中选择“空白演示文稿”选项，单击“创建”按钮，可创建无任何格式的空白演示文稿。

（2）利用主题创建演示文稿。

单击“文件”选项卡中的“新建”命令，在中间窗格中选择“主题”选项，在打开的列表中选择想要应用的主题，单击“创建”按钮，完成演示文稿的创建。

本任务中的“求职简历”演示文稿采用主题方式创建演示文稿，如图 5-3 所示。

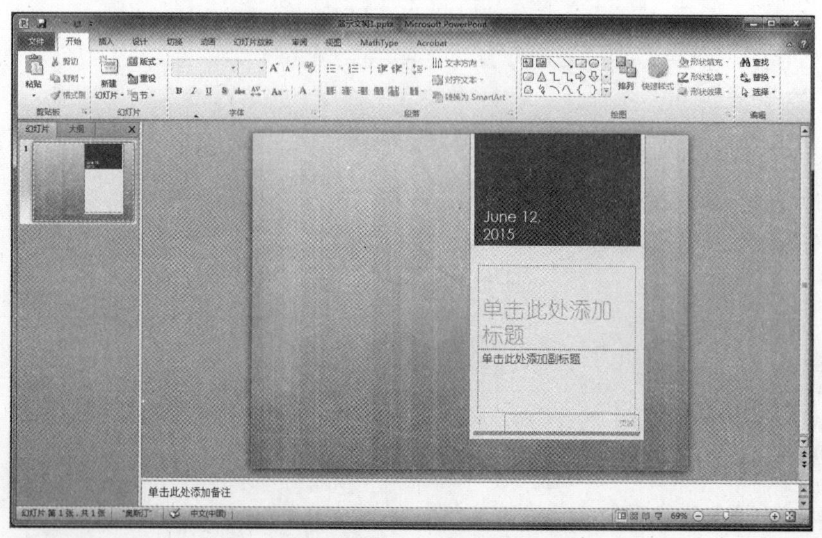

图 5-3　根据主题创建“求职简历”演示文稿

（3）根据 Office.com 模板创建演示文稿。

单击“文件”选项卡中的“新建”命令，在中间窗格中选择“Office.com 模板”选项，在打开的列表中选择其中一种模板类型，如“贺卡”，在随即打开的列表中选择子类型，如“节日”，然后选择一种模板，单击“下载”按钮，如图 5-4 所示，下载完毕即完成演示文稿的创建。

图 5-4　根据 Office.com 模板创建演示文稿

（4）根据样本模板创建演示文稿。

单击“文件”选项卡中的“新建”命令，在中间窗格中选择“样本模板”选项，在打开的列表中选择其中一项，单击“创建”按钮，完成演示文稿的创建，如图 5-5 所示。

图 5-5　根据样本模板创建演示文稿

4）演示文稿的打开与保存

（1）演示文稿的打开。

① 单击“文件”选项卡中的“打开”命令，选择需要打开的演示文稿。

② 单击“文件”选项卡中的“最近所用文件”，在列表中选择最近使用过的演示文稿打开即可。

（2）演示文稿的保存。

① 单击“文件”选项卡中的“保存”命令。若第一次保存演示文稿，则打开“另存为”对话框进行演示文稿的保存，类型默认为“PowerPoint 演示文稿（*.pptx）”，否则将替换原来保存过的文件。

② 单击快速访问工具栏中的“保存”按钮。

将本任务中新建的“求职简历”演示文稿保存在“D:\ 简历”目录中，文件名为“求职简历”，保存类型默认，如图 5-6 所示。

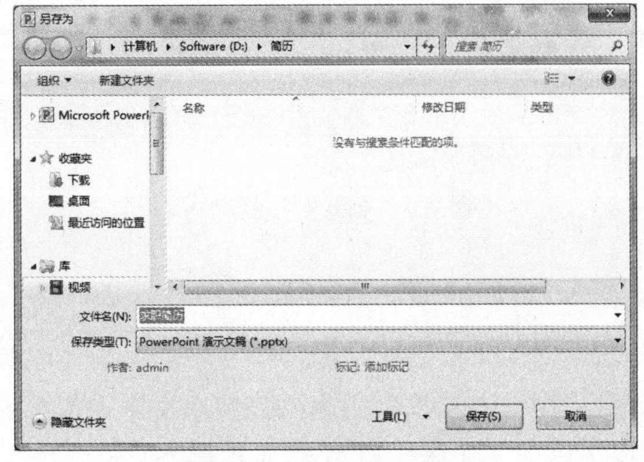

图 5-6　“另存为”对话框

单击“文件”选项卡中的“另存为”命令，打开“另存为”对话框，将当前演示文稿另存为其他文件。保存类型可以是默认的“PowerPoint演示文稿（*.pptx）”，还可以是“PowerPoint放映（*.ppsx）”“PowerPoint 模板（*.potx）”等。

2. 制作幻灯片

1）插入新幻灯片

通常一个演示文稿由多张幻灯片组成，插入新幻灯片是编辑演示文稿的常见操作。具体操作方法是：

（1）在窗口左侧的大纲浏览窗格或幻灯片浏览窗格，选中要插入新幻灯片位置之前的幻灯片。

（2）切换至“开始”选项卡，在“幻灯片”组中单击“新建幻灯片”下拉按钮，在其下拉菜单中选择一种幻灯片版式，窗口右侧的工作区即出现待编辑的新幻灯片。

（3）单击“开始 / 幻灯片 / 版式”按钮，在打开的下拉菜单中可以对幻灯片的版式进行修改。

本任务中，在“求职简历”演示文稿中的第 1 张幻灯片后依次插入 7 张幻灯片：第 1 张幻灯片使用默认版式“标题幻灯片”；第 2 张幻灯片使用默认版式“标题和内容”；为第 3 张幻灯片选择版式“垂直排列标题与文本”，如图 5-7 所示；为第 4 张幻灯片选择版式“标题和内容”；为第 5 张幻灯片选择版式“空白”；为第 6 张幻灯片选择版式“标题和内容”；为第 7 张幻灯片选择版式“两栏内容”；为第 8 张幻灯片选择版式“标题幻灯片”。

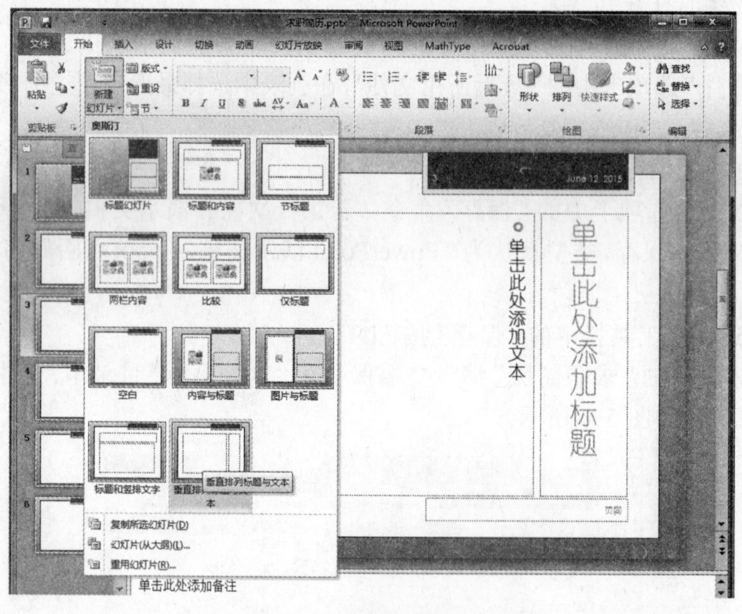

图 5-7　选择幻灯片版式

2）文本编辑

（1）输入文本。

① 录入文字。

选中需要输入文本的幻灯片，在工作区根据幻灯片中文本占位符的提示输入文字。

为“求职简历”演示文稿的第 1 张幻灯片输入标题“求职简历”、副标题“赵华”，如图

5-8 所示。按照同样的方法，在其他幻灯片中输入相应的文本内容。

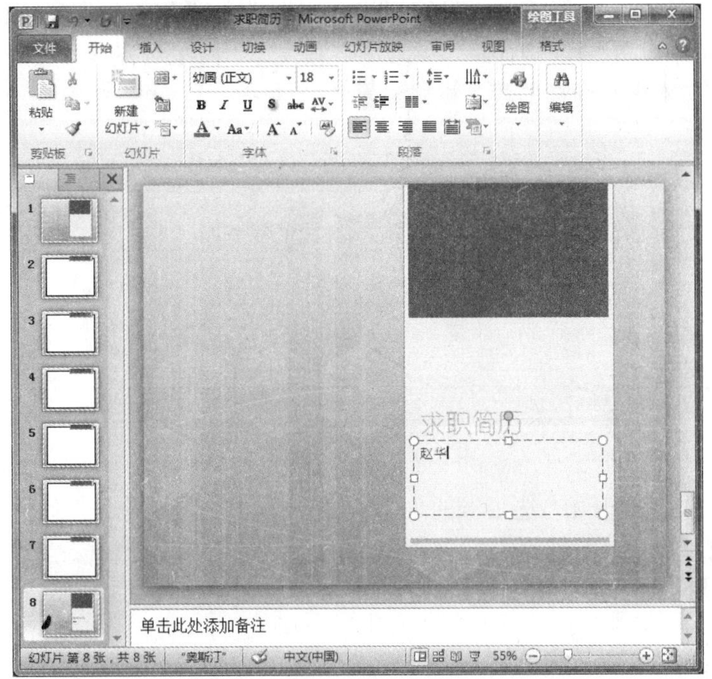

图 5-8　在文本占位符中输入文字

② 使用文本框。

如果幻灯片版式中不包含文本占位符，必须在幻灯片中添加文本框，然后输入文本。

在“求职简历”演示文稿的第 5 张幻灯片中输入文本的操作步骤如下：在“插入”选项卡的“文本”组中，单击“文本框”下拉按钮，在下拉菜单中选择“横排文本框”命令，在幻灯片中按住鼠标左键拖动创建文本框，然后在文本框中输入“素材 3”文本。

③ 使用艺术字。

选择要插入艺术字的幻灯片，在“插入”选项卡的“文本”组中，单击“艺术字”按钮，从打开的下拉菜单中选择要使用的艺术字样式，输入相应文本即可在幻灯片中插入艺术字。

在“求职简历”演示文稿的第 5 张幻灯片中插入艺术字“获奖情况”作为幻灯片标题，并适当调整它的大小和位置。

（2）设置格式。

① 文字格式的设置。

选中文本，在“开始”选项卡的“字体”组中，单击相应的按钮可改变文字格式，或单击右键在弹出的快捷菜单中选择“字体”命令，弹出“字体”对话框，对字体的格式进行设置。

为“求职简历”演示文稿中第 5 张幻灯片的“获奖情况”内容进行文字格式设置：选中文字后，在“开始 / 字体”组中，单击“字体”下拉列表框中的“隶书”、“字号”下拉列表框中的“24”，并单击“文字阴影”按钮。用同样的方法设置“求职简历”演示文稿中第 3 张幻灯片的文本内容格式为黑体、20 磅，并设置文字阴影。为其他幻灯片中的文字进行格式设置。

② 段落格式的设置。

选中段落文本，在“开始”选项卡的“段落”组中，单击相应的按钮可改变段落格式，或单击右键在弹出的快捷菜单中选择“段落”命令，弹出“段落”对话框，对段落的对齐方式、缩进及间距进行设置。

为“求职简历”演示文稿的第 5 张幻灯片中的“素材 3”文本设置段落格式：选中文本，在“段落”对话框中设置“1.5 倍行距”，并设置各段文本“两端对齐”，如图 5-9 所示。为第 3 张幻灯片的段落文本进行同样的段落格式设置。

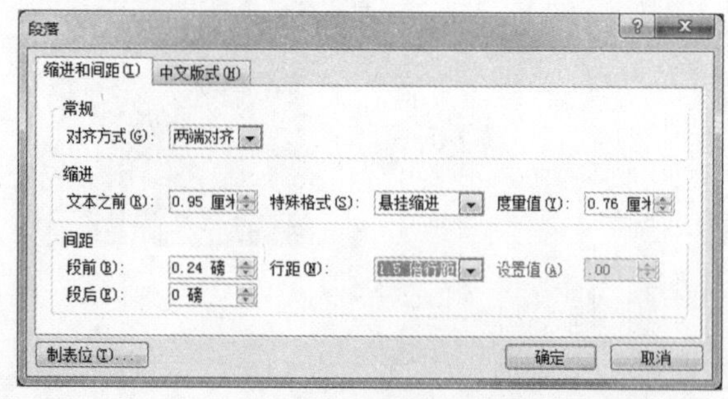

图 5-9 “段落”对话框

选中段落文本，在“开始”选项卡的“段落”组中选择“项目符号”命令或“编号”命令，可给段落添加项目符号或编号等。

为“求职简历”演示文稿第 5 张幻灯片中的“素材 3”文本添加“一、二、三……”形式的编号。

3）插入图片

选择要插入图片的幻灯片，单击“插入”选项卡的“图像”组中的命令，可以在幻灯片中插入剪贴画、来自文件的图像、自选图形、艺术字和组织结构图等图片对象，使幻灯片变得图文并茂。操作方法与在 Word 中类似。

在“求职简历”演示文稿的第 1 张幻灯片中插入一张“人物”类的剪贴画，移动剪贴画至幻灯片的左侧，并适当改变它的大小。

在“求职简历”演示文稿的第 3 张幻灯片中插入一张来自文件的图片，编辑图片的大小和位置，并适当旋转图片，如图 5-10 所示。在演示文稿的第 2 张和第 7 张幻灯片中也分别插入一张来自文件的图片和个人形象照片。

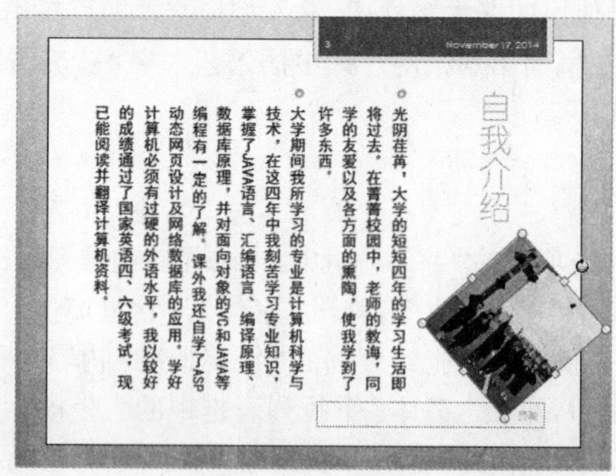

图 5-10 插入图片

4）插入表格

在“标题和内容”版式的幻灯片中，单击占位符中的“插入表格”按钮，弹出“插入表格”对话框，输入行数和列数，单击“确定”按钮，完成表格的插入。

在“求职简历”演示文稿的第 4 张幻灯片中根据提示插入一个 4 行 3 列的表格。根据“素材 2”文本输入表格内容，并调整表格大小，如图 5-11 所示。

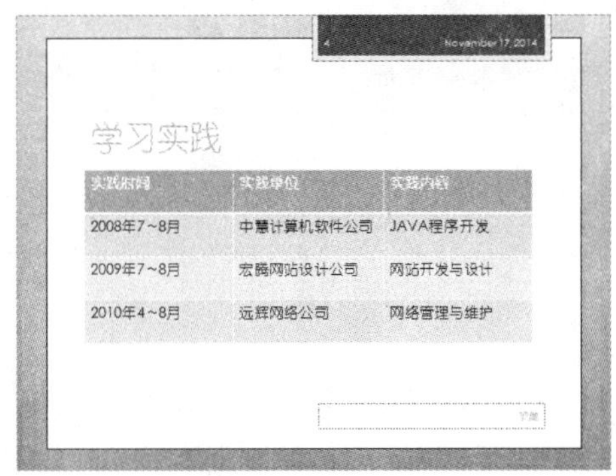

图 5-11　插入表格

5）创建超链接

可以为幻灯片中的文本、图片等对象创建超链接，利用超链接跳转到不同的位置，如其他幻灯片、其他文件、www 网站或者电子邮箱等。

选中要创建超链接的对象，选择“插入”选项卡的“链接”组中的“超链接”命令，或单击鼠标右键选择“超链接”命令，弹出“插入超链接”对话框，设置超链接的目标位置。

为“求职简历”演示文稿的第 2 张幻灯片中的列表文本创建超链接，使其分别链接到其他幻灯片：选中文本“自我介绍”并单击右键，在弹出的快捷菜单中选择“超链接”命令，弹出“插入超链接”对话框，设置超链接到“本文档中的位置”，并选择标题为“3. 自我介绍”的幻灯片，单击“确定”按钮，如图 5-12 所示。

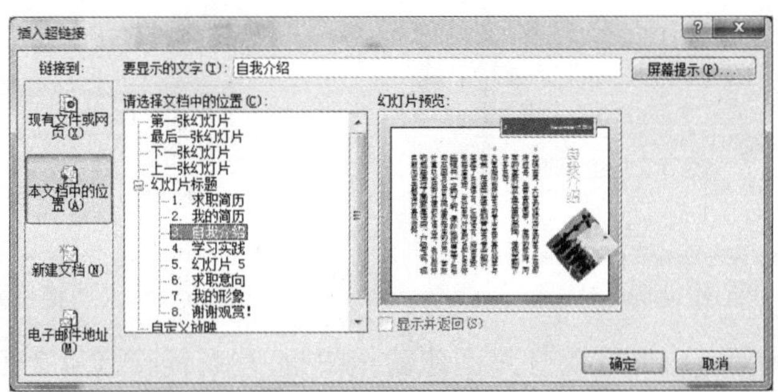

图 5-12　插入超链接

用同样的方法为“学习实践”“获奖情况”“求职意向”“我的形象”四个文本对象创建超链接，并分别链接到第 4 ～ 7 张幻灯片。

6）创建动作

选中要创建动作按钮的幻灯片，在“插入”选项卡的“插图”组中单击“形状”按钮，在下拉菜单中选择“动作按钮”下的选项，鼠标呈十字状时按住左键并拖动，绘制出动作按钮，同时弹出“动作按钮”对话框，从中设置动作效果。

为“求职简历”演示文稿的第 3 ～ 7 张幻灯片创建返回到第 2 张幻灯片的动作按钮：选中第 3 张幻灯片，选择动作按钮，如图 5-13 所示，绘制动作按钮，弹出“动作设置”对话框，设置单击鼠标时的动作为超链接到“幻灯片”，如图 5-14 所示，进一步弹出“超链接到幻灯片”

对话框，选择标题为“2. 我的简历”的幻灯片，如图 5-15 所示，单击“确定”按钮完成设置。

图 5-13　创建动作按钮

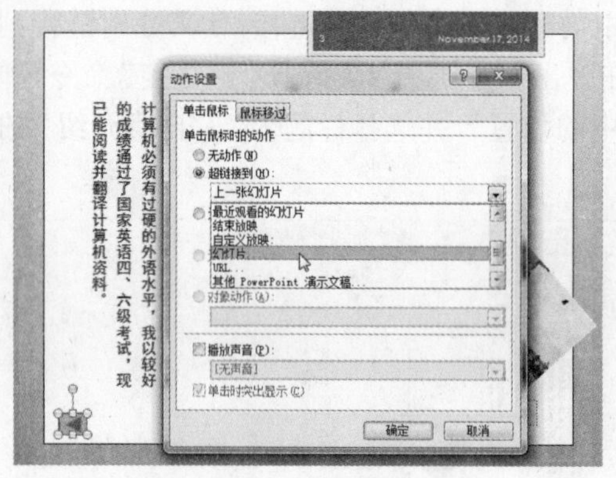

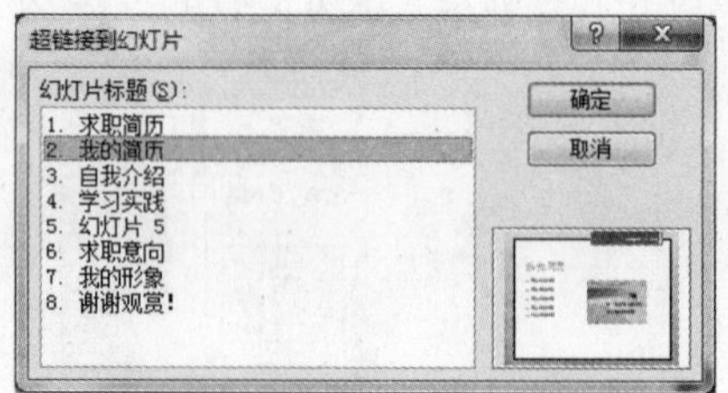

图 5-14　“动作设置”对话框　　　　图 5-15　“超链接到幻灯片”对话框

用同样的方法为第 4 ～ 7 张幻灯片创建动作按钮，均超链接到第 2 张幻灯片。为第 2 张幻灯片创建超链接到最后一张幻灯片的动作按钮，并在“动作设置”对话框中选中“播放声音”复选框，在下拉列表框中选择“照相机”。

7）插入媒体对象

（1）插入视频。

在需要插入视频的幻灯片中，单击“插入”选项卡的“媒体”组中的“视频”按钮，打开“插入视频文件”对话框，选择需要插入的视频即可。

（2）插入音频。

在需要插入声音的幻灯片中，单击“插入”选项卡的“媒体”组中的“音频”按钮，打开“插入音频”对话框，选择需要插入的声音。声音文件被插入到幻灯片中后，在弹出的对话框中选择是否自动播放该声音。

归纳总结

通过本任务中“求职简历”演示文稿的制作，应能够利用软件进行演示文稿的建立、幻灯片的制作、对象的编辑及格式修改等操作，熟悉 PowerPoint 2010 应用软件的基本使用。

任务二　幻灯片的编辑与管理

任务描述与分析

PowerPoint 2010 提供了六种视图方式，分别是普通视图、幻灯片浏览视图、备注页视图、母版视图、幻灯片放映视图和阅读视图，不同的视图提供了不同的观看文档的方式。幻灯片在制作好之后可进行编辑和管理，包括插入新幻灯片、复制或移动幻灯片、删除幻灯片等。

打开“求职简历”演示文稿，切换至不同的视图方式，对幻灯片进行编辑和管理。在第 6 张幻灯片后插入一张由第 5 张幻灯片复制得来的新幻灯片，并修改幻灯片标题为“自我评价”，幻灯片内容为“素材 5”文本。在第 2 张幻灯片中文本列表的“求职意向”后增加“自我评价”，并为文本创建超链接，指向新幻灯片。查看幻灯片的放映效果。

素材 5：

对待工作认真负责，待人真诚，坚守原则；

性格开朗，具有良好的人际沟通能力与团队协作精神；

自学能力强，热爱读书与钻研，尤其是专业相关的书籍；

热爱运动，身体素质较高，精力充沛。

本任务的效果图如图 5-16 所示。

图 5-16　任务二效果图

实现方法

1. 熟悉演示文稿的视图方式

打开演示文稿,切换至“视图”选项卡,在“演示文稿视图”组中可选择“普通视图”“幻灯片浏览”“备注页视图”“阅读视图”选项,在“母版视图”组中可选择“幻灯片母版”“讲义母版”“备注母版”选项;切换至“幻灯片放映”选项卡,在“开始放映幻灯片”组中可选择不同的幻灯片放映视图。

1)普通视图

普通视图是 PowerPoint 2010 的默认视图,主要用于编辑幻灯片。普通视图包含三个工作区域:大纲 / 幻灯片浏览窗格、幻灯片窗格和备注窗格。

(1) 大纲 / 幻灯片浏览窗格:位于 PowerPoint 2010 窗口的左侧。单击大纲 / 幻灯片浏览窗格的“大纲”或“幻灯片”选项卡,可进入大纲模式或幻灯片浏览模式。在大纲模式下,大纲浏览窗格中显示演示文稿的大纲文本,可在窗格中对文本进行编辑;在幻灯片浏览模式下,幻灯片浏览窗格中将显示每张幻灯片的缩略图及顺序。

(2) 幻灯片窗格:位于 PowerPoint 2010 窗口的右侧上方,显示当前幻灯片的所有内容。在幻灯片窗格中能够详细地编辑幻灯片的内容,包括输入文本,插入图片、声音和影片等。

(3) 备注窗格:位于幻灯片窗格的下方,可以为每一张幻灯片输入备注信息,作为演示时的参考资料。

2)幻灯片浏览视图

在幻灯片浏览视图中,可以在整体上对幻灯片进行浏览,并且可以方便地对多个幻灯片进行选择、移动、复制以及添加切换效果等操作。

3)备注页视图

在备注页视图中,可以显示和编辑备注内容,供幻灯片放映时进行参考或用来打印备注内容。

4)阅读视图

在阅读视图中,可以在设有简单控件的窗口中,在非全屏的放映方式下查看演示文稿,方便用户使用自己的计算机对文稿进行审阅。

5)母版视图

母版视图包括幻灯片母版视图、讲义母版视图和备注母版视图,它们用来存储演示文稿的有关信息,包括背景、颜色、字体、效果、占位符的大小和位置等。利用母版视图可以对与演示文稿关联的每张幻灯片、备注页或讲义进行样式的全局更改。

6)幻灯片放映视图

用户也可以通过按 Shift+F5 组合键启动幻灯片放映视图。在放映过程中可通过单击左键顺次放映幻灯片,也可通过单击右键选择指定的幻灯片进行放映。在放映过程中不能修改幻灯片的内容,也不能移动幻灯片的位置。按 Esc 键可结束放映,退出幻灯片放映视图。

2. 编辑幻灯片

1)选择幻灯片

在对幻灯片进行操作之前,首先要选中它。在普通视图的大纲 / 幻灯片浏览窗格中或幻灯片浏览视图中，单击幻灯片缩略图，可选定相应的幻灯片，按 Ctrl 键可选择多张幻灯片。

2）复制幻灯片

选中要复制的幻灯片，单击鼠标右键，在快捷菜单中选择“复制”命令，然后将光标定位在要插入幻灯片的位置，单击鼠标右键，在快捷菜单中选择“粘贴”命令，即可完成幻灯片的复制。

打开“求职简历”演示文稿，切换至普通视图。在大纲 / 幻灯片浏览窗格中选择第 5 张幻灯片，复制该幻灯片，并粘贴使其成为第 7 张幻灯片。然后在幻灯片窗格中修改幻灯片的标题和内容，如图 5-17 所示。

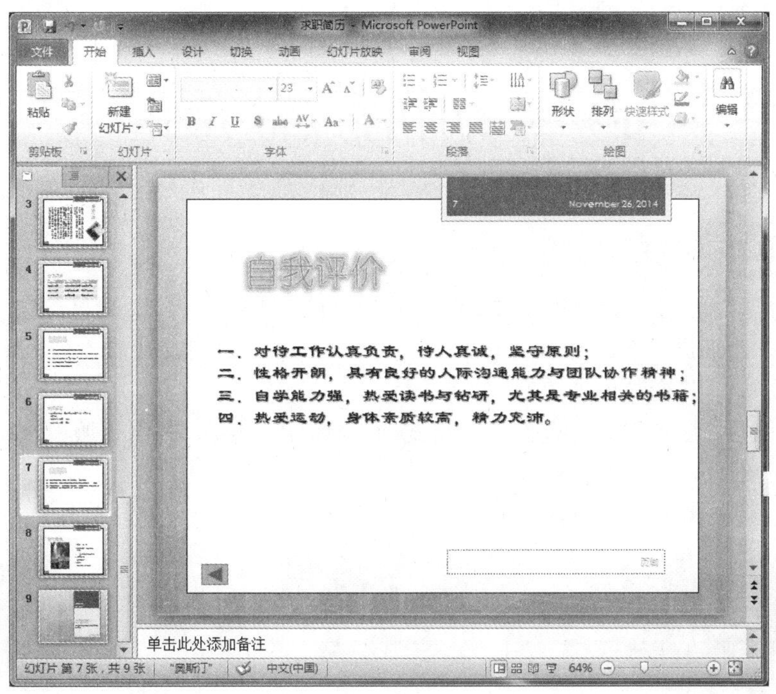

图 5-17　复制幻灯片

用任务一中的方法为第 2 张幻灯片中添加的文本“自我评价”设置超链接，按 Shift+F5 键进入幻灯片放映视图，放映第 2 张幻灯片，单击超链接浏览新编辑的第 7 张幻灯片的效果，如图 5-18 所示。

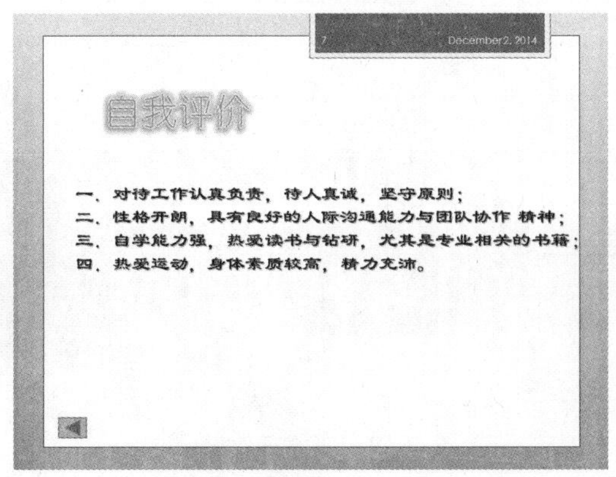

图 5-18　第 7 张幻灯片的放映效果

3)移动幻灯片

选中要移动的幻灯片,按住鼠标左键拖动至目标位置松手即可。

4)删除幻灯片

选中一张或多张幻灯片,按 Delete 键可删除幻灯片。

归纳总结

通过完成本任务,应熟悉幻灯片的六种视图方式及特点,并能在不同视图方式下完成幻灯片的编辑、移动、复制、删除等操作。

任务三　幻灯片的美化与设计

任务描述与分析

为了使幻灯片能够更加吸引观众,在 PowerPoint 2010 中可通过对演示文稿的主题、母版、背景等的更改来进一步设计和美化幻灯片,使演示文稿的幻灯片具有统一的字体、颜色、背景和风格,使幻灯片变得更加美观、富有个性。

对"求职简历"演示文稿进行幻灯片格式的设计,更改主题,利用母版改变幻灯片的格式与外观,并实现幻灯片背景的更改等。

本任务的效果图如图 5-19 所示。

图 5-19　任务三效果图

实现方法

1. 应用主题

应用主题是控制演示文稿具有统一风格的最有力、最快捷的一种方法。PowerPoint 2010提供了多种内置的应用主题，其中包含主题的颜色、字体和效果等格式。通过应用主题，可以使演示文稿中的每张新幻灯片都拥有统一的风格。

1）应用内置主题

应用内置主题的方法和步骤如下：

（1）打开要应用或更改主题的演示文稿。

（2）切换至“设计”选项卡，单击“主题”组的“其他”按钮，展开主题列表。

（3）在主题列表中选择一种内置主题，则该主题的样式被应用于当前的演示文稿。

打开“求职简历”演示文稿，更改它的主题，将主题的样式应用于演示文稿的所有幻灯片，如图 5-20 所示。

图 5-20　应用主题

2）自定义主题效果

在演示文稿应用了某个内置主题后，用户还可以根据需要更改主题的颜色、字体、效果等。

为“求职简历”演示文稿更改主题颜色，使其应用于演示文稿的所有幻灯片：在“设计”选项卡的“主题”组中，单击“颜色”按钮，从打开的下拉菜单中选择主题颜色“图钉”，相应的颜色设置便被应用到了演示文稿的所有幻灯片中，如图 5-21 所示。

图 5-21　更改主题颜色

2. 应用母版

母版用于设置演示文稿中每张幻灯片的预设格式，包括文本格式、文本位置、项目符号的样式、图形、背景图案等。在母版上进行的设置将应用到演示文稿的所有幻灯片中，使演示文稿具有统一的外观。

母版分为三种：幻灯片母版、讲义母版和备注母版。

1）幻灯片母版

幻灯片母版是所有母版的基础，用于控制演示文稿中所有幻灯片的默认外观。它存储了幻灯片中文本和对象占位符的大小与位置、文本样式、背景、颜色主题和动画等。每个幻灯片母版由一组标准或自定义的版式集合组成。

应用幻灯片母版的步骤如下：

(1) 打开要应用幻灯片母版的演示文稿。

(2) 切换至“视图”选项卡，选择“母版视图”组中的“幻灯片母版”命令，进入幻灯片母版视图。

(3) 在打开的幻灯片母版视图中，左侧窗格显示幻灯片母版的缩略图形式及与幻灯片母版相关联的幻灯片版式，右侧窗格中可进行幻灯片母版内容格式的设置及修改。

(4) 单击“幻灯片母版”选项卡中“关闭”组的“关闭母版视图”按钮，即可退出幻灯片母版视图。

打开“求职简历”演示文稿，修改幻灯片母版格式，设置标题文字格式为隶书、44 磅，列表文字格式为黑体、26 磅。切换至“插入”选项卡，单击“文本”组中的“页眉和页脚”命令，弹出“页眉和页脚”对话框，进行图 5-22 所示的设置，为幻灯片母版添加页眉和页脚。修改后的幻灯片母版如图 5-23 所示。

图 5-22 “页眉和页脚”对话框

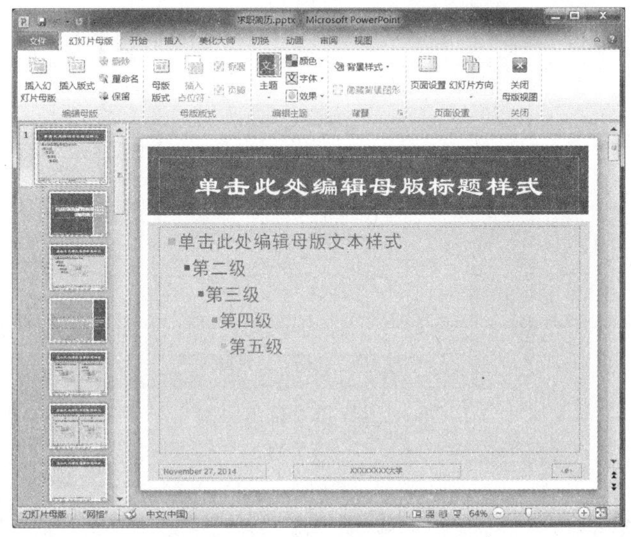

图 5-23 修改后的幻灯片母版

在幻灯片母版视图的左侧窗格中，选择标号为“1”的幻灯片母版下的标题幻灯片版式，在右侧窗格中设置标题文字格式为华文彩云、54 磅、粗体，副标题文字格式为华文行楷、30 磅。标题幻灯片版式设置如图 5-24 所示。

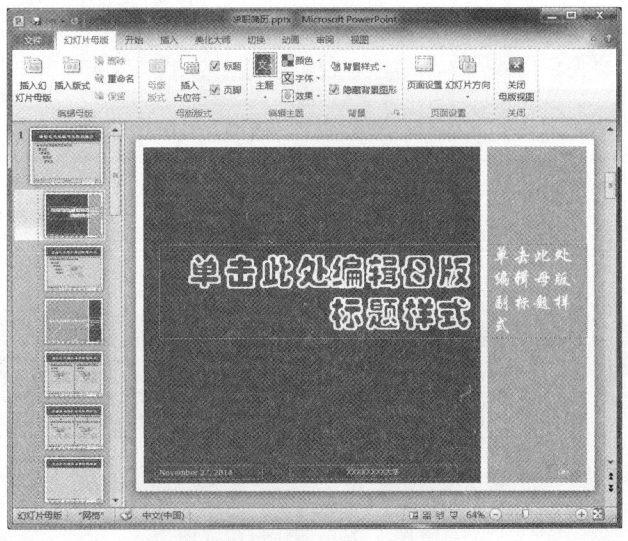

图 5-24 设置标题幻灯片版式

2)讲义母版

讲义母版主要用于控制幻灯片以讲义形式打印的格式。

在“视图”选项卡中,选择“母版视图”组中的“讲义母版”命令,可进入讲义母版视图,如图 5-25 所示。

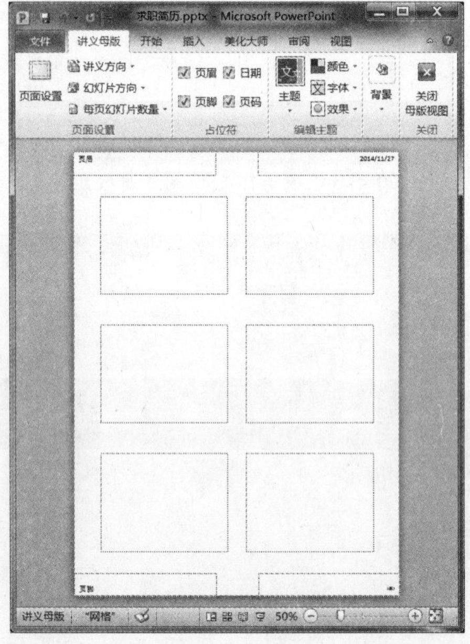

图 5-25 讲义母版视图

3)备注母版

备注母版用来设置备注页的版式以及备注文字的格式。

单击“视图”选项卡的“母版视图”组中的“备注母版”命令,可进入备注母版视图,如图 5-26 所示。

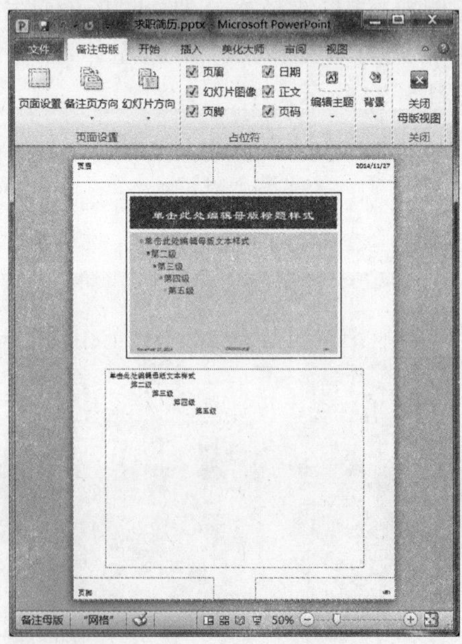

图 5-26 备注母版视图

3. 设置背景

幻灯片的背景可以更改，背景类型包含纯色、渐变、图案、纹理、图片等。

设置幻灯片背景的步骤如下：

（1）打开演示文稿，选定要更改背景的幻灯片。

（2）切换至“设计”选项卡，在“背景”组中单击“背景样式”命令，在打开的下拉菜单中选择“设置背景格式”命令，打开“设置背景格式”对话框，如图 5-27 所示。

图 5-27 “设置背景格式”对话框

（3）在对话框的左侧窗格中选择“填充”，在右侧窗格中选择一种填充样式并进行具体的背景设置，可以是纯色填充、渐变填充、图片或纹理填充、图案填充等。

（4）单击对话框的“关闭”按钮，则背景只应用到当前幻灯片；若单击对话框的“全部应用”按钮，则背景应用到所有幻灯片，最后单击对话框的“关闭”按钮，退出“设置背景格式”对话框。

打开“求职简历”演示文稿，为演示文稿的所有幻灯片添加“栎木”纹理背景。

归纳总结

通过完成本任务中幻灯片的美化与设计，应熟练掌握应用主题、修改母版、设置幻灯片背景等方法来改变幻灯片的格式和风格。

任务四 放映演示文稿

任务描述与分析

若能为演示文稿添加精美的动画效果，让幻灯片上的对象动起来，便能提高演示文稿的表现力，充分激发观众的兴趣。

为“求职简历”演示文稿添加幻灯片切换效果和动画效果，设置幻灯片自动播放时间，并放映演示文稿，浏览添加的动画效果。

本任务的效果图如图 5-28 所示。

图 5-28　任务四效果图

实现方法

1. 设置放映效果

制作好的幻灯片可以添加幻灯片的切换效果和幻灯片中对象的动画效果，还可以为幻灯片设置放映时间。

1）设置幻灯片的切换效果

幻灯片的切换效果是指演示文稿放映过程中，由一张幻灯片切换到另一张幻灯片时伴随的效果。

设置幻灯片切换效果的步骤如下：

（1）打开演示文稿，选择要设置切换效果的幻灯片。

（2）在“切换”选项卡中单击“切换到此幻灯片”组的“其他”按钮，展开幻灯片切换效果列表，如图 5-29 所示，选择一种切换效果，并设置效果选项。

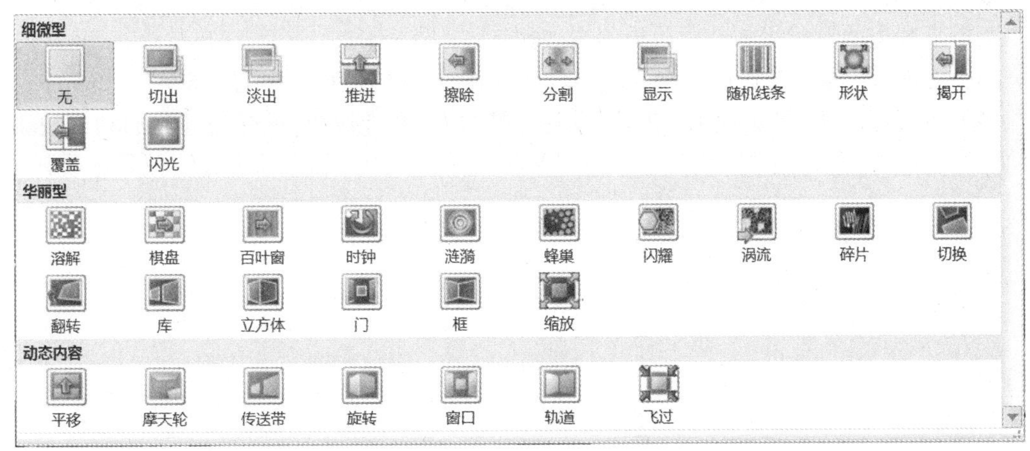

图 5-29　幻灯片切换效果列表

（3）在“切换”选项卡的“计时”组中可分别对换片方式及声音效果进行设置。

（4）单击“切换 / 计时”组的“全部应用”命令，可将切换效果应用到演示文稿的所有幻灯片。

打开“求职简历”演示文稿，为第 1 张幻灯片和最后 1 张幻灯片设置图 5-30 所示的幻灯片切换效果：切换效果为“分割”，声音效果为“无声音”，换片方式为“单击鼠标时”。

图 5-30　设置“求职简历”演示文稿的幻灯片切换效果

2）为幻灯片中的对象添加动画效果

为幻灯片中的文本、图片或其他对象添加动画效果，使这些对象以动画的形式出现，可以突出演示重点，增强演示效果。

为幻灯片中的对象添加动画效果的步骤如下：

（1）在演示文稿的普通视图中，选定要设置动画效果的幻灯片中的对象。

（2）切换至“动画”选项卡，单击“动画”组的“其他”按钮，展开幻灯片的动画效果列表，如图 5-31 所示，可为对象添加“进入”“退出”“强调”等动画效果并设置效果选项。

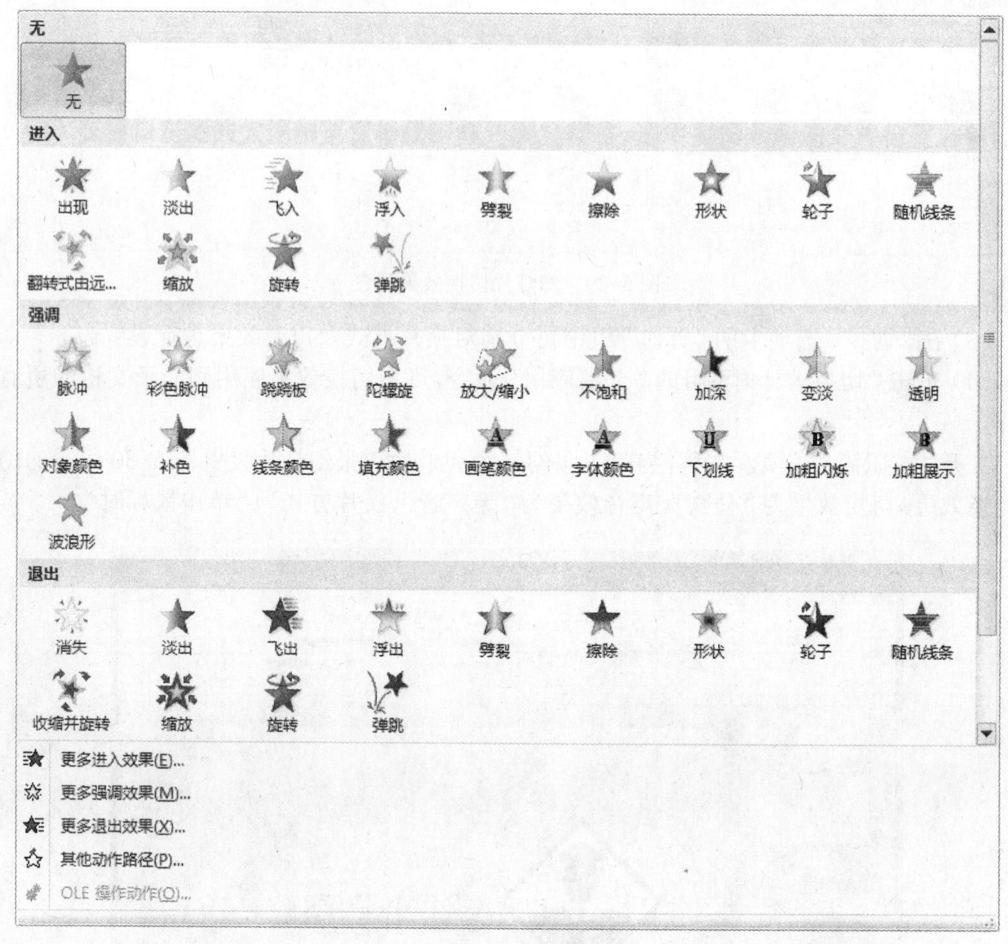

图 5-31　动画效果列表

（3）在“动画”选项卡的“计时”组中可以设置动画效果的开始时间、持续时间及延迟时间等。

（4）单击“动画”选项卡的“预览”组中的“预览”命令，可以观察为幻灯片添加的动画效果。

在“求职简历”演示文稿的第 3 张幻灯片中进行对象的动画效果设置：在图 5-31 所示的动画效果列表中为标题文字添加进入效果“劈裂”；单击动画效果列表中的“更多进入效果”选项，打开“添加进入效果”对话框，为列表文本添加进入效果“菱形”，如图 5-32 所示；在动画效果列表中为图片对象添加进入效果“翻转式由远及近”，并伴随照相机声音效果。伴随声音的设置方法是：单击“动画”选项卡的“高级动画”组中的“动画窗格”命令，打开“动画窗格”窗格，在“翻转式由远及近”动画效果的下拉菜单中选择“效果选项”命令，打开“翻转式由远及近”对话框，选择声音为“照相机”，如图 5-33 所示。

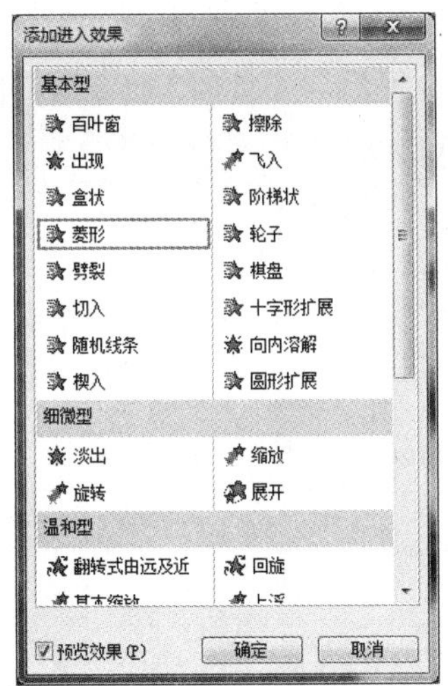

图 5-32　“添加进入效果”对话框

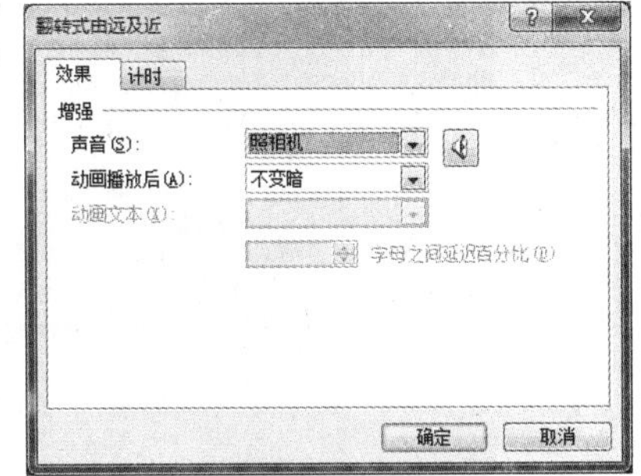

图 5-33　“翻转式由远及近”对话框

3）排练计时

使用“排练计时”功能可以设置幻灯片的放映时间。

对演示文稿进行排练计时的步骤如下：

（1）在“幻灯片放映”选项卡中，选择“设置”组中的“排练计时”命令。

（2）演示文稿进入放映状态，并弹出“录制”对话框。通过单击“录制”对话框中的“下一项”按钮 ，可切换至下一个动画。“录制”对话框自动记录每个动画的播放时间，如图 5-34 所示。

（3）演示文稿播放完毕后，自动弹出对话框，如图 5-35 所示，单击“是”按钮接受排练时间，单击“否”按钮放弃本次排练计时。

图 5-34　“录制”对话框

图 5-35　排练计时对话框

打开“求职简历”演示文稿，通过排练计时设定幻灯片动画的时间间隔及幻灯片的播放时间。

2. 放映演示文稿

1）设置放映方式

播放演示文稿之前需要根据放映环境设置放映方式。PowerPoint 2010 提供了三种播放演示文稿的方式：演讲者放映、观众自行浏览、在展台浏览。

（1）演讲者放映：演讲者对演示文稿的播放具有完整的控制权，既可采用人工方式放映，也可实现自动放映，是播放演示文稿最常用的方式。

（2）观众自行浏览：播放演示文稿时，幻灯片在计算机屏幕窗口内放映，放映的同时还可以实现幻灯片的编辑、复制、打印等。

（3）在展台浏览：自动运行演示文稿，除终止演示文稿播放外，演讲者几乎没有任何对演示文稿的播放控制权。

切换至“幻灯片放映”选项卡，单击“设置”组中的“设置幻灯片放映”命令，打开“设置放映方式”对话框，从中设置幻灯片的放映方式，如图 5-36 所示。

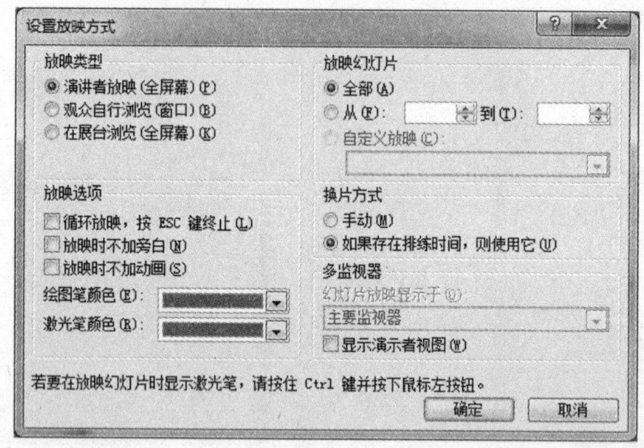

图 5-36 “设置放映方式”对话框

2）放映演示文稿

设置完演示文稿的放映方式，即可对演示文稿进行实际放映。

放映演示文稿的步骤如下：

（1）打开需要放映的演示文稿。

（2）在“幻灯片放映”选项卡中，单击“开始放映幻灯片”组中的“从头开始”命令或直接按 F5 功能键，演示文稿从第 1 张幻灯片开始放映。单击“幻灯片放映 / 开始放映幻灯片”组中的“从当前幻灯片开始”命令或直接按 Shift+F5 功能键，演示文稿从当前选定的幻灯片开始放映。

（3）在幻灯片放映过程中，单击鼠标左键或按空格键可切换至下一页，也可以单击鼠标右键，在弹出的快捷菜单中选择相应的命令来对幻灯片进行播放控制。

（4）按 Esc 键结束放映。

归纳总结

通过完成本任务，应掌握幻灯片的切换效果、幻灯片中对象的动画效果的设置，并能够利用排练计时记录演示文稿的播放时间，实现演示文稿放映方式的设置，并最终实现演示文稿的放映。

任务五　演示文稿的打印

任务描述与分析

制作完成的演示文稿不仅可以放映，还可以打印输出，作为演示文稿资料或者演讲者的讲稿。将“求职简历”演示文稿的第 1 ～ 8 张幻灯片打印输出。

本任务的打印效果图如图 5-37 所示。

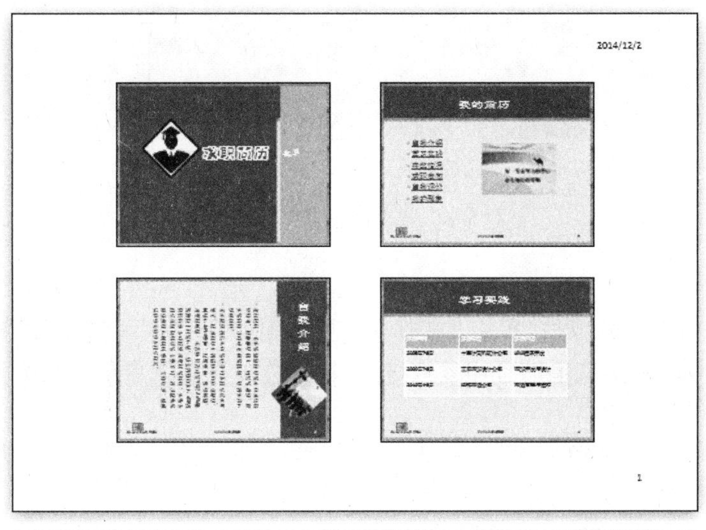

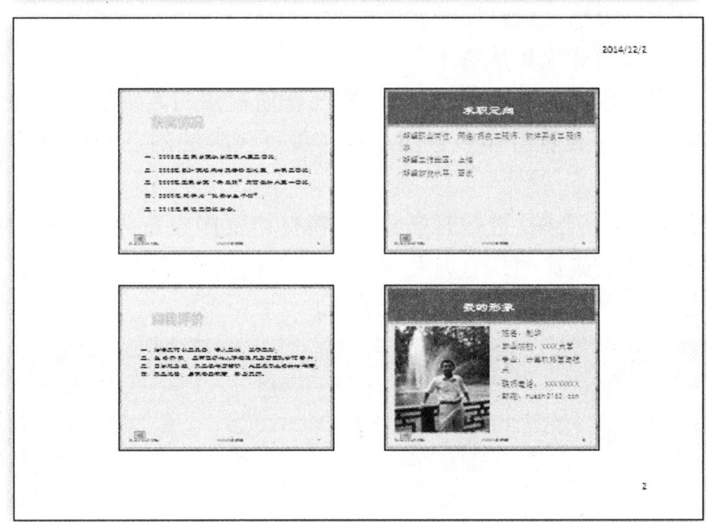

图 5-37　任务五效果图

实现方法

1. 设置页面

在打印演示文稿之前需要先对幻灯片进行页面设置。在“设计”选项卡中，单击“页面设置”组的“页面设置”命令，打开“页面设置”对话框，定义幻灯片大小、幻灯片编号起始值、页面方向等。

打开“求职简历”演示文稿，在“页面设置”对话框中将备注、讲义和大纲的方向设置为“横向”，如图 5-38 所示。

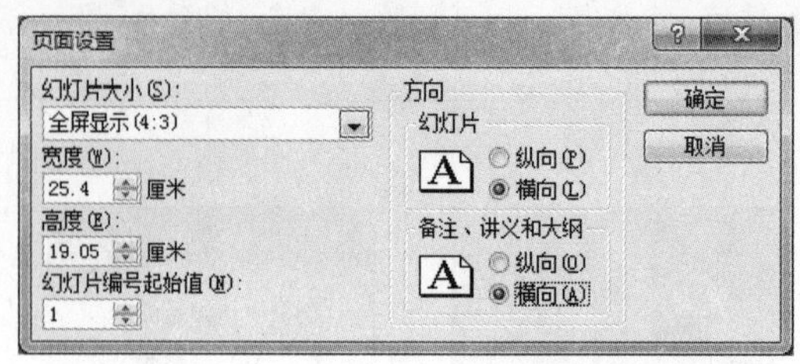

图 5-38 “页面设置”对话框

2. 打印文稿

幻灯片的页面设置完成后，单击“文件”选项卡中的“打印”命令，在“打印预览”窗口的中间窗格中可以对演示文稿的打印参数进行设置，并可在右侧窗格中预览到打印输出的效果。

演示文稿有四种打印输出类型，可在“打印预览”窗口的“设置”选项组中进行选择设置：

（1）整页幻灯片：每页纸上只打印一张幻灯片，并与幻灯片的屏幕显示一致。

（2）备注页：可打印幻灯片和演讲者备注。

（3）大纲：只打印演示文稿的大纲，打印内容与普通视图的大纲窗格中的内容一致。

（4）讲义：每页纸上可设置打印多张幻灯片。每页包含的幻灯片数及排列顺序可在“讲义”区进行设置。

打开“求职简历”演示文稿，进行打印设置：将打印范围设置为“1-8”，将打印内容设置为“讲义”区的“4 张水平放置的幻灯片”，如图 5-39 所示，最后单击“确定”按钮将演示文稿打印输出于纸张。

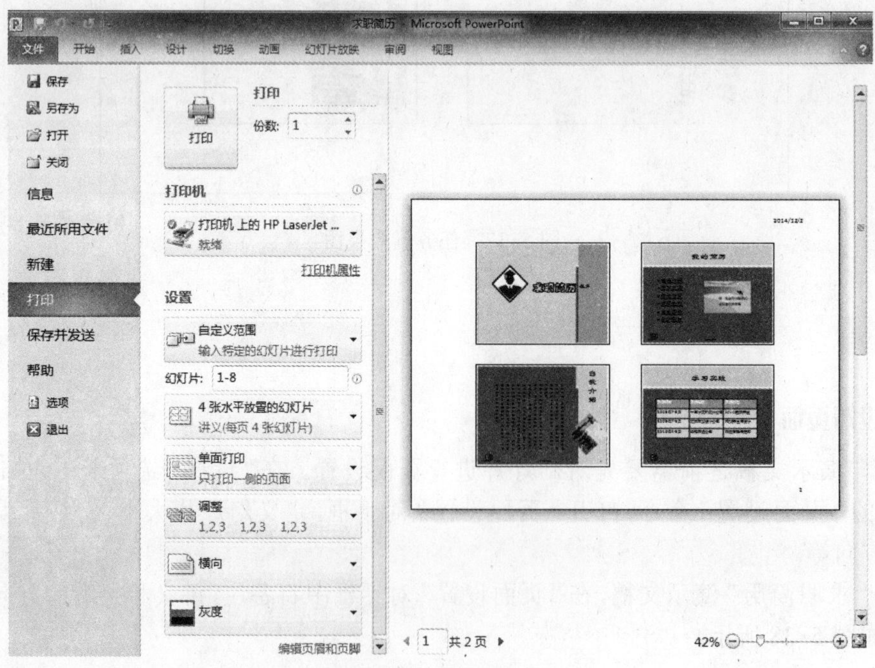

图 5-39 打印设置

归纳总结

通过完成本任务，应掌握演示文稿的页面设置及打印设置，实现演示文稿的打印输出。

课后习题

一、单项选择题

1. 对于 PowerPoint 2010 来说，以下说法正确的是____。
   A. 启动 PowerPoint 2010 后只能建立或编辑一个演示文稿文件
   B. 启动 PowerPoint 2010 后可以建立或编辑多个演示文稿文件
   C. 在新建一个演示文稿之前，必须先关闭当前正在编辑的演示文稿文件
   D. 运行 PowerPoint 2010 后，不能编辑多个演示文稿文件
2. 关于 PowerPoint 2010 的占位符，错误的说法是____。
   A. 母版中的占位符如果被删除了，是可以恢复的
   B. 占位符中文本周围的空间是不可调整的
   C. 它是一种带有虚线或阴影线边缘的框，绝大部分幻灯片版式中都有这种框。在这些框内可以放置标题及正文，或者图表、表格和图片等对象
   D. 占位符可以被格式化、定位并调整大小
3. 在幻灯片制作过程中，向某个占位符中插入文本的正确操作是____。
   A. 单击“文件”选项卡中的“新建”按钮
   B. 单击“插入”选项卡中的“对象”命令
   C. 单击该占位符，将插入点置于占位符内
   D. 单击“开始”选项卡中的“粘贴”按钮
4. 在 PowerPoint 2010 中，要创建表格或图表时，要从____选项卡中进入。
   A. 视图　　B. 插入　　C. 开始　　D. 动画
5. 对演示文稿幻灯片的操作，通常包括____。
   A. 选择、插入、移动、复制和删除幻灯片
   B. 选择、插入、移动和复制幻灯片
   C. 选择、插入、复制和删除幻灯片
   D. 复制、移动和删除幻灯片
6. 在 PowerPoint 2010 中用矩形工具画一个正方形的操作，需要按住____。
   A. Alt 键　　B. Shift 键　　C. Ctrl 键　　D. Tab 键
7. 关于在 PowerPoint 2010 中插入对象，下列说法中不正确的是____。
   A. 可以插入图片　　B. 不能插入公式
   C. 可以插入视频　　D. 可以插入表格
8. 在 PowerPoint 2010 中，“拼写检查”命令是在____选项卡中。
   A. 审阅　　B. 设计　　C. 视图　　D. 切换

9. 在 PowerPoint 2010 中，______以最小化的形式显示演示文稿中的所有幻灯片，用于组织和调整幻灯片的顺序。
   A. 普通视图　　B. 幻灯片放映视图

C. 备注页视图　　　　D. 幻灯片浏览视图

10. 在 PowerPoint 2010 中,____不是控制幻灯片外观的方法。

A. 使用对象　　　　B. 母版

C. 主题　　　　D. 背景

11. 在 PowerPoint 2010 中,下列各项不能作为幻灯片背景的是____。

A. 图片　　B. 视频　　C. 纹理　　D. 图案

12. 在 PowerPoint 2010 中创建的具有个人特色的设计模板的扩展名是____。

A. potx　　B. pptx　　C. pps　　D. ppa

13. 在 PowerPoint 2010 中,播放演示文稿的快捷键是____。

A. Alt+Enter 键　　　　B. Enter 键

C. F5 键　　　　D. F7 键

14. 在 PowerPoint 2010 中,如让文字以"驶入"方式播放,则可以切换至"动画"选项卡,单击____命令。

A. 幻灯片切换　　　　B. 添加动画

C. 效果选项　　　　D. 预览

15. 在 PowerPoint 2010 中,要为一张幻灯片建立超链接时,下列说法不正确的是____。

A. 可以链接到其他幻灯片上

B. 可以链接到本页幻灯片上

C. 可以链接到其他演示文稿上

D. 不可以链接到其他演示文稿上

二、多项选择题

1. 在 PowerPoint 2010 中,打开幻灯片母版,可进行的操作有________。

A. 向母版中插入图片

B. 设置页眉、页脚、日期及幻灯片编号

C. 修改母版文字格式

D. 修改背景

E. 插入固定文字

2. 用 PowerPoint 2010 创建的文档可保存为________格式的文件。

A. PPTX　　　　B. POTX　　　　C. PSD

D. PDF　　　　E. DOCX

3. 关于设置幻灯片切换动作的说法正确的是________。

A. 可设置自动切换

B. 可用鼠标单击切换

C. 一张幻灯片可同时设置多种切换动作

D. 可设置切换音效

E. 可设置切换效果

4. 在 PowerPoint 2010 中,选择幻灯片中多个图形的正确方法是________。

A. 依次单击各个图形

B. 按住 Shift 键,依次单击各个图形

C. 在编辑区内拖动鼠标将各个图形圈起来

D. 按住 Alt 键，依次单击各个图形

E. 按住 Ctrl 键，依次单击各个图形

5. 在 PowerPoint 2010 中，进行幻灯片放映的方法有________。

A. 单击演示文稿窗口右下角的“幻灯片放映”按钮

B. 单击“幻灯片放映”选项卡中的“从头开始”命令

C. 单击“幻灯片放映”选项卡中的“从当前幻灯片开始”命令

D. 直接按 F5 键放映演示文稿

E. 按 Shift＋F5 键从头放映演示文稿

三、判断题

1. 在 PowerPoint 2010 中，占位符的位置是可以改变的。（ ）

2. 在 PowerPoint 2010 中，演示文稿所采用的主题一旦使用就无法更换。（ ）

3. 对于幻灯片中的同一个对象只能设置一种动画效果。（ ）

4. 主题只能应用于全部幻灯片，不能只应用于某一张幻灯片。（ ）

5. 通过修改母版中文字、项目符号的格式以及在母版中插入对象等方式可以整体改变演示文稿的风格。（ ）

6. 在 PowerPoint 2010 中，隐藏幻灯片就是删除幻灯片。（ ）

7. 在 PowerPoint 2010 中，可以在普通视图中通过拖动窗格边框调整窗格的大小。（ ）

8. 演示文稿中的“版式”指的是幻灯片内容在幻灯片上的排列方式，它由占位符组成，而占位符中可放置文字、表格、图表、图片、形状和剪贴画等。（ ）

9. 在 PowerPoint 2010 中，幻灯片切换效果的设置与幻灯片中对象的动画效果的设置方法相同。（ ）

10. 对于已处理好的幻灯片，是不能再更改其版式的。（ ）

四、操作题

1. 演示文稿原文如图 5-40 所示，请完成以下操作：

（1）在文稿的最后插入一张“空白”版式的幻灯片作为第 3 张幻灯片，把新幻灯片的背景设成“信纸”纹理，并在新幻灯片中添加一个文本框，内容为“PowerPoint”。

（2）把第 1 张幻灯片的切换效果设置为“淡出”，“单击鼠标时”换片，伴随“打字机”声音。

演示文稿 计算机教研室	演示文稿基础 • PowerPoint的主要功能 • PowerPoint的启动与退出 • 创建演示文稿

图 5-40 操作题 1 原文

2. 演示文稿原文如图 5-41 所示，请完成以下操作：

（1）将演示文稿中的第 1 张幻灯片调整为“标题幻灯片”版式。

（2）将演示文稿中第 2 张幻灯片的内容依次设置为标题文字、第一级文本内容、第二级文本内容。

（3）在标题为“新版图书创作流程示意”的幻灯片中，将文本框中包含的流程文字利用 SmartArt 图形展现。

（4）在该演示文稿中创建一个演示方案，该演示方案包含第 1 张和第 3 张幻灯片，并将该演示方

案命名为“放映方案 1”。

完成效果如图 5-42 所示。

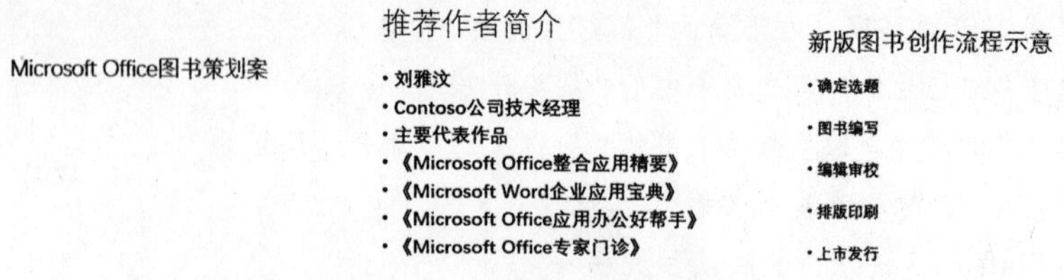

Microsoft Office图书策划案
推荐作者简介
• 刘雅汶
• Contoso公司技术经理
• 主要代表作品
• 《Microsoft Office整合应用精要》
• 《Microsoft Word企业应用宝典》
• 《Microsoft Office应用办公好帮手》
• 《Microsoft Office专家门诊》
新版图书创作流程示意
• 确定选题
• 图书编写
• 编辑审校
• 排版印刷
• 上市发行

图 5-41　操作题 2 原文

推荐作者简介
• 刘雅汶
• Contoso公司技术经理
• 主要代表作品
• 《Microsoft Office整合应用精要》
• 《Microsoft Word企业应用宝典》
• 《Microsoft Office应用办公好帮手》
• 《Microsoft Office专家门诊》
新版图书创作流程示意
确定选题
图书编写
编辑审校
排版印刷
上市发行

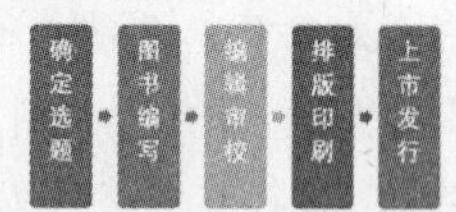

图 5-42　操作题 2 效果图

学习情境六

计算机网络

学习情境描述

通过本情境的学习，应熟悉计算机网络的应用和IP技术，掌握交换机和路由器的基本配置，以及实现网络连通的路由协议配置。本学习情境主要通过以下两个任务来完成学习目标：

任务一　Internet的基本应用

任务二　双绞线制作与IP地址规划

任务一　Internet的基本应用

任务描述与分析

本任务要求了解计算机网络基础知识，熟悉两种网络体系结构，掌握Internet的基本应用。

实现方法

1. 了解计算机网络基础知识

利用通信设备和线路，将分布在不同地理位置的功能独立的多个计算机系统连接起来，以功能完善的网络软件(网络通信协议及网络操作系统等)实现网络中资源共享和信息传递的系统，称为计算机网络。

1) 计算机网络的组成

计算机网络需要完成数据处理与数据通信两大基本功能，负责数据处理的计算机与终端称为资源子网，负责数据通信的通信控制处理机与通信线路称为通信子网。

(1) 资源子网。

① 主机。

主机是资源子网的主要组成单元，它通过高速通信线路与通信子网的通信控制处理机相连接。普通用户终端通过主机连入网内。主机要为本地用户访问网络上的其他主机设备与资源提供服务，同时要为网络中的远程用户共享本地资源提供服务。

② 终端及终端控制器。

终端控制器连接一组终端，负责这些终端和主机的信息通信，或直接作为网络节点。终端是直接面向用户的交互设备，可以是由键盘和显示器组成的简单的终端，也可以是微型计算机系统。

③ 联网外设。

连网外设是指网络中的一些共享设备，如大型的硬盘机、高速打印机、大型绘图仪等。

(2) 通信子网。

① 通信控制处理机。

通信控制处理机又被称为网络节点。一方面通信控制处理机作为与资源子网的主机、终端连接的接口，将主机和终端连入网内；另一方面它又作为通信子网中的分组存储转发节点，实现分组的接收、校验、存储、转发等功能，起到将源主机报文准确发送到目的主机的作用。

② 通信线路。

计算机网络采用了多种通信线路，如电话线、双绞线、同轴电缆、光纤、无线通信信道、微波与卫星通信信道等。一般在大型网络中及相距较远的两节点之间的通信链路，都利用现有的公共数据通信线路。

③ 信号变换设备。

信号变换设备对信号进行变换以适应不同传输媒体的要求。比如，将计算机输出的数字信号变换为电话线上传送的模拟信号的调制解调器、无线通信接收和发送器、用于光纤通信的编码/解码器等。

2）计算机网络的分类

按网络的作用范围分为：局域网、城域网、广域网。

按网络的传输技术分为：广播式网络、点到点网络。

按网络的使用范围分为：公用网、专用网。

按通信介质分为：有线网、无线网。

按企业管理分为：内联网、外联网、因特网。

3）拓扑结构

拓扑学把实体抽象成与其大小、形状无关的点，将连接实体的线路抽象成线，进而研究点、线、面之间的关系。在计算机网络中，将主机和终端抽象为点，将通信介质抽象为线，形成点和线组成的图形，使人们对网络整体有明确的全貌印象。计算机网络的拓扑结构就是网络中通信线路和站点（计算机或设备）的几何排列形式。

(1) 星形拓扑网络。

各节点通过点到点的链路与中心节点相连，中心节点可以是转接中心，起到连通的作用，也可以是一台主机，此时就具有数据处理和转接的功能。在星形拓扑网络中很容易增加新的站点，数据的安全性和优先级容易控制，易实现网络监控，但由于星形拓扑网络属于集中控制，对中心节点的依赖性大，一旦中心节点有故障会引起整个网络瘫痪。

(2) 树形拓扑网络。

网络中的各节点（计算机）形成了一个层次化的结构。低层计算机的功能和应用有关，一般负责具有明确定义的和专业化很强的任务，如数据的采集和变换等；而高层的计算机具备通用的功能，以便协调系统的工作，如数据处理、命令执行和综合处理等。一般来说，层次结构的层数不宜过多，以免转接开销过大，使高层节点的负荷过重。

（3）总线型拓扑网络。

网络中所有的站点共享一条数据通道，一个节点发出的信息可以被网络上的多个节点接收。由于多个节点连接到一条公用信道上，必须采取某种方法分配信道，以决定哪个节点可以发送数据。

总线型网络结构简单，安装方便，需要铺设的线缆最短，成本低，某个站点自身的故障一般不会影响整个网络，因此它是最普遍使用的一种网络。其缺点是实时性较差，总线的任何一点故障都会导致网络瘫痪。

（4）环形拓扑网络。

在环形拓扑网络中，节点通过点到点通信线路连接成闭合环路，环路中的数据将沿一个方向逐站传送，传输延时确定。环形拓扑网络虽然结构简单，但是环路中的每个节点与连接节点之间的通信线路都会成为网络可靠性的屏障。对于环形拓扑网络，网络节点的加入和退出、环路的维护和管理都比较复杂。

（5）网状拓扑网络。

网状拓扑网络中，节点之间的连接是任意的，没有规律。优点主要是可靠性高，但结构复杂，必须采用路由选择算法和流量控制方法。广域网基本上采用网状拓扑结构。

2. 熟悉开放系统互连（OSI）参考模型

1）OSI参考模型基础

（1）OSI参考模型的诞生。

OSI参考模型主要用于解决异构网络互连的问题。在OSI参考模型诞生之前，众多的网络供应商提供了不同种类的网络，各种网络的设备、协议等均不相同，造成各个网络之间无法互通。OSI参考模型诞生后，不同厂商的网络设备可以互连互通。

（2）OSI参考模型的发展状况。

1982年，国际标准化组织推出了OSI参考模型，只要遵循OSI参考模型标准，一个系统就可以和位于世界上任何地方的也遵循同一标准的其他任何系统进行通信。但OSI参考模型并没有取得商业上的胜利，究其原因，主要有以下几条：

① OSI参考模型的协议实现起来非常复杂，而且运行效率很低（只描述做什么，没有具体说明怎么做）。

② OSI参考模型的层次划分并不太合理，有些功能在多个层次中重复出现。

③ OSI参考模型标准的制定周期太长，因而使得按OSI参考模型标准生产的设备无法及时进入市场。

④ 在OSI参考模型正式推出时，TCP/IP协议体系已经成功地大范围商用。

2）OSI参考模型的层次结构

（1）网络分层的必要性。

相互通信的两个计算机系统必须高度协调工作，而这种协调是相当复杂的。分层可以将庞大而复杂的问题转化为若干较小的局部问题，而这些较小的局部问题则比较容易研究和处理。

（2）划分层次的优点。

采用分层的体系结构具有以下优点：各层之间相对独立，灵活性好；结构上可分隔开，易于实现和维护；能促进标准化工作。

分层时应注意层数必须适当。若层数太少，会使每一层的协议太复杂；层数太多又会在描述和综合各层功能的系统工程任务时遇到较多的困难。

（3）OSI 参考模型层次结构及功能。

OSI 参考模型层次结构如图 6-1 所示，其中下面三层为通信子网，上面四层为资源子网。

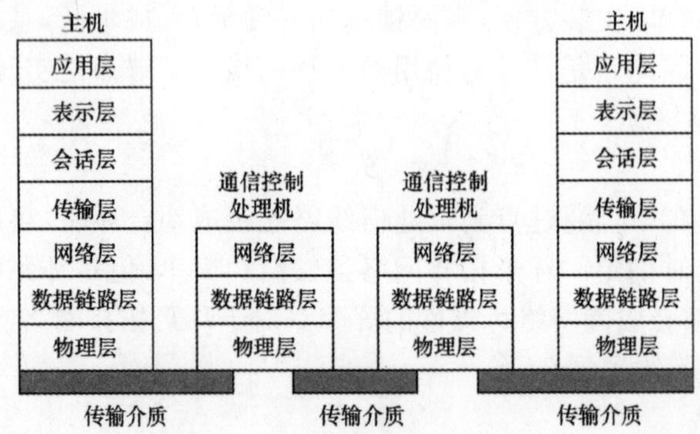

图 6-1　OSI 参考模型层次结构

OSI 参考模型各层的功能如下：

① 物理层：规定数据传输时的物理特性。

② 数据链路层：查看及向数据中加入 MAC 地址，流量控制，差错检测。

③ 网络层：向数据中加入网络地址，根据目的网络地址为数据选择网络路径。

④ 传输层：将数据分段重组，保证数据传输的无误性。

⑤ 会话层：建立、保持、结束会话。

⑥ 表示层：翻译。

⑦ 应用层：将用户请求交给相应的应用程序。

3）OSI 参考模型的数据封装与拆封

（1）数据封装过程。

数据通过网络进行传输，要从高层一层一层地向下传送，如果一个主机要传送数据到别的主机，需要先把数据装到一个特殊协议报头中，这个过程叫封装。

如图 6-2 所示，在 OSI 参考模型中，当一台主机需要传送用户的数据（Data）时，数据首先通过应用层的接口进入应用层。在应用层，用户的数据被加上应用层的报头（Application Header，AH），形成应用层协议数据单元（Protocol Data Unit，PDU），然后被递交到下层——表示层。

表示层并不“关心”上层的数据格式，而是把整个应用层递交的数据包看成一个整体进行封装，即加上表示层的报头（Presentation Header，PH），然后递交到下层——会话层。

同样，会话层、传输层、网络层、数据链路层也都要分别给上层递交下来的数据加上自己的报头。它们是：会话层报头（Session Header，SH）、传输层报头（Transport Header，TH）、网络层报头（Network Header，NH）和数据链路层报头（Data link Header，DH）。其中，数据链路层还要给网络层递交的数据加上数据链路层报尾（Data link Termination，DT），形成最终的一帧数据。

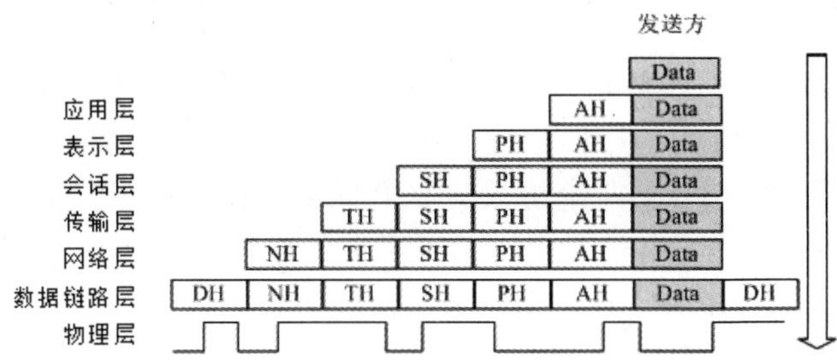

图 6-2　OSI 参考模型数据封装过程示意图

（2）数据拆封过程。

每层去掉发送端的相应层加上的控制信息，最终将数据还原并交给应用程序的过程称为拆封，与数据封装互为逆过程。

如图 6-3 所示，当一帧数据通过物理层传送到目标主机的物理层时，该主机的物理层把它递交到上层——数据链路层。数据链路层负责去掉数据帧的头部 DH 和尾部 DT，同时进行数据校验。如果数据没有出错，则递交到上层——网络层。

同样，网络层、传输层、会话层、表示层、应用层也要做类似的工作。最终，原始数据被递交到目标主机的具体应用程序中。

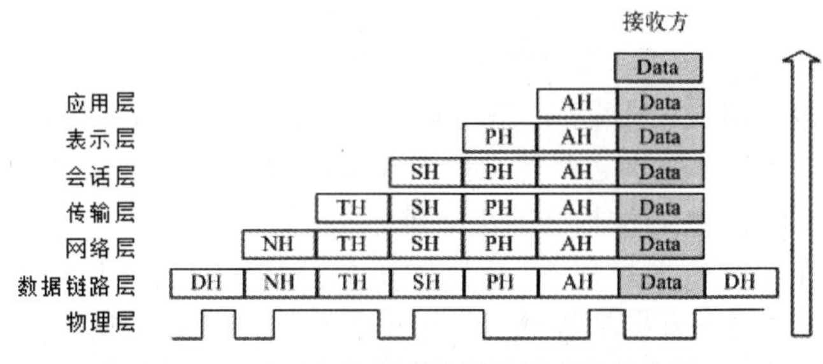

图 6-3　OSI 参考模型数据拆封过程示意图

3. 熟悉 TCP/IP 协议体系

1）层次结构

TCP/IP 协议体系的前身是实验性分组交换网 ARPAnet（由美国国防部高级研究计划署资助）。TCP/IP 协议体系包含大量由 Internet 体系结构委员会(Internet Architecture Board，IAB)作为 Internet 标准发布的协议。TCP/IP 协议与 OSI 参考模型协议的对应关系如图 6-4 所示。

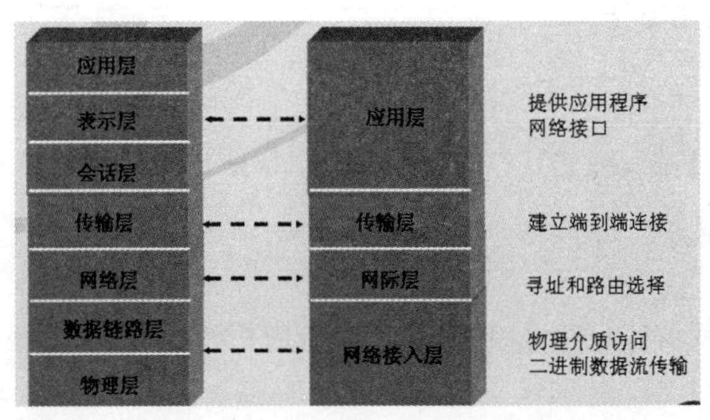

图 6-4　TCP/IP 协议与 OSI 参考模型协议的对应关系

2)协议分布

TCP/IP 协议体系的协议分布如图 6-5 所示,每层包含不同的协议。

(1)应用层:包含各种应用程序的相关协议,如 FTP, SMTP, HTTP, DNS, Telnet 等。

(2)传输层:有 TCP 和 UDP 两个协议。TCP 提供面向连接、有服务质量保证的可靠传输服务;UDP 提供无连接、无服务质量保证的不可靠传输服务。

(3)网际层:主要包括 IP, ICMP, ARP, RARP 等协议。

(4)网络接入层:只是一个接口,主要取决于所接入的局域网。

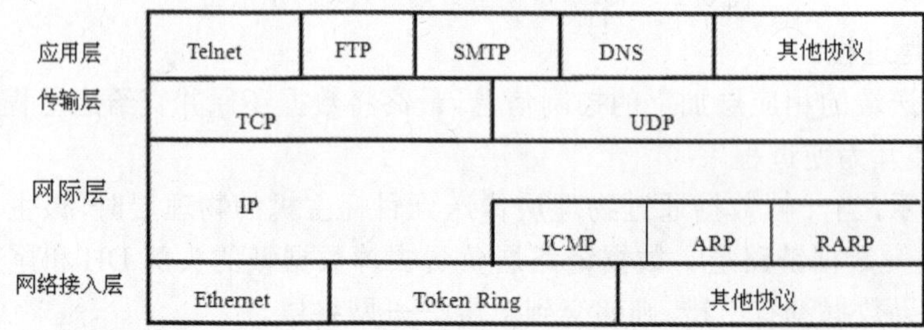

图 6-5　TCP/IP 协议体系的协议分布

3)TCP 和 UDP 协议

在 TCP/IP 协议体系中有两个重要的协议:TCP 和 UDP。

TCP 协议是传输控制协议,属于传输层协议,它使用 IP 协议并提供可靠的应用数据传输。TCP 协议在两个或多个主机之间建立面向连接的通信,支持数据流操作,提供流控和错误控制,甚至可以完成对乱序到达报文的重新排序。

UDP 协议指的是用户数据报协议,是与 TCP 协议相对应的协议,它是面向非连接的协议,不与对方建立连接,而是直接把数据包发送过去。UDP 协议适用于对可靠性要求不高的应用环境。因为 UDP 协议没有连接的过程,所以它的通信效率较高,但也正因为如此,它的可靠性不如 TCP 协议高。

4. 熟悉 Internet 的基本应用

硬件环境:微型计算机,并已连接到 Internet。

软件环境:Windows 7 中文版、Internet Explorer(简称 IE)浏览器程序、Outlook Express 电子邮件管理程序、网络即时通信软件 Tencent QQ。

Internet 的基本应用主要包含以下部分:

• 浏览器的基本使用方法。

• 网际信息交互。

• 网上购物。

1)浏览器的基本使用方法

浏览器的基本使用方法如下:

(1)启动浏览器。

在 Windows 桌面或快速启动区中,双击或单击应用程序 IE 的图标,启动 IE。

(2)输入网页地址。

在 IE 窗口的地址栏中输入要浏览页面的 URL 地址,按下 Enter 键,等待出现浏览页面的内容。例如，在地址栏中输入山东传媒职业学院主页的 URL 地址（http://www.sdcmc.net/），IE 浏览器将打开山东传媒职业学院的主页，如图 6-6 所示。

图 6-6　用 IE 浏览页面

（3）网页浏览。

在 IE 打开的页面中，包含指向其他页面的超链接。当将鼠标光标移动到具有超链接的文本或图像上时，鼠标指针会变为“ ”形，单击鼠标左键，将打开该超链接所指向的网页。根据网页的超链接，即可进行网页的浏览。

（4）刷新页面。

IE 浏览器的菜单和工具栏如图 6-7 所示。单击工具栏中的“刷新”按钮 ，将重新加载当前页面。

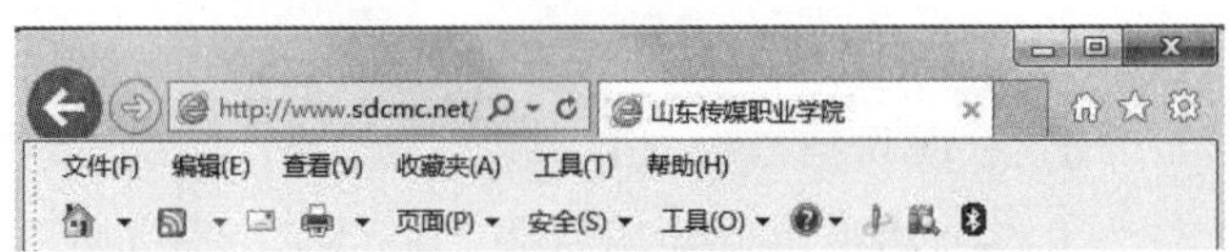

图 6-7　IE 浏览器的菜单和工具栏

（5）保存当前网页信息。

使用“文件”菜单的“另存为”命令，将当前网页保存到本地计算机中。

（6）保存图像或动画。

在当前网页中选择一幅图像或动画，单击鼠标右键，从弹出的快捷菜单中选择“图片另存为”，将该图像或动画保存到本地计算机中。

（7）将当前网页的地址保存到收藏夹中。

使用“收藏夹”菜单的“添加到收藏夹”命令,打开“添加收藏”对话框,如图 6-8 所示,将当前网页放入收藏夹。

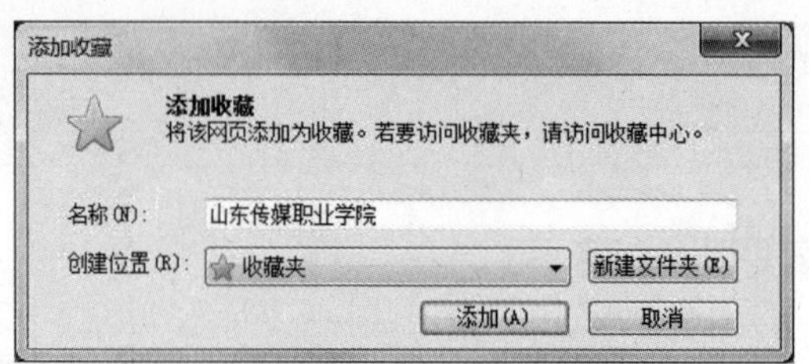

图 6-8 “添加收藏”对话框

(8) 在已经浏览过的网页之间跳转。

通常的方法是单击工具栏中的“后退”按钮 或“前进”按钮 ,返回到前一页或进入后一页。也可以单击已打开页面的选项卡,直接选择某个网页进行浏览。

(9) 主页设置。

使用“工具”菜单中的“Internet 选项”命令,打开“Internet 选项”对话框。单击对话框的“常规”选项卡,在“主页”选项组的文本框中输入一个 URL 地址(如 http://www.sdcmc.net/),如图 6-9 所示,单击“确定”按钮,即可将输入的 URL 设置为 IE 的主页。

也可以通过单击“使用当前页”按钮,将 IE 浏览器当前打开的页面设为主页;单击“使用默认值”按钮,将系统默认的网页设置为主页;单击“使用空白页”按钮,则不给 IE 设置任何 URL 作为主页。

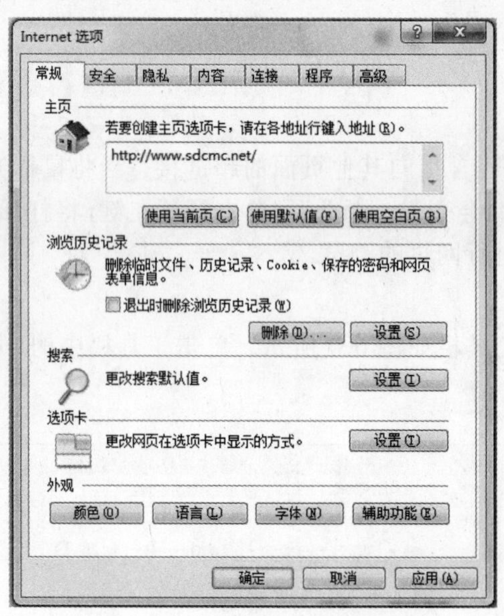

图 6-9 “Internet 选项”对话框

2) 网际信息交互

下面以腾讯 QQ 即时通信软件的使用为例介绍网际信息的交互。

腾讯 QQ 是基于 Internet 的即时寻呼软件,可以使用 QQ 和好友用户在互联网上进行即时信息的发送与回复。此外 QQ 还具有聊天室、文件传输、语音邮件等功能。

(1) 软件的下载与安装。

首先从腾讯软件中心(http://im.qq.com/)或其他 Web 站点将腾讯 QQ 软件下载到本地硬

盘，然后根据安装向导完成 QQ 软件的安装。

（2）用户登录。

运行 QQ 软件，会出现 QQ 用户登录界面。分别在 QQ 号码栏和 QQ 密码栏中输入 QQ 号码和登录密码，单击“登录”按钮进行登录，如图 6-10 所示。也可以选择“记住密码”和“自动登录”复选框，以便在 Windows 系统启动后自动登录和记住密码。如果尚无 QQ 号码，则单击用户登录界面上的“注册帐号”按钮，在向导指引下，完成 QQ 号码的申请过程。

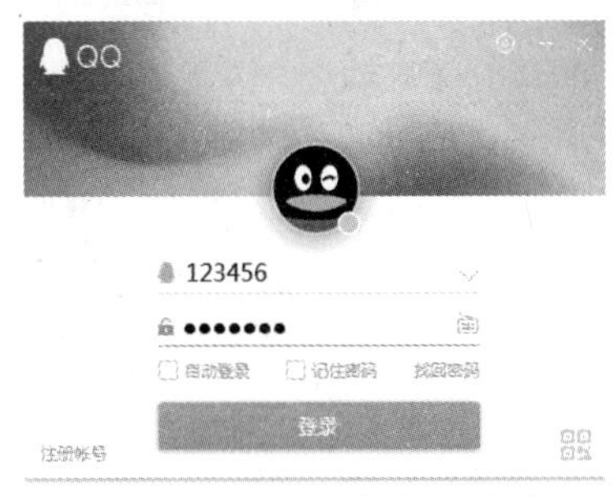

图 6-10　QQ 用户登录界面

（3）好友添加与删除。

登录完成以后，将出现 QQ 使用界面。单击 QQ 使用界面右上角的“＋”按钮，单击弹出菜单中的“添加好友”命令，打开“查找”对话框，可以找人、找群、找服务等，如图 6-11 所示。如果要找人，则在搜索框中输入对方的 QQ 账号或昵称等，单击“查找”按钮，则会显示所有符合条件的 QQ 用户信息，然后选择需要添加的用户，单击“＋好友”按钮，完成好友的添加。若要删除好友，只需在 QQ 使用界面中选择好友的头像，单击右键，从弹出的快捷菜单中选择“删除好友”命令即可完成。

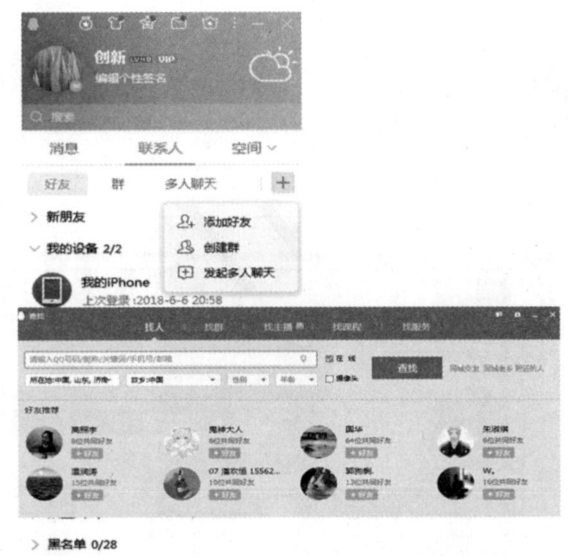

图 6-11　“查找”对话框

（4）QQ 聊天。

在 QQ 使用界面中双击需要进行聊天的好友头像，即可打开 QQ 聊天界面。聊天界面默认情况下分为两个窗格，上面窗格为聊天信息窗格，显示双方的聊天信息，下面窗格为消息输入窗格。在消息输入窗格中编辑好文本信息后，单击“发送”按钮，即可将消息发送给对方，如图 6-12 所示。在编辑聊天的文本信息时，还可以单击消息输入窗格上面工具栏中的“选择表情”按钮，在文本信息中加入表情图像。另外，也可以单击聊天信息窗格上面工具栏中的“发起视频通话”“发起语音通话”等按钮，建立视频聊天和语音聊天，而且也可以单击“发起多人聊天”按钮，实现多人即时聊天。

图 6-12　QQ 聊天界面

3）网上购物

当前，好多东西都可以在网上进行购买，而且有一定的折扣，比较划算。下面以淘宝网为例，说明网上购物的过程。

（1）挑选商品。

在 IE 浏览器中输入淘宝网的 URL 地址 http://www.taobao.com/，即可打开淘宝网的首页，如图 6-13 所示。

图 6-13　淘宝网首页

在淘宝网的首页上，可以通过导航栏和商品分类栏查找商品，或者借助快速搜索栏直接搜索想要的商品。

① 通过导航栏查找商品：导航栏位于页面的上部，用鼠标直接单击商品分类的链接，即可浏览该分类中的商品了。

② 通过商品分类栏查找商品：商品分类栏位于页面的左侧，列出了按内容划分的商品类别，比导航栏中的分类更详细。商品分类栏好比购物指路牌，只要用鼠标单击里面的分类链接，就能快速浏览相应的商品。

③ 通过快速搜索栏查找商品：如果想节省挑选商品的时间，还可以使用快速搜索栏。在快速搜索栏中输入想要查询的商品名称，再用鼠标单击“搜索”按钮，即可列出所有匹配的商品清单。为缩小查询范围，还可以进行商品筛选。例如，在快速搜索栏中输入“背包”，单击“搜索”按钮返回有关商品信息，可对品牌、材质等进行筛选，如图 6-14 所示。

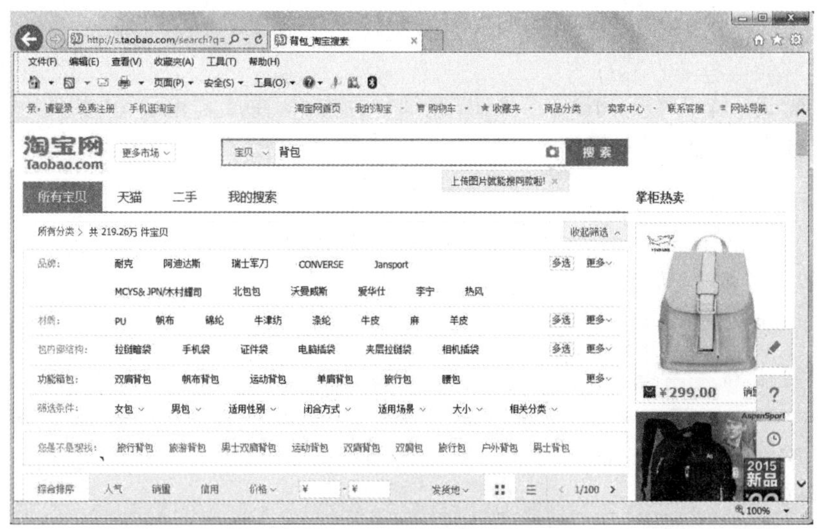

图 6-14　“背包”的搜索结果

单击商品图片，即可浏览该商品的有关信息，如图 6-15 所示。单击“加入购物车”按钮，可将商品放入购物车，暂存准备购买的商品；单击“立即购买”按钮，直接进入商品结算环节。

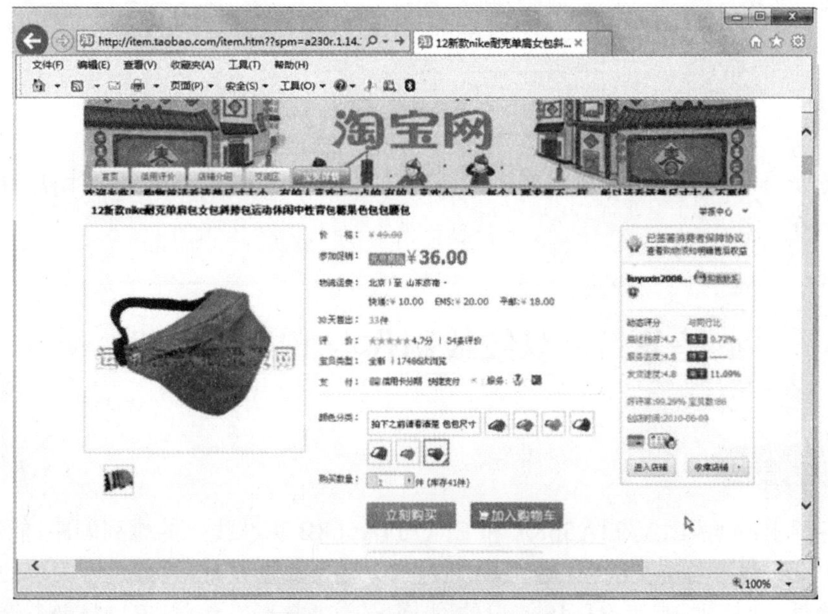

图 6-15　浏览商品有关信息

图 6-16　登录界面

（2）注册 / 登录。

在商品结算前要进行注册或登录。如果已经注册过，只需输入登录信息即可登录，登录界面如图 6-16 所示。若没有注册，则按向导的要求输入相关的信息，即可完成注册过程。

（3）结算 / 下单。

登录以后，即可按向导要求一步一步地完成结算和下单的过程：

① 按页面上的提示输入收货人的信息。

② 选定商品的运送方式。

③ 确认无误后单击“提交订单”按钮，选择付款方式，生成订单信息，如图 6-17 所示。整个购物过程至此完毕。

图 6-17　订单生成

归纳总结

本任务使用户在了解了计算机网络的基础知识之后，能够正确地使用计算机网络来为学习和工作服务。

任务二　双绞线制作与 IP 地址规划

任务描述与分析

本任务要求：了解 EIA/TIA568A 和 EIA/TIA568B 标准线序的排列顺序，能够制作非屏蔽双绞线的直通线缆与交叉线缆；明确 IP 地址的分类及属性设置，能够进行简单的子网划分。

所需硬件：计算机、带有 RJ-45 接口的网卡、五类非屏蔽双绞线、RJ-45 连接器（RJ-45 插头）、网线钳、网线测试仪、Fluke 测试仪（可选）。

实现方法

1. 制作网络线缆

在局域网内组网所采用的网络线缆中，使用最为广泛的为双绞线（Twisted Pair，TP），双绞线由不同颜色的4对8芯线组成，每两条按一定规则绞织在一起，组成一个芯线对。它一般有屏蔽双绞线（Shielded Twisted Pair，STP）与非屏蔽双绞线（Unshielded Twisted Pair，UTP）之分，屏蔽双绞线当然在电磁屏蔽性能方面比非屏蔽双绞线要好些，但价格也要贵些。双绞线按电气性能可以划分为三类、四类、五类、超五类、六类、七类双绞线等类型，数字越大，代表级别越高，技术越先进，带宽也越宽，当然价格也越贵。目前在一般局域网中常见的是五类、超五类或者六类非屏蔽双绞线。

双绞线作为一种价格低廉、性能优良的传输介质，在综合布线系统中被广泛应用于水平布线。双绞线可提供高达1 000 Mb/s的传输带宽，不仅可用于数据传输，还可以用于语音和多媒体传输。其中超五类和六类非屏蔽双绞线可以轻松提供155 Mb/s的通信带宽，并拥有升级至千兆的带宽潜力，因此，成为当今水平布线的首选线缆。RJ-45插头被称为“水晶头”，主要是因为它的外表晶莹透亮而得名。

双绞线的制作方式有两种国际标准，分别为EIA/TIA568A和EIA/TIA568B（简称T568A和T568B），如图6-18所示，而相应地，双绞线按制作方式分别为直通线缆和交叉线缆两种。简单地说，直通线缆就是双绞线两端的水晶头同时采用T568A标准或T568B标准的接法，而交叉线缆则是双绞线的一端水晶头采用T568A标准的接法，而另一端则采用T568B标准的接法，即A水晶头的1线、2线对应B水晶头的3线、6线，而A水晶头的3线、6线对应B水晶头的1线、2线。

B线序	1	2	3	4	5	6	7	8
	橙白	橙	绿白	蓝	蓝白	绿	棕白	棕
A线序	1	2	3	4	5	6	7	8
	绿白	绿	橙白	蓝	蓝白	橙	棕白	棕

图6-18　T568A，T568B线序

1）制作直通线缆并测试

制作一根线缆通常需要以下六步，分别是剥皮、理线、插线、压线、制作另一端、测试。

（1）剥皮。

首先利用网线钳的剪线刀口剪裁出计划用到的双绞线长度，并把双绞线的一端剪齐，然后把剪齐的一端插入到网线钳用于剥线的缺口中，注意线缆不能弯，直插进去，直到顶住网线钳后面的挡位，稍微握紧网线钳慢慢旋转一圈，无须担心会损坏里面芯线的包皮，因为剥线的两刀片之间留有一定距离，这距离通常就是里面4对芯线的直径，让刀口划开双绞线的保护胶皮，剥下胶皮。

通常网线钳挡位离剥线刀口的距离恰好为水晶头的长度，这样可以有效避免剥线过长或过短。剥线过长一则不美观，另一方面因线缆不能被水晶头卡住，所以容易松动；如果剥线过短，因有一定厚度的包皮存在，线缆不能完全插到水晶头底部，造成水晶头插针不能与芯线完好接触，当然就无法制作成功。

(2) 理线。

剥除外皮后即可见到双绞线的4对8条芯线,并且可以看到每对的颜色都不同。每对缠绕的两根芯线是由一条全色芯线和一条只染有少许相应颜色的花白芯线组成。4条全色芯线的颜色为:棕色、橙色、绿色、蓝色。

先把4对芯线一字并排排列,再把每对芯线分开,此时注意不要跨线排列,也就是说每对芯线都相邻排列,并按统一的排列顺序(如左边统一为全色芯线,右边统一为相应颜色的花白芯线)排列。注意每条芯线都要拉直,并且要相互分开,并列排列,不能重叠。然后用网线钳垂直于芯线排列方向剪齐(不要剪太长,只需剪齐即可)。自左至右编号的顺序定为1, 2, 3, 4, 5, 6, 7, 8。

(3) 插线。

左手水平握住水晶头(塑料扣的一面朝下,开口朝右),然后把剪齐、并列排列的8条芯线对准水晶头开口并排插入水晶头中,注意一定要使各条芯线都插到水晶头的底部,不能弯曲(因为水晶头是透明的,所以可以清楚地看到每条芯线所插入的位置)。

(4) 压线。

确认所有芯线都插到水晶头底部后,即可将水晶头直接放入网线钳压线缺口中。缺口结构与水晶头结构一样,一定要正确放入才能使压下网线钳手柄时所压位置正确。水晶头放好后即可压下网线钳手柄,一定要使劲,使水晶头的插针都能插入到芯线之中,与之接触良好,受力之后听到轻微的"啪"一声即可。然后用手轻轻拉一下线缆,确认是否压紧。最好多压一次,最重要的是要保证所压位置正确。压线之后水晶头凸在外面的针脚全部压入水晶头内,而且水晶头下部的塑料扣位也压紧在线缆的灰色保护层之上。

(5) 制作另一端。

按照相同的方法制作双绞线的另一端水晶头,要注意的是芯线排列顺序一定要与另一端的顺序完全一样,这样整条网络线缆的制作就算完成了。

(6) 测试。

两端都做好水晶头后即可用网线测试仪进行测试,如果测试仪上的8个指示灯都依次为绿色闪过,证明线缆制作成功。如果出现任何一个灯为红灯或黄灯,都证明存在断路或者接触不良问题,此时最好先将两端水晶头重新用网线钳压一次再测,如果故障依旧,则需要检查两端芯线的排列顺序是否一样。如果芯线顺序不一样,则剪掉一端,重新按另一端芯线排列顺序制作水晶头;如果芯线顺序一样,但测试仪在重测后仍显示红色灯或黄色灯,则表明其中肯定存在对应芯线接触不良,此时只能先剪掉一端,按另一端芯线顺序重做一个水晶头后再测,如果故障消失,则不必重做另一端水晶头,否则另一端的水晶头也要剪掉重做,直到测试仪全为绿色指示灯闪过为止。

2) 制作交叉线缆并测试

在制作交叉线缆时,一定要注意线缆两端的连接顺序是不一样的,一个采用T568B的连接顺序,另一个采用T568A的连接顺序。

在理线步骤中,将T568B线序的1线与3线、2线与6线对调,其线序就与T568A完全相同了,即双绞线的8根有色导线从左到右以绿白、绿、橙白、蓝、蓝白、橙、棕白、棕的顺序平行排列。其他步骤相同。

测试方法与直通线缆相同,注意测试交叉线缆时,测试仪的1线与3线、2线与6线绿灯是交替亮起的,4线、5线、7线、8线绿灯是对应亮起的。

2. 了解 Internet 地址

1）IP 地址

分布在世界各地的 Internet 网站必须要有能够唯一标识自己的地址，才能实现用户的访问，这个由授权机构分配的能唯一标识计算机在网上的位置的地址被称为 IP 地址。IP 地址是一个 32 位的二进制数，为方便用户理解与记忆，IP 地址通常写成 4 个十进制数字字段，中间用圆点隔开，如 192.168.1.1，每个字段的数值范围为 0 ～ 255。

Internet 委员会把 IP 地址分为 A，B，C，D，E 五类，以适应不同规模的网络。

A 类地址：最高位是 0，随后的 7 位是网络地址，最后 24 位是主机地址。

B 类地址：最高的 2 位是 10，随后的 14 位是网络地址，最后 16 位是主机地址。

C 类地址：最高的 3 位是 110，随后的 21 位是网络地址，最后 8 位是主机地址。

D 类地址：最高的 4 位是 1110，随后的所有位用来作为组播地址使用。

E 类地址：最高的 5 位是 11110，这类地址为保留地址，不使用。

A，B，C 类地址为基本的 Internet 地址，用户可以根据不同的需要到相关部门申请不同类型的 IP 地址。通常 A 类地址分配给拥有大量主机的计算机网络，特别是拥有众多子网的网络，如某个国家的互联网。B 类地址总共可以表示 16 384 个网络，每个网络可有 65 534 台主机，通常分配给较大的网络，如国际性大公司的网络。C 类地址主要分配给局域网，总共可以表示 2 097 152 个网络，每个网络可有 254 台主机。D 类地址不识别网络，其基本用途是多点广播。

区分 IP 地址种类的方法是依据其第一个字段的十进制值：

（1）若为 1 ～ 126，则属于 A 类地址。

（2）若为 128 ～ 191，则属于 B 类地址。

（3）若为 192 ～ 223，则属于 C 类地址。

（4）若为 224 ～ 239，则属于 D 类地址。

（5）若为 240 ～ 254，则属于 E 类地址。

例如，210.72.200.8 属于 C 类地址。

所有 Internet 地址都由 Internet 的网络信息中心（NIC）分配。

- InterNIC：负责美国及其他地区。
- RIPENIC：负责欧洲地区。
- APNIC：负责亚太地区。

随着 Internet 的迅速发展以及 IPv4 地址空间的逐渐耗尽，IPv6 作为 Internet 协议的下一版本，对 IPv4 的最终取代将不可避免地成为必然。IPv6 的地址长度为 128 位，除提供了更大的地址空间外，也在管理及安全方面有了很大提升。

2）域名

由于 IP 地址只是一串数字，没有任何意义，所以，对于用户来说，记忆起来十分困难。于是，人们就定义了另外一种按一定规律书写的用户容易理解和记忆的 Internet 地址——域名。用户在浏览器的地址栏中输入域名，域名系统（DNS）便会自动将其“翻译”成相应的 IP 地址。

Internet 中一台主机的主机名是由它所属的各级域的域名和分配给该主机的名字共同构

成的。书写的时候,顶级域名放在最右面,各级名字之间用"."隔开。Internet主机域名的一般格式为:四级域名.三级域名.二级域名.顶级域名(并不是一定分四级)。例如,新浪网的域名为"www.sina.com.cn",表示主机是在中国(cn)注册的,属于营利性商业实体(com),名字叫新浪(sina),是万维网的子网(www)。

域名系统把整个Internet划分成多个域,我们称之为顶级域,每个顶级域都有国际通用的域名。顶级域的划分采用了以下两种模式:地理模式和组织模式。在地理模式中,顶级域名表示国家或地区,次级域名表示网络的属性;在组织模式中,不显示所属的国家或地区,直接用顶级域名表示网络的属性。

部分国家或地区的顶级域名如表6-1所示。

表6-1 地理模式中的顶级域名及所表示的国家或地区

顶级域名	所表示的国家或地区	顶级域名	所表示的国家或地区
au	Australia,澳大利亚	fr	France,法国
ca	Canada,加拿大	in	India,印度
ch	Switzerland,瑞士	it	Italy,意大利
cn	China,中国	jp	Japan,日本
cu	Cuba,古巴	se	Sweden,瑞典
de	Germany,德国	uk	United Kingdom,英国
dk	Denmark,丹麦	us	United States,美国
es	Spain,西班牙		

在组织模式中,顶级域名表示该网络的属性,如表6-2所示。

表6-2 组织模式中的顶级域名及所表示的网络属性

顶级域名	分配给	顶级域名	分配给
com	营利性商业实体	firm	企业或公司
edu	教育机构或设施	store	商　场
gov	非军事性政府或组织	web	和www有关的实体
int	国际性机构	arts	文化娱乐机构
mil	军事机构或组织	rec	消遣性娱乐机构
net	网络资源或组织	info	信息服务机构
org	非营利性组织机构		

Internet域名系统的提出为用户提供了极大的方便。用接近于人们熟悉的自然语言的表示方法去标识一台主机域名,自然要比用数字型的IP地址更容易记忆。但是,主机域名不能直接用于TCP/IP协议的路由选择。当用户使用主机域名进行通信时,必须首先将其映射成IP地址。这种将主机域名映射为IP地址的过程称为域名解析,Internet的域名系统DNS能够透明地完成此项工作。

Internet中存在着大量的域名服务器,每台域名服务器中保存着它所管辖区域中的主机域名与IP地址的对照表。当Internet应用程序收到一个主机域名时,它向本地域名服务器查询该主机域名所对应的 IP 地址。如果在本地域名服务器中找不到与该主机域名对应的 IP 地址，则本地域名服务器向其他域名服务器发出请求，要求其他域名服务器协助查找，并将找到的 IP 地址返回给发出请求的应用程序。如果本地域名服务器不知道目的主机的 IP 地址，它将自动向其高层或相关域名服务器查询，直到查到为止。这个过程就是正向地址解析的过程。Internet 就是通过这种机制为分布在世界各地的用户提供域名服务，实现 Internet 所提供的各种服务功能。

3）URL 地址

在上网时，要求在浏览器的地址栏中输入的是 URL 地址，而不是 IP 地址或域名。

URL（Uniform Resource Locator）即统一资源定位符，它是一个页面的完整因特网地址，包括网络协议、网络位置以及选择通路和文件名。例如，北京市信息管理学校的 URL 地址为"http://www.xxgl.com.cn/index.html"。其中："http"指出要使用 HTTP 协议（Hypertext Transfer Protocol，超文本传输协议），协议名后必须有"://"；"www.xxgl.com.cn"指出要访问的服务器的主机名；"index.html"指出要访问的主页的路径及文件名，通常这部分可以不输入，网站会自动打开默认主页。

用户可以通过使用 URL，指定要访问哪种类型的服务器、哪台服务器以及哪个文件。如果用户希望访问某台 WWW 服务器中的某个页面，只要在浏览器中输入该页面的 URL 地址，按 Enter 键确定后即可方便地浏览该页面。

4）子网划分

Internet 组织机构定义了 5 类 IP 地址。A 类网络有 126 个地址，每个 A 类网络可能有 16 777 214 台主机，它们处于同一广播域。而在同一广播域中有这么多节点是不可能的，网络会因为广播通信而饱和，结果造成 16 777 214 个地址大部分没有分配出去。可以把基于类的 IP 网络进一步分成更小的网络，每个子网由路由器界定并分配一个新的子网网络地址，子网网络地址是借用基于类的网络地址的主机部分创建的。

（1）子网掩码。

划分子网后，通过使用掩码把子网隐藏起来，使得从外部看网络没有变化，这就是子网掩码。RFC 950 定义了子网掩码的使用，子网掩码是一个 32 位的二进制数，其对应网络地址的所有位都置为 1，对应于主机地址的所有位都置为 0。

由此可知，A 类网络的默认子网掩码是 255.0.0.0，B 类网络的默认子网掩码是 255.255.0.0，C 类网络的默认子网掩码是 255.255.255.0。将子网掩码和 IP 地址按位进行逻辑与运算，得到 IP 地址的网络地址，剩下的部分就是主机地址，从而区分出任意 IP 地址中的网络地址和主机地址。

子网掩码常用点分十进制表示，也可以用网络前缀法表示，如 138.96.0.0/16 表示 B 类网络 138.96.0.0 的子网掩码为 255.255.0.0。

（2）路由器判断 IP 地址。

子网掩码告知路由器，IP 地址的前多少位是网络地址，后多少位（剩余位）是主机地址，使路由器能正确判断任意 IP 地址是否是本网段的，从而正确地进行路由。

例如，有两台主机，主机 1 的 IP 地址为 222.21.160.6，子网掩码为 255.255.255.192，主机 2 的 IP 地址为 222.21.160.73，子网掩码为 255.255.255.192。现在主机 1 要给主机 2 发送数据，则要先判断两个主机是否在同一网段。

主机1:

222.21.160.6即:11011110.00010101.10100000.00000110。

255.255.255.192即:11111111.11111111.11111111.11000000。

按位逻辑与运算的结果为:11011110.00010101.10100000.00000000。

十进制形式(网络地址)为:222.21.160.0。

主机2:

222.21.160.73即:11011110.00010101.10100000.01001001。

255.255.255.192即:11111111.11111111.11111111.11000000。

按位逻辑与运算的结果为:11011110.00010101.10100000.01000000。

十进制形式(网络地址)为:222.21.160.64。

两个结果不同,也就是说,两台主机不在同一网络,数据需先发送给默认网关,然后再发送给主机2所在的网络。

(3)子网划分的实现。

子网划分是通过借用IP地址的若干位主机位来充当子网网络地址,从而将原网络划分为若干子网而实现的。

划分子网时,随着子网网络地址借用主机位数的增多,子网的数目随之增加,而每个子网中的可用主机数逐渐减少。

例如,网络200.200.2.0有10台计算机,将局域网划分为2个,写出子网掩码和每个子网的IP地址规划并测试,操作步骤如下:

① 求子网掩码。

根据IP地址确定是C类网络,主机地址为低8位,子网数为2个,设子网位数为m,则$m^2-2 \geqslant 2$,$m \geqslant 2$,根据主机数最多原则取m等于2,则子网掩码是11111111.11111111.11111111.11000000,即255.255.255.192。

② 求子网号。

将200.200.2.0写成点分二进制形式:1100100.1100100.0000010.00000000。子网号由IP地址低8位的前2位决定,主机数由IP地址低8位的后6位决定。

子网1:1001000.11001000.00000010.01000000,即200.200.2.64。

子网2:1001000.11001000.00000010.10000000,即200.200.2.128。

③ 分配IP地址。

子网1:200.200.2.65～200.200.2.126。

子网2:200.200.2.129～200.200.2.190。

子网1的5台计算机的IP地址为:200.200.2.65～200.200.2.69。

子网2的5台计算机的IP地址为:200.200.2.129～200.200.2.133。

④ 设置各子网中计算机的IP地址和子网掩码。

要实现局域网中的各台计算机能够连接到网络中,除了硬件连接外,还必须安装软件系统,如网络协议软件。在Windows 7操作系统中,由于TCP/IP协议已安装在系统中,所以可以直接配置TCP/IP参数。

使用鼠标右键单击桌面上的“网络”,从快捷菜单中选择“属性”命令,打开“网络和共享中心”窗口,然后单击“更改适配器设置”,进入“网络连接”窗口,用鼠标右键单击窗口中的“本地连接”,从快捷菜单中选择“属性”命令,打开“本地连接属性”对话框,如图6-19

所示，选择“Internet 协议版本 4（TCP/IPv4）”，单击“属性”按钮，打开“Internet 协议版本 4（TCP/IPv4)属性”对话框，如图 6-20 所示。

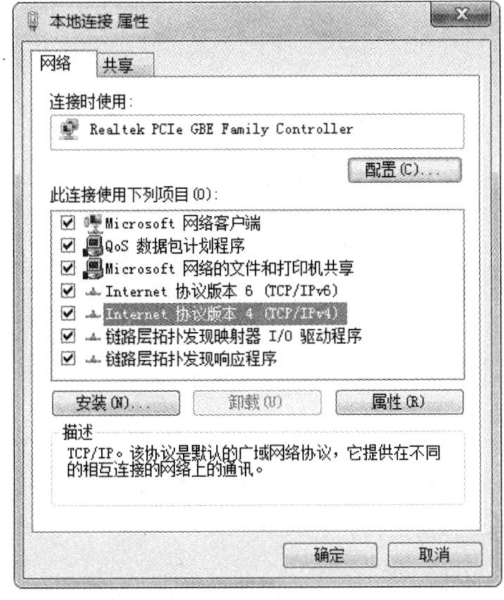

图 6-19　“本地连接属性”对话框

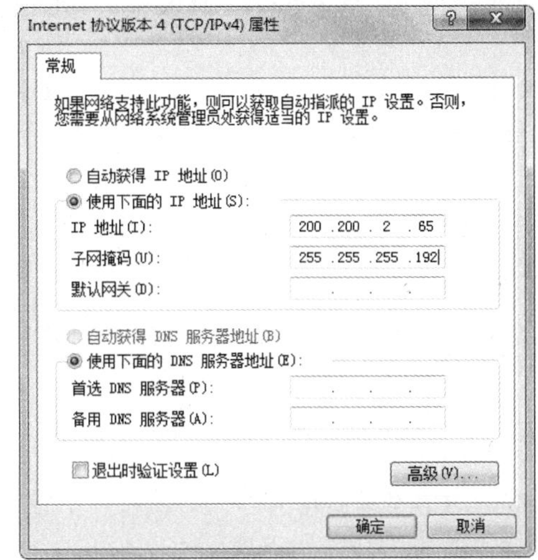

图 6-20　“Internet 协议版本 4（TCP/IPv4)属性”对话框

按上述步骤输入其余计算机的 IP 地址和子网掩码，完成子网的配置。

⑤ 使用 ping 命令测试连通性。

在 IP 地址为 200.200.2.65 的计算机上，单击任务栏中的“开始 / 所有程序 / 附件 / 命令提示符”命令，打开“命令提示符”窗口。

输入“ping 200.200.2.66”，该地址为同一子网中的 IP 地址，观察测试结果。

输入“ping 200.200.2.129”，该地址为不同子网中的 IP 地址，观察测试结果。

归纳总结

一般情况下，双绞线与设备之间，如果设备接口相同则使用交叉线缆，反之使用直通线缆。当然目前多数厂家的设备接口都是自适应的，用交叉线缆和直通线缆均可。

子网划分是本任务的难点，需要认真领会。

课后习题

一、单项选择题

1. 在计算机网络的发展历程中，第一代计算机网络主要实现____功能。

   A. 数据通信　　B. 资源共享

   C. 网络会议　　D. Internet

2. 美国国防部高级研究计划局于 1968 年主持研制，次年建成了____。

   A. NT　　B. NetWare

   C. ARPAnet　　D. Microsoft

3. 国际标准化组织发布的 OSI 参考模型共分成____层。

A. 7　　B. 6　　C. 8　　D. 5

4. Internet采用的协议是____。

A. SNA　　B. OSI　　C. NetBEUI　　D. TCP/IP

5. 从物理连接上讲，计算机网络由计算机系统、通信链路和____组成。

A. 网络协议　　B. 服务器

C. 客户机　　D. 网络节点

6. OSI参考模型的物理层传送数据的单位是____。

A. 包　　B. 帧　　C. 分组　　D. 比特

7. 能够在复杂的网络环境中完成数据包的传送工作，把数据包按照一条最优的路径发送至目的网络的设备是____。

A. 交换机　　B. 网桥

C. 路由器　　D. 网关

8. ____不是光纤的特点。

A. 无串音干扰　　B. 带宽高

C. 传输损耗小　　D. 抗干扰性能差

9. 我们连接双绞线的RJ-45接头时，主要遵循____标准。

A. ISO/IEC11801　　B. EIA/TIA568A和EIA/TIA568B

C. EN50173　　D. TSB67

10. 使用____命令，可以向指定主机发送ICMP回应报文，并监听报文的返回情况，从而验证与主机的连接是否正常。

A. tracert　　B. IPConfig

C. rout　　D. ping

11. Windows 7中提供了三种组件来实现不同的网络功能。如果计算机需要连接到Internet，必须安装____组件。

A. Microsoft网络客户端　　B. Internet协议（TCP/IP）

C. QoS数据包计划程序　　D. 网上邻居

12. 下列说法中，正确的是____。

A. 一台计算机可以安装多台打印机

B. 一台计算机只能安装一台打印机

C. 没有安装打印机的计算机不能实现打印功能

D. 一台打印机只能被一台计算机所使用

13. 下列描述计算机网络功能的说法中，不正确的是____。

A. 有利于计算机间的信息交换

B. 计算机间的安全性更强

C. 有利于计算机间的协同操作

D. 有利于计算机间的资源共享

14. 下列说法中，正确的是____。

A. 调制解调器用来实现模拟信号之间的通信

B. 调制解调器用来实现数字信号之间的通信

C. 调制解调器用来实现数字信号和模拟信号之间的转换

D. 调制解调器只能将数字信号转换为模拟信号，反之不可

15. 总线型网络、星形网络是按照网络的____来划分的。

A. 使用性质　　B. 传输介质

C. 拓扑结构　　D. 覆盖范围

16. OSI 参考模型采用的分层方法中，____为用户提供文件传输、电子邮件、打印等网络服务。

A. 表示层　　B. 应用层

C. 会话层　　D. 物理层

17. 下列说法中，正确的是____。

A. 无线传输保密性非常强

B. 单模光纤比多模光纤衰减更小，无中继传播距离更长

C. 网关属于硬件

D. 微波通信比卫星通信传输距离长，覆盖面广

18. 采用一定的算法，将任务分交给网络中不同的计算机，以达到均衡使用网络资源的目的，属于____网络功能。

A. 分布式处理　　B. 资源共享

C. 数据通信　　D. 提高系统的可靠性

19. IP 地址具有固定的格式，分为四段，其中每____位构成一段。

A. 12　　B. 8　　C. 16　　D. 4

20. ____协议负责管理被传送信息的完整性。

A. HTTP　　B. IP　　C. STMP　　D. TCP

21. 在 Internet 中对远程主机的文件上传或下载采用的协议是____。

A. POP　　B. PPP　　C. TCP/IP　　D. FTP

22. 被译为万维网的是____。

A. Internet　　B. PPP　　C. TCP/IP　　D. WWW

23. 输入一个 WWW 地址后，在浏览器中出现的第一页叫____。

A. 超链接　　B. 主页

C. 浏览器　　D. 页面

24. 在我国现有的主干网络中，被称为公用计算机互联网的是____。

A. Chinanet　　B. CERnet

C. CSTnet　　D. Internet

25. 在 Internet 上传输的信息至少遵循三个协议：网际协议、传输协议和____。

A. 应用程序协议　　B. 通信协议

C. TCP/IP 协议　　D. POP 协议

26. 下列电子邮件格式正确的是____。

A. wpk008@haier.com　　B. wpk007.haier.com

C. wpk007#163.com　　D. http://wpk007.126.com

27. IP 电话也称网络电话，是通过____协议实现的一种电话应用。

A. TCP　　B. HTTP　　C. WWW　　D. TCP/IP

28. 为了通过电子邮件传输多媒体信息，我们应该采用____协议。

A. ICMP　　B. FTP　　C. POP　　D. MIME

29. 文件传输协议是 Internet 常用服务之一,采用____工作模式。

A. 客户机/服务器　　B. 浏览器/服务器

C. 客户机/浏览器　　D. 客户机/客户机

30. 新闻组在命名时采用____间隔。

A. 斜线　　B. 句点　　C. 冒号　　D. 分号

31. 一个用户通过登录自己的邮箱,在某一时刻可以给____用户同时发送电子邮件。

A. 最多三个　　B. 只能一个

C. 最多两个　　D. 多个

32. 下列不属于音频文件格式的是____。

A. RealAudio　　B. MP3

C. BMP　　D. WAV

33. 在数据网络上按照时间先后次序传输和播放的连续的音频、视频数据流服务叫____。

A. 流媒体　　B. 网络音乐

C. 视频点播　　D. 文件传输

34. 用户登录新闻组后,不能进行的操作是____。

A. 定制新闻　　B. 发帖

C. 阅读他人的帖子　　D. 创建网站

35. 信息安全是一门以____为主,涉及技术、管理和法律的综合学科。

A. 网络　　B. 计算机

C. 人　　D. Internet

36. 合法接收者从密文恢复出明文的过程称为____。

A. 解密　　B. 破译　　C. 加密　　D. 逆序

37. 密码学包含两个分支,即密码编码学和____。

A. 算法学　　B. 密码加密学

C. 密钥学　　D. 密码分析学

38. 按照防火墙保护网络所使用方法的不同,可以将其分为三种类型,即网络层防火墙、_____和链路层防火墙。

A. 应用层防火墙　　B. 检测层防火墙

C. 物理层防火墙　　D. Internet 层防火墙

39. ____不属于影响网络安全的软件漏洞。

A. 陷门　　B. 网络连接设备的安全漏洞

C. 数据库安全漏洞　　D. TCP/IP 协议的安全漏洞

40. 为了防范黑客,我们不应该做的是____。

A. 安装杀毒软件并及时升级病毒库

B. 不随便打开来历不明的邮件

C. 暴露自己的 IP 地址

D. 做好数据的备份

41. 用数论构造的安全性基于“大数分解和素性检测”理论的密码算法是____。

A. LOKI 算法　　B. DES 算法

C. IDEA 算法　　D. RSA 算法

42. ____不是网络防火墙的功能。

A. 记录通过防火墙的信息内容和活动

B. 防范不经由防火墙的攻击

C. 管理进出网络的访问行为

D. 封堵某些禁止的访问行为

43. 数据库系统是计算机信息系统的核心部件，保证数据库系统的安全就是实现数据的保密性、完整性和____。

A. 连续性　　B. 实时性

C. 耦合程度　　D. 有效性

44. 计算机病毒由安装部分、____和破坏部分组成。

A. 传染部分　　B. 加密部分

C. 计算部分　　D. 衍生部分

45. 软件预防病毒的方法主要使用____。

A. 计算机病毒疫苗　　B. 反病毒卡

C. 解密技术　　D. 防火墙

46. 下面不属于计算机病毒的破坏性的是____。

A. 让计算机操作人员生病

B. 占用系统资源

C. 干扰或破坏系统的运行

D. 破坏或删除程序或数据文件

47. 认证中心技术是为保证电子商务安全所采用的一项重要技术，它的主要目的是____。

A. 对敏感信息进行加密

B. 公开密钥

C. 加强数字证书和密钥的管理工作

D. 对信用卡交易进行规范

48. 电子政务的安全要从三个方面解决，即"一个基础，两根支柱"，其中的"一个基础"指的是____。

A. 法律制度　　B. 技术

C. 管理　　D. 人员

49. 在电子商务的安全技术中，实现对原始报文的鉴别和不可抵赖性是____技术的特点。

A. 认证中心　　B. 数字签名

C. 安全电子交易规范　　D. 虚拟专用网

二、多项选择题

1. 计算机网络的功能主要有________。

A. 提高系统的可靠性　　B. 软件更新　　C. 数据通信

D. 资源共享　　E. 分布式处理

2. 根据网络的覆盖范围来划分，可以将计算机网络划分为________。

A. 广域网　　B. 因特网　　C. 局域网

D. 城域网　　E. 公用网

3. 下列选项中可以被设置为共享资源的是________。

A. 键盘　　B. 鼠标　　C. 文件夹

D. 打印机　　E. 驱动器

4. 下列说法中,正确的是________。

A. 每个网卡上都有一个固定的全球唯一地址

B. 集线器能够提供信号中转的功能

C. 网卡的物理地址是全球唯一的

D. 路由器工作在网络层,并使用网络层地址(如 IP 地址等)

E. Hub 中的端口彼此独立,不会因某一端口的故障影响其他用户

5. 从逻辑功能上来划分,可以将计算机网络划分为________。

A. 无线网络　　B. 有线网络　　C. 资源子网

D. 通信子网　　E. 公用网

6. ________是 TCP/IP 协议的组成部分。

A. OSI 协议　　B. IP 协议　　C. ICMP 协议

D. TCP 协议　　E. IGMP 协议

7. 金桥网是建立在金桥工程基础上的业务网,支持________等"金"字头工程的应用。

A. 金卡　　B. 金门　　C. 金税

D. 金钥匙　　E. 金关

8. 下列属于我国主干网络的是________。

A. 公用计算机互联网　　B. 金桥网　　C. 中国教育科研网

D. 中国科学技术网　　E. 因特网

9. 下列域名中,表示非教育机构的是________。

A. www.sdibc.edu.cn　　B. www.wfyt.mil.fr　　C. www.mc.gov.cn

D. www.sina.com　　E. www.sdu.edu.us

10. 下列方式可以接入 Internet 的有________。

A. DDL 方式　　B. PSTN 方式　　C. ADSL 方式

D. LAN 方式　　E. 无线方式

11. 常用的搜索引擎有________。

A. http://www.google.cn/　　B. 天网　　C. QQ

D. 百度　　E. www.china.edu.cn

12. 下列选项中属于新闻组的优点的是________。

A. 主题鲜明性　　B. 海量信息　　C. 保密性

D. 直接交互性　　E. 全球互连性

13. IP 电话利用 Internet 作为传输载体,可以实现________之间的语音通信。

A. 对讲机与对讲机　　B. 普通电话与普通电话

C. 计算机与普通电话　　D. 计算机与计算机

E. 计算机与对讲机

14. 目前,电子邮件系统具备________功能。

A. 邮件转发　　B. 邮件通知　　C. 邮件分类归档

D. 邮件回复　　E. 邮件的制作与编辑

15. 下列属于流媒体数据流的特点的是________。

A. 安全性　　B. 多样性　　C. 实时性

D. 时序性　　E. 连续性

16. 信息安全包括的几大要素有________。

A. 流程　　B. 技术　　C. 程序

D. 制度　　E. 人

17. 国际标准化组织将信息安全定义为信息的________。

A. 完整性　　B. 可用性　　C. 可更新性

D. 可靠性　　E. 保密性

18. 防火墙的体系结构很多,目前流行的有________。

A. 屏蔽子网防火墙　　B. 线性防火墙　　C. 树状网络防火墙

D. 屏蔽主机防火墙　　E. 双宿网关防火墙

19. 电子政务安全中普遍存在的安全隐患有________。

A. 失误操作　　B. 冒名顶替　　C. 恶意破坏

D. 窃取信息　　E. 篡改信息

20. 一个完整的木马程序包含________。

A. 网络节点　　B. 控制器　　C. 加密算法

D. 服务器　　E. 网络线路

三、判断题

1. 光纤的信号传播利用了光的全反射原理。（ ）

2. TCP/IP 协议实际上是一组协议,是一个完整的体系结构。（ ）

3. 网卡又叫网络适配器,它的英文缩写为 NIC。（ ）

4. Windows 7 中的 ping 命令可以判定数据到达目的主机经过的路径,显示路径上各个路由器的信息。（ ）

5. Windows 7 中的"网络"主要用来进行网络管理,通过它可以添加网上邻居、访问网上的共享资源。（ ）

6. 在 Windows 7 中,某一个文件夹不能同时被多台计算机共享访问。（ ）

7. 只有安装了"Microsoft 网络客户端"组件,计算机才能够访问局域网资源。（ ）

8. Internet 不是一个单一的网络。（ ）

9. 同一个 IP 地址可以有若干个不同的域名。（ ）

10. Internet 是在美国较早的军用计算机网 ARPAnet 的基础上不断发展变化而形成的。（ ）

11. IP 地址可以用十进制形式表示,但不能用二进制数表示。（ ）

12. 用户在阅读完电子邮件后,可以直接回复邮件给对方,不需要自己输入对方的邮件地址。（ ）

13. 多个用户可以在同一台计算机上利用同一个 Outlook Express 发送电子邮件。（ ）

14. 在使用即时消息软件时,每个用户都有一个全球唯一的识别号码。（ ）

15. 在发送电子邮件时,接收方必须同时在线。（ ）

课后习题答案

学习情境一　计算机基础知识

一、填空题

1. ENIAC　电子管　　2. 181　10110101　265　　3. 存储程序　程序控制
4. 硬件系统　软件系统　　5. 运算器　控制器　　6. ROM　RAM
7. 主存储器　　8. 操作系统　　9. 机器语言
10. 潜伏性

二、单项选择题

1. B　2. D　3. C　4. C　5. B
6. C　7. D　8. B　9. B　10. C
11. A　12. D　13. B　14. D　15. D
16. C　17. D　18. A　19. B　20. A
21. C　22. C　23. A　24. B　25. C
26. C　27. D　28. A　29. B　30. A
31. C　32. B　33. C　34. A　35. C
36. D　37. B　38. D　39. A

三、多项选择题

1. ABCD　2. ABC　3. BCDE　4. ACDE　5. CDE
6. ABCDE　7. ACDE　8. BCDE　9. CDE　10. ABCD
11. ABCD　12. ABD　13. ACD　14. ABC

四、判断题

1. √　2. √　3. ×　4. √　5. √
6. ×　7. √　8. ×　9. √　10. √
11. ×　12. ×　13. ×　14. ×　15. √
16. √　17. √　18. ×　19. ×　20. √

学习情境二　Windows 7 操作系统

一、填空题

1. 计算机　Windows 资源管理器　　2. Ctrl　　3. Ctrl+A
4. Print Screen　　5. 记事本　写字板　　6. txt
7. 计算机　　8. Alt+Esc 或 Alt+Tab　　9. 绝对　相对
10. 控制面板

二、单项选择题

1. C　2. B　3. C　4. A　5. B
6. B　7. C　8. B　9. C　10. C
11. C　12. D　13. D　14. B　15. C
16. D　17. D　18. C　19. B　20. B
21. D　22. D　23. B　24. D　25. C
26. B　27. D　28. B　29. B　30. A
31. B　32. A　33. A　34. A　35. C
36. C　37. C　38. D　39. C　40. D

三、多项选择题

1. AD　2. ABC　3. AC　4. ACE　5. ABC
6. BCE　7. ABDE　8. ABCDE　9. ABD　10. AD
11. ABDE　12. BDE　13. ABCDE　14. ABCDE　15. ABDE

四、判断题

1. ×　2. ×　3. √　4. ×　5. √
6. ×　7. ×　8. √　9. ×　10. ×
11. ×　12. ×　13. √　14. ×　15. √
16. √　17. ×　18. √　19. ×　20. ×

学习情境三　文字排版处理

一、填空题

1. docx　2. 页面　3. 格式刷　4. 下一页
5. 尾注　6. Tab　7. 改写　8. Enter　Shift
9. 第 1 到 3 页、第 20 页、第 30 页到最后一页　10. 审阅

二、单项选择题

1. A　2. D　3. D　4. A　5. B
6. C　7. A　8. D　9. C　10. A
11. C　12. C　13. D　14. B　15. B
16. A　17. A　18. A　19. B　20. C
21. B　22. C　23. B　24. B　25. A
26. C　27. A　28. D　29. D　30. A

三、多项选择题

1. ABCDE　2. ACDE　3. BCDE　4. ABCDE　5. ABCD
6. BCD　7. AD　8. ABE

四、判断题

1. ×　2. ×　3. √　4. ×　5. ×
6. √　7. √　8. √　9. ×　10. √

11. × 12. √

五、操作题

略

学习情境四　表格处理

一、填空题

1. 名称框　2. 自动筛选 高级筛选　3. 横向 纵向
4. Ctrl　5. $A$2 A2　6. = B4－$B5＋D3
7. 2　8. 3.1

二、单项选择题

1. A	2. C	3. C	4. B	5. C
6. A	7. B	8. B	9. A	10. C
11. C	12. B	13. B	14. C	15. A
16. C	17. B	18. C	19. A	20. B
21. B	22. B	23. D	24. C	25. D
26. B	27. C	28. A	29. B	30. A
31. D	32. D	33. A	34. D	35. C

三、多项选择题

1. ABCD	2. ABC	3. BC	4. BCD	5. AB
6. BCD	7. BC	8. AC	9. ABCDE	10. ABD
11. BCD	12. ACD			

四、判断题

1. √	2. √	3. √	4. ×	5. √
6. √	7. √	8. ×	9. √	10. √
11. ×	12. ×	13. ×	14. ×	15. ×
16. √	17. ×			

五、操作题

略

学习情境五　演示文稿制作

一、单项选择题

1. B	2. B	3. C	4. B	5. A
6. B	7. B	8. A	9. D	10. A
11. B	12. A	13. C	14. B	15. D

二、多项选择题

1. ABCDE	2. ABD	3. ABDE	4. BCE	5. ABCDE

三、判断题

1. √	2. ×	3. ×	4. ×	5. √
6. ×	7. √	8. √	9. √	10. ×

四、操作题

略

学习情境六 计算机网络

一、单项选择题

1. A	2. C	3. A	4. D	5. D
6. D	7. C	8. D	9. B	10. D
11. B	12. A	13. B	14. C	15. C
16. B	17. B	18. A	19. B	20. D
21. D	22. D	23. B	24. A	25. A
26. A	27. D	28. D	29. A	30. B
31. D	32. C	33. A	34. D	35. C
36. A	37. D	38. A	39. B	40. C
41. D	42. B	43. D	44. A	45. A
46. A	47. C	48. A	49. B	

二、多项选择题

1. ACDE	2. ABCD	3. CDE	4. ABCDE	5. CD
6. BCDE	7. ACE	8. ABCD	9. BCD	10. ABCDE
11. ABD	12. ABDE	13. BCD	14. ABCDE	15. CDE
16. ABDE	17. ABDE	18. ADE	19. ABCDE	20. BD

三、判断题

1. √	2. √	3. √	4. ×	5. √
6. ×	7. √	8. √	9. √	10. √
11. ×	12. √	13. √	14. √	15. ×

参考文献

[1] 赵国玲，范国娟．计算机应用基础——基于任务驱动［M］．北京：中央广播电视大学出版社，2010．

[2] 张巍．计算机应用基础（Windows 7＋Office 2010）［M］．北京：北京理工大学出版社，2012．